计算机
新形态实用教材

数字孪生技术与实现

微课视频版

姚明菊　罗小刚　王小丽　李志远　彭　波◎主　编

谢　帅　孔　峰◎副主编

清华大学出版社

北京

内 容 简 介

本书首先介绍数字孪生的基本知识，包括数字孪生的概念、发展历史、体系架构和应用场景。接着介绍实现数字孪生所必需的几大关键技术、目前国内外常见的实现工具和数字孪生集成开发平台。以实战项目作为案例，融会贯通基本知识，引导读者由浅入深地学习数字孪生。随后选取 ThingJS 数字孪生平台作为数字孪生的开发平台，从 ThingJS 的基本语法开始到场景模型的搭建、数据可视化、数据对接、场景数据的交互等进阶的应用，由浅入深地进行介绍，最后通过实际的数字孪生企业项目案例进行教学和实践，展示了从需求分析、方案设计到具体实现过程，让学生对实现数字孪生项目的全流程有更深入的理解。本书示例代码丰富，实践性和系统性较强，并配有视频讲解，助力读者透彻地理解书中的重点、难点。

本书适合初学者入门，精心设计的案例对于工作多年的开发者也有参考价值，还可作为高等院校和培训机构相关专业的教学参考书。

图书在版编目（CIP）数据

数字孪生技术与实现：微课视频版 / 姚明菊等主编. -- 北京：清华大学出版社，2025. 3.
（计算机新形态实用教材）. -- ISBN 978-7-302-68665-1

Ⅰ. TP3

中国国家版本馆 CIP 数据核字第 2025LM4880 号

责任编辑：赵佳霓
封面设计：吴　刚
责任校对：时翠兰
责任印制：宋　林

出版发行：清华大学出版社
　　　　网　　　址：https://www.tup.com.cn，https://www.wqxuetang.com
　　　　地　　　址：北京清华大学学研大厦 A 座　　　　邮　　编：100084
　　　　社 总 机：010-83470000　　　　邮　　购：010-62786544
　　　　投稿与读者服务：010-62776969，c-service@tup.tsinghua.edu.cn
　　　　质量反馈：010-62772015，zhiliang@tup.tsinghua.edu.cn
　　　　课件下载：https://www.tup.com.cn，010-83470236
印 装 者：三河市龙大印装有限公司
经　　销：全国新华书店
开　　本：186mm×240mm　　印　　张：17.25　　　　字　　数：389 千字
版　　次：2025 年 4 月第 1 版　　　　　　　　印　　次：2025 年 4 月第 1 次印刷
印　　数：1～1500
定　　价：59.00 元

产品编号：100988-01

序

FOREWORD

从《雪崩》到《三体》，从虚拟现实到意识数字化，这些科幻作品不仅是天马行空的想象，更是对人类未来的一种深刻洞察。它们提出了一个根本性的问题：在数字时代，人类的存在形式将如何演变？我们是否能够超越物理形态的局限，在数字世界中获得新的生命？这些看似遥不可及的科幻构想，如今正在通过数字孪生技术逐步走向现实。数字孪生技术作为连接物理世界和数字世界的桥梁，正在悄然改变我们理解和互动世界的方式。简而言之，数字孪生是物理实体或系统在数字世界中的精确映射。它不仅能实时反映物理对象的状态，还能预测其未来行为，为我们提供了一种前所未有的洞察力。随着脑机接口技术的进步，数字孪生技术作为一种前沿科技，正逐渐成为连接现实与虚拟世界的桥梁。

机缘巧合下，吉利学院与北京优锘科技有限公司开展了校企合作。产教融合中，老师和公司的技术总监、工程师达成一致，结合企业的众多数字孪生可视化项目编写一本数字孪生相关的教材，《数字孪生技术与实现（微课视频版）》应运而生。本书旨在为读者提供一个全面、系统、深入浅出的数字孪生技术学习指南，作为一本面向高等院校学生、培训机构学员及对数字孪生感兴趣的广大读者的教材，本书力求在理论与实践之间找到平衡，既注重基础知识的讲解，又着眼于实际应用的培养，以期帮助读者快速掌握数字孪生技术的核心内容，并能够将其应用到实际工作中。

本书的编写融合了理论与实践、技术与应用、传统与创新。在内容安排上，采用了由浅入深、循序渐进的方式。第1章从数字孪生的概念入手，介绍了其发展历程、特征和体系架构，为读者建立起对数字孪生的整体认知；第2章深入探讨了数字孪生的关键技术，包括物联网、大数据、虚拟现实、模拟仿真等，帮助读者理解数字孪生背后的技术支撑；第3章介绍了当前主流的数字孪生实现平台和工具，为读者后续的实践应用奠定基础；后面几章则是案例实现的基础和综合实践。书中选取了 ThingJS 数字孪生平台作为实践教学的主要工具，从基础语法到高级应用，逐步引导读者掌握数字孪生项目的开发流程和技巧。

此外，本书还特别关注数字孪生在各个行业中的应用前景，精心选取了智能制造、石化、医疗保健、智慧城市、自动驾驶等典型应用场景，通过翔实的案例分析，展示了数字孪生技术如何在这些领域中发挥作用，解决实际问题，创造价值。这不仅有助于读者理解数字孪生的应用潜力，也为它们未来在各自领域中运用数字孪生技术提供了思路和启发。

数字孪生是一个跨学科、多领域的综合性技术。因此，本书在内容上力求全面，涵盖了从基础理论到前沿应用的各方面。同时，也注意到不同读者可能有不同的知识背景和学习需求。为此,本书在结构上采用了模块化的设计,读者可以根据自己的兴趣和需求,选择性地学习相关章节。

本书的编写是院校研究人员和业界专家通力合作的成果。正是双方研究和技术团队密切合作,才能将理论知识和数字孪生项目实践中积累的丰富经验融入教材中,使本书的内容更加贴近实际,具有很强的实用性和前瞻性。

然而,我们也应该清醒地认识到,数字孪生技术的发展仍面临诸多挑战。例如,如何确保数字模型与物理实体之间的高度一致性,如何处理和分析海量的实时数据,如何保障数据安全和隐私等都是需要我们持续探索和解决的问题。这也意味着,数字孪生领域仍有广阔的研究和创新空间,等待着新一代的技术人才去探索和突破。

本书的出版,正是希望能为有志于投身数字孪生技术研究与应用的读者提供一个良好的起点。期望本书不仅能帮助读者掌握数字孪生的基础知识和核心技能,更重要的是激发他们的创新思维,鼓励他们在实践中不断探索数字孪生技术的新应用、新方向。

正如科幻作家所描绘的那样,未来的世界充满了未知与可能,而数字孪生技术,或许正是我们通往这一未来的重要钥匙。让我们一起,在本书中开启一段激动人心的探索之旅,去触摸那个曾经只存在于科幻小说中的未来世界。

沈祎岗

ThingJS 数字孪生开发平台创始人

2024 年 10 月于深圳

前 言

数字孪生技术是物联网、大数据、人工智能、数据可视化、虚拟现实等一系列先进技术的融合。近年来,在物联网技术、人工智能、大数据等新技术不断发展和助推下,数字孪生技术被广泛地推广和应用,目前已经应用到制造业、交通、医疗、城市园区管理、农业等行业,几乎已经遍及各行各业。

本书与有丰富项目实战经验的北京优锘科技股份有限公司合作,优锘技术研发专家参与本书的编写,通过实际的数字孪生企业项目案例进行教学和实践,介绍从需求分析、方案设计到具体实现过程,让读者对实现数字孪生项目的全流程有更深入的理解。

本书选取 ThingJS 数字孪生平台作为数字孪生的开发平台,从 ThingJS 的基本语法开始到场景模型的搭建、数据可视化、数据对接、场景数据的交互等进阶的应用,由浅入深地进行介绍,最后通过两个综合项目案例的实现讲解数字孪生的实现过程。读者可以通过阅读本书,快速地掌握数字孪生的基本知识,进而更深层地了解数字孪生的技术和实现。本书结合了大量企业实际开发项目和经验,也查阅了大量的中外文献资料,使笔者也在多个维度上有了更深层的提升,收获良多。

本书主要内容

第 1 章主要介绍数字孪生的概念和前世今生,重点阐述数字孪生的特征、体系架构、关键技术和平台,并介绍数字孪生的应用场景。

第 2 章主要介绍数字孪生的相关理论基础,包括物联网技术、大数据、虚拟现实等,并对模拟仿真技术和数字孪生建模进行简单介绍。

第 3 章主要介绍目前行业实现数字孪生常用的平台、工具及产品常见的应用场景和典型案例。

第 4 章是 ThingJS 入门部分,主要介绍开发环境的准备工作、第 1 个例程、场景加载和程序调试。在本章主体部分,重点介绍 ThingJS 对象、摄像机、环境设置和事件等基础应用开发方法。最后,通过建筑监控的案例对本章知识点进行巩固。

第 5 章是 ThingJS 知识的进阶开发部分,首先介绍 ThingJS 中组件、插件、预制件的概念、开发方法和使用过程,然后对场景、场景层级控制及界面的开发方法进行讲解,最后通过人员定位的综合案例对本章知识点进行巩固。

第6章主要介绍物联网技术及其在数字孪生中的重要意义,包括串型通信接口、无线通信技术、无线传感器和定位技术等,并通过一个具体案例的实现介绍物联网设备数据对接的实现过程。

第7章主要通过一个无人值守的汽车换电案例的实现,介绍从需求分析、方案设计、开发环境准备到具体代码实现和效果展示的过程,很好地对模型加载、组件加载、摄影机操作、插值动画、模型动画操作、二维界面、三维界面、创建线、对象更新、UV动画及页面可视化等ThingJS相关知识点进行巩固和实际应用。

第8章主要以一个智慧校园的综合案例为基础,从需求分析、方案设计到具体实现对此案例的全流程进行介绍。案例实现中涉及的ThingJS相关知识包括园区加载、ThingJS事件注册、摄像机事件、模型动画操作、不同类型标记的创建等。另外,还介绍设备告警的业务流程、设备之间的联动控制、使用Node创建本地WebSocket服务以模拟数据推送的过程等内容。

本书第1章和第4章由姚明菊编写,第2章和第6章由罗小刚编写,第3章和第5章由王小丽编写,第7章和第8章由李志远编写,其中第4~8章的案例由彭波、谢帅和孔峰等企业专家编写,全书的统稿和校对由姚明菊完成。

本书特色

(1) 企业实际项目案例方式。编者基于企业提供的多年实际项目开发经验和积累,在对学生充分了解的前提下,精心设计了含有相关知识点的案例,帮助学生理解和掌握知识点,并能对知识点进行实际应用。

(2) 专业公司打造PPT和教学视频。本书大部分知识点和案例由专业公司制作了精美的教学PPT和教学视频,方便读者随时随地快速地进行直观学习。

读者对象

(1) 高等院校的教师和学生。

(2) 数字孪生培训机构的教师和学生。

(3) 零基础的数字孪生技术爱好者。

资源和下载提示

为了方便读者更好地进行教学和学习,本书配套提供了教学大纲、教学课件、程序源码、视频教程。

素材(源码)等资源:扫描目录上方的二维码下载。

视频等资源:扫描封底的文泉云盘防盗码,再扫描书中相应章节的二维码,可以在线观看视频。

致谢与反馈

本书的编写是在吉利学院、吉利学院智能科技学院和北京优锘科技股份有限公司领导和专家的支持下完成的,在此向他们表示真挚的感谢。

感谢清华大学出版社赵佳霓编辑在创作方面所给予的指导。

感谢每位选择本书的读者,希望您能从本书中有所收获,也期待您的批评和指正。

限于编者水平,书中难免存在疏漏,希望读者热心指正,在此表示感谢。

姚明菊

2025 年 2 月

目录
CONTENTS

配套资源(教学课件、教学大纲、习题答案等)

第1章　数字孪生概述(▷ 49min) ································· 1

1.1　数字孪生的概念 ·································· 1

1.2　数字孪生的前世今生 ··························· 2

　　1.2.1　数字孪生的萌芽 ······················ 2

　　1.2.2　数字孪生概念的提出 ·················· 3

　　1.2.3　数字孪生的发展现状 ·················· 3

1.3　数字孪生体系架构 ····························· 4

　　1.3.1　数字孪生的特征 ······················ 4

　　1.3.2　数字孪生的系统架构 ·················· 6

　　1.3.3　数字孪生的关键技术 ·················· 8

　　1.3.4　数字孪生平台 ······················· 12

1.4　数字孪生的应用场景 ·························· 13

　　1.4.1　智能制造行业 ······················· 13

　　1.4.2　石化行业 ··························· 15

　　1.4.3　医疗保健行业 ······················· 16

　　1.4.4　智慧城市 ··························· 18

　　1.4.5　自动驾驶行业 ······················· 18

本章小结 ······································· 21

本章习题 ······································· 21

第2章　数字孪生的关键技术(▷ 53min) ····················· 23

2.1　物联网技术 ································· 23

　　2.1.1　物联网的体系架构 ···················· 23

　　2.1.2　传感器及应用技术 ···················· 25

　　2.1.3　自动识别技术 ······················· 27

　　2.1.4　无线射频识别技术 ···················· 30

　　2.1.5　计算机控制技术 ······················ 32

2.2　大数据技术 ································· 36

　　2.2.1　大数据的概念 ······················· 36

2.2.2 大数据的特征 ······················· 37

2.2.3 大数据的结构类型 ··················· 39

2.2.4 大数据的关键技术 ··················· 40

2.3 虚拟现实 ································· 42

2.3.1 虚拟现实的概念 ····················· 43

2.3.2 虚拟现实系统的组成 ················· 43

2.3.3 虚拟现实的分类 ····················· 44

2.3.4 虚拟现实的发展 ····················· 47

2.3.5 虚拟现实的应用 ····················· 49

2.4 模拟仿真 ································· 50

2.4.1 仿真概念与仿真技术 ················· 50

2.4.2 经典仿真技术 ······················· 51

2.4.3 微观仿真技术 ······················· 52

2.4.4 离散事件系统仿真 ··················· 53

2.4.5 排队系统仿真 ······················· 56

2.5 数字孪生模型 ····························· 60

2.5.1 几何建模 ··························· 61

2.5.2 物理建模 ··························· 62

2.5.3 行为建模 ··························· 63

2.5.4 六自由度 ··························· 65

2.5.5 模型验证 ··························· 66

本章小结 ····································· 68

本章习题 ····································· 68

第3章 数字孪生的实现平台和工具(▷ 52min) ········· 70

3.1 数字孪生常用实现工具 ····················· 70

3.1.1 Unity 3D ··························· 70

3.1.2 Unreal Engine ······················· 77

3.1.3 WebGL ···························· 80

3.2 数字孪生常用开发平台 ····················· 81

3.2.1 ThingJS ···························· 81

3.2.2 WDP ······························ 83

3.2.3 木棉树 ···························· 85

3.2.4 EasyV ····························· 87

3.2.5 数字孪生专用平台 ··················· 89

本章小结 ····································· 90

本章习题 ····································· 90

第4章 ThingJS基础(▷ 47min) ·················· 91

4.1 入门 ···································· 91

4.1.1 准备工作 ··························· 91

4.1.2 第1个例程 ·· 92

4.1.3 场景加载 ·· 93

4.1.4 程序调试 ·· 95

4.2 ThingJS 对象 ·· 96

4.2.1 几何体对象 ·· 97

4.2.2 模型对象 ·· 99

4.2.3 对象变换 ·· 100

4.2.4 对象样式 ·· 100

4.2.5 对象标记 ·· 102

4.2.6 对象查询 ·· 103

4.2.7 对象销毁 ·· 105

4.3 ThingJS 中的摄像机 ·· 107

4.3.1 摄像机介绍 ·· 107

4.3.2 摄像机飞行 ·· 107

4.4 环境设置 ·· 108

4.4.1 背景设置 ·· 108

4.4.2 灯光设置 ·· 109

4.4.3 后期效果 ·· 111

4.5 ThingJS 中的事件 ·· 112

4.5.1 全局事件 ·· 112

4.5.2 对象事件 ·· 114

4.5.3 键盘事件 ·· 115

4.5.4 事件管理 ·· 116

4.6 建筑监控场景案例 ·· 117

4.6.1 创建项目结构 ·· 117

4.6.2 三维场景 ·· 118

4.6.3 二三维交互 ·· 120

本章小结 ·· 127

本章习题 ·· 128

第5章 ThingJS 进阶(▷ 82min) ·· 129

5.1 组件 ·· 129

5.1.1 组件的定义 ·· 129

5.1.2 组件的作用和生命周期 ·· 129

5.1.3 组件开发 ·· 130

5.2 预制件 ·· 132

5.2.1 预制件介绍 ·· 132

5.2.2 预制件开发 ·· 132

5.3 插件 ·· 136

5.3.1 插件介绍 ·· 136

5.3.2 插件开发 ………………………………………………………… 137

5.4 场景和层级 ……………………………………………………………… 138

5.4.1 场景的概念和加载的意义 …………………………………… 138

5.4.2 层级和层级切换 ……………………………………………… 138

5.5 数据对接 ………………………………………………………………… 140

5.5.1 数据对接介绍 ………………………………………………… 140

5.5.2 数据对接接口 ………………………………………………… 140

5.5.3 数据对接案例 ………………………………………………… 143

5.6 界面展示 ………………………………………………………………… 145

5.6.1 Marker ………………………………………………………… 145

5.6.2 WebView ……………………………………………………… 147

5.6.3 ECharts ………………………………………………………… 148

5.6.4 Widget ………………………………………………………… 152

5.6.5 CSS 组件 ……………………………………………………… 157

5.7 人员定位场景案例 ……………………………………………………… 160

5.7.1 创建项目结构 ………………………………………………… 160

5.7.2 加载场景 ……………………………………………………… 160

5.7.3 创建人员对象 ………………………………………………… 161

5.7.4 创建人员标记 ………………………………………………… 163

5.7.5 定位事件 ……………………………………………………… 164

5.7.6 人员行走 ……………………………………………………… 167

5.7.7 视角跟随 ……………………………………………………… 171

5.7.8 二三维交互 …………………………………………………… 173

本章小结 ……………………………………………………………………… 176

本章习题 ……………………………………………………………………… 177

第6章 物联网设备对接(▷ 67min) …………………………………………… 178

6.1 物联网通信技术 ………………………………………………………… 178

6.1.1 标准串行通信接口 …………………………………………… 178

6.1.2 无线通信技术 ………………………………………………… 179

6.1.3 无线传感器网络 ……………………………………………… 180

6.1.4 定位技术与卫星定位系统 …………………………………… 182

6.2 人机交互技术 …………………………………………………………… 183

6.2.1 嵌入式系统简介 ……………………………………………… 183

6.2.2 键盘接口技术 ………………………………………………… 184

6.2.3 显示器接口技术 ……………………………………………… 185

6.2.4 触摸屏接口技术 ……………………………………………… 186

6.2.5 物联网 API …………………………………………………… 187

6.3 物联网设备对接 ………………………………………………………… 188

6.3.1 物联网在数字孪生中的重要意义 …………………………… 188

6.3.2 物联网设备对接流程 ························ 188
6.4 物联网设备对接场景案例 ························ 189
6.4.1 设备管理场景解决方案 ···················· 189
6.4.2 设备管理场景的实现 ······················ 190
本章小结 ··· 194
本章习题 ··· 194

第 7 章 综合案例: 汽车换电(▶ 78min) ·········· 195
7.1 汽车换电案例需求 ······························· 195
7.2 汽车换电解决方案设计 ·························· 195
7.3 开发准备 ·· 196
7.4 功能实现 ·· 196
7.4.1 全局设置 ································· 196
7.4.2 模型动画 ································· 199
7.4.3 泊车检查 ································· 200
7.4.4 电池拆卸 ································· 206
7.4.5 电池调度 ································· 214
7.4.6 电池安装 ································· 217
7.4.7 车辆驶离 ································· 219
本章小结 ··· 222
本章习题 ··· 222

第 8 章 综合案例: 智慧校园(▶ 107min) ········· 223
8.1 需求分析 ·· 223
8.2 解决方案设计 ····································· 223
8.3 功能实现 ·· 224
8.3.1 开发准备 ································· 224
8.3.2 场景可视化 ······························· 225
8.3.3 智慧安防 ································· 230
8.3.4 智慧节能 ································· 247
8.3.5 智慧教室 ································· 250
8.3.6 数据对接 ································· 256
本章小结 ··· 260
本章习题 ··· 260

数字孪生概述

数字孪生技术虽然发展时间较短,在全球范围内仍然处于起步阶段,但已经连续三年被列入十大战略性技术,是目前最热门的技术之一。随着近年来物联网技术、人工智能、大数据等新一代技术的不断发展和助推,数字孪生被广泛地推广和应用,目前已经应用到制造业、交通、医疗、城市园区管理、农业等行业,几乎已经遍及各行各业,市场前景非常好。

1.1 数字孪生的概念

数字孪生的英文名叫 Digital Twin,即数字双胞胎,也被称为数字映射或者数字镜像。数字孪生充分利用物理模型、传感器、运行历史等数据,集成多学科、多物理量、多尺度、多概率的仿真过程,在虚拟空间中完成映射,从而反映相对应的实体装备的全生命周期过程。

事实上数字孪生就是将现实世界的实体,通过数字化手段在数字世界中映射出一个一模一样的数字虚体,借此用于物理实体的了解、分析和优化等。数字孪生的模型如图 1-1所示。

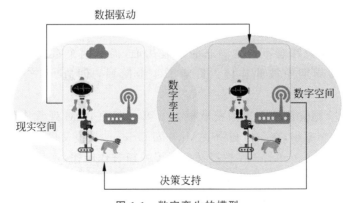

图 1-1　数字孪生的模型

3min

1.2 数字孪生的前世今生

数字孪生的概念最早是在美国国家航空航天局(NASA)阿波罗号的太空技术路线图中正式出现的,但事实上在此之前,美国密歇根大学的 Michael Grieves 教授就已经在产品生命周期管理(PLM)的模型中清晰地描述了数字孪生的模型,只是没有以数字孪生这个词命名,所以行业内对究竟是谁最先提出数字孪生的概念还存在一些争议。

1.2.1 数字孪生的萌芽

2002 年,美国密歇根大学成立了 PLM 中心。Michael Grieves 教授面向工业界发表了《PLM 的概念性设想》这篇文章,首次提出了一个 PLM 概念模型,在这个模型里提出"与物理产品等价的虚拟数字化表达",出现了现实空间、虚拟空间的描述,并且用一张图介绍了从现实空间到虚拟空间的数据流连接,以及从虚拟空间到现实空间和虚拟子空间的信息流连接,如图 1-2 所示。

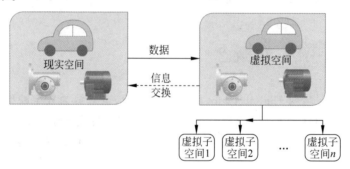

图 1-2 数字孪生的 PLM 镜像空间模型

Michael Grieves 教授提到,驱动该模型的前提是每个系统都由两个系统组成:一个是一直存在的物理系统;另一个是包含了物理系统所有信息的虚拟系统。这意味着在现实空间中存在的系统和在虚拟空间中存在的系统之间存在一个镜像,或者叫作"系统的孪生",反之亦然。

所以,在 PLM 中意味着不再是静态的谁表达谁,而是两个系统,即虚拟系统和现实系统将在整个生命周期中彼此连接。贯穿了 4 个阶段:创造、生产制造、操作和报废处置。

2003 年初,这个概念模型在美国密歇根大学第一期的 PLM 课程中使用,当时被称作"镜像空间模型"。2005 年,在一份刊物中 Michael Grieves 教授又提到了这个模型。

到了 2006 年,Michael Grieves 教授又发表了一篇著作叫作《产品生命周期管理:驱动下一代精益思想》,在这篇文章里他给了数字孪生第二世,叫作"信息镜像模型",所以数字孪生还有另一个前世叫"镜像空间模型",如图 1-3 所示。

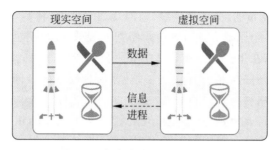

图 1-3　数字孪生信息镜像模型

　　Michael Grieves 教授自称是数字孪生的第一人,虽然没有直接提出数字孪生这个名称,但是不可否认,Michael Grieves 教授在数字孪生抽象而清晰的表述方面所做出的贡献是不可抹杀的。

1.2.2　数字孪生概念的提出

　　数字孪生的概念其实起源于 50 多年前 NASA 的"阿波罗计划",当时构建了两个一模一样的航天飞行器,其中一个(被命名为"阿波罗 13 号")宇宙飞船被发射到远离了地球 210 000 英里(1 英里≈1.61 千米)以外的太空执行任务;另一个则留在地球上用于反映太空中航天器在执行任务期间的工作状态,从而辅助工程师分析及处理太空中出现的紧急事件。利用这套完整的、高水准的地面仿真系统模拟器,帮助"阿波罗 13 号"宇宙飞船快速而准确地诊断出遇到爆炸问题所在的根因,使 NASA 避免了宇航史上差点发生的最大灾难,最终转换为一个巨大的令人兴奋的成功。NASA"阿波罗计划"的成功实际上更应该归功于模拟器,这个模拟器准确地说是数字孪生和物理孪生的结合体,这些模拟器正是现在火热的数字孪生实实在在的早期案例,不过当时的两个航天器都是真实存在的物理实体而已。

　　NASA 在 2010 年发布的技术路线图 Area 11 的 Simulation-Based Systems Engineering 部分是这样定义的:

　　"数字孪生是一种集成化的多种物理量、多种空间尺度的运载工具或系统的仿真,该仿真使用了当前最有效的物理模型、传感器数据的更新、飞行的历史等来镜像出其对应的飞行当中孪生对象的生存状态。"

　　数字孪生定义就这样诞生了,NASA 首次提出了数字孪生的概念,有明确的工程背景,即服务于自身未来宇航任务的需要。NASA 的数字孪生基于其之前的宇航任务实践经验,极其看重仿真的作用。从某种意义上,数字孪生是其系统工程方法的落脚点,等同于其基于仿真的系统工程。

1.2.3　数字孪生的发展现状

　　工业互联网之前,数字孪生停留在几何建模的 CAD 系统、产品生命周期管理的 PLM 等软件环境中。随着工业互联网、虚拟现实、数字化、人工智能和云计算等新技术的发展,数字孪生技术日益成熟,从理论模型走向实际应用的重点研究方向。

2013年,美国空军发布的《全球地平线》顶层规划文件中,将数字孪生称为"改变行业规则"的顶尖技术。自此各个国家和地方政府纷纷把发展数字孪生技术提到国家发展规划中,西门子、通用等企业逐渐在生产和企业管理中应用数字孪生,数字孪生开始在工业互联网中被广泛应用和发展。2018—2020年连续三年,全球最具权威的顾问公司Gartner将数字孪生技术列为全球十大战略科技发展趋势之一。2021年,我国"十四五"规划纲要明确提出要"探索建设数字孪生城市",上海等众多城市开展数字孪生城市的相关实践。各种建模技术之间的兼容性及数据标准统一等问题逐渐得到解决,相关技术与应用快速发展与落地。目前随着政策的推动和科技的发展,数字孪生已经被应用到城市、交通、安全、健康、生产和生活的各个领域和行业,加速了社会经济发展,给人民生活带来了极大的便利,改善了人们的工作和生活方式。数字孪生的发展历程如图1-4所示。

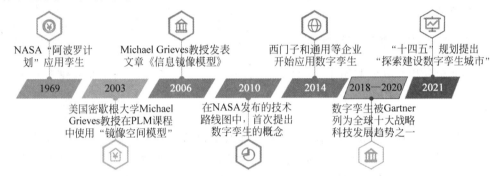

图1-4 数字孪生的发展历程

1.3 数字孪生体系架构

1.3.1 数字孪生的特征

数字孪生的特征到目前为止并没有统一的定义,但总体来讲基本具备虚实交互性、数字化、虚实高度相似性、先知先觉性和虚实闭环优化性等几个典型的特征。

1. 虚实交互性

数字孪生具有将物理实体精准映射到各种数字模型的能力,并且具备在不同数字模型之间相互转换和融合的能力。孪生系统中的物理对象和数字对象双向映射,并可以实时动态互动。物联网是实现互动的核心技术,数字孪生通过传感器、云计算、人工智能等技术获取、分析和处理实际物理世界的数据,并将其转换为数字孪生的形式,以实现数字孪生与实际物理世界之间的交互。

数字孪生的虚实交互性特征包括实时性、可视化、智能化、追溯性和模拟性等方面。

(1)实时性:指数字孪生可以实时地获取、反映和处理物理世界的信息,可以从中获得即时、准确的反馈和控制,以实现数字孪生与实际物理世界的实时交互。

(2)可视化:指数字孪生可以将物理世界的数据以图像、声音和动画等形式展示和呈现,使人们可以直观地了解和理解物理世界的情况,对数字孪生与实际物理世界之间的交互产生更加积极的作用。

(3)智能化:指数字孪生可以利用人工智能等技术对物理世界的数据进行分析和处理,从而获得更加准确和深入的信息和知识,以实现数字孪生与实际物理世界之间的智能化交互。

(4)追溯性:指数字孪生可以对物理世界的历史数据进行追溯和分析,以了解和预测未来的变化和趋势,并采取相应的措施来应对和管理,以实现数字孪生与实际物理世界之间的追溯性交互。

(5)模拟性:指数字孪生可以通过对物理世界的数据进行模拟和预测来对各种情况进行分析和评估,并采取相应的措施来优化和改进,以实现数字孪生与实际物理世界之间的模拟性交互。

总之,数字孪生的虚实交互性为实体环境和数字环境之间打通了信息沟通的通道,使人们能够更加高效地管理、优化和控制实体环境,从而为企业的发展和社会的进步带来更多的机会和可能。

2. 数字化

数字孪生对物理世界的数字化过程,也就是将物理对象的外观、状态、性能、异常和变化等,通过测绘扫描、几何建模、网络建模、系统建模、流程建模和组织建模等技术,表达为计算机和网络所能识别的数字模型。数字化特性主要体现在以下几个方面:

(1)数字孪生是一个基于数字化技术的虚实结合的概念。数字孪生系统可以利用传感器和计算机技术对实体进行数字化建模,并以虚拟的方式进行仿真和优化。

(2)数字孪生系统具有高度的精确度和准确性,可以在真实世界中对物理系统准确地进行模拟,从而为设计和预测提供更加可靠的数字化基础。

(3)数字孪生系统是一种高度自适应的系统,能够通过虚拟模拟对实际系统的操作进行优化,以适应实际应用场景。

(4)数字孪生系统是一种高度智能化的系统,能够通过对实时数据的分析和处理,实现错误预警和监测,提高设备的可靠性和可维护性。

(5)数字孪生系统是一个高度协同化的系统,它可以将不同的系统连接在一起,实现流程的优化和信息的共享,提高整体的效率和效益。

3. 虚实高度相似性

为了确保数字孪生的有效性和可靠性,数字孪生应尽可能地与现实环境相似,其中一个显著的相似性因素就是虚实高度相似性,即数字孪生的数字虚体与现实实物理体环境的高度相似性。不仅要保持对实体几何结构的高度模拟,还要在状态、相位和时态方面进行模拟。在不同的数字孪生场景下,同一数字虚体的模拟程度可能不同,某些场景中可能只要求描述数字虚体的物理性质,而不需要关注化学结构。

为了实现数字孪生的虚实高度相似性,需要进行充分测量和建模。这需要使用高精度的测量仪器,并使用成熟的数字建模软件进行数字化建模。数字孪生的建模过程应尽可能地保留现实环境中的细节,并采用准确的比例尺。

总之,数字孪生的虚实高度相似性是数字孪生的一个重要因素,这种相似性有助于提高数字孪生的有效性和可靠性,从而支持各种决策和优化应用。

4. 先知先觉性

数字孪生基于真实物理系统的实时数据,通过大量的仿真模拟和数据分析,能够预测未来可能出现的情况,并提前采取措施以避免负面影响。

数字孪生技术能够实时更新数据,通过融入人工智能,利用仿真技术对物理世界进行动态预测。数学对象不仅可以表达物理世界的几何形状,还在数字模型中融入物理规律和机理,根据当前状态,通过物理规律和机理来计算、分析和预测物理对象的未来状态,系统还依靠不完整的信息和不明确的机理通过大数据和机器学习技术来预感未来,帮助决策者更好地了解系统状态并及时做出调整,让数字孪生系统具备先知先觉的性能。

数字孪生的先知先觉能力能够帮助人们更好地预测未来的发展和变化,从而更好地做出决策和规划。

5. 虚实闭环优化性

数字孪生中的数字虚体用于描述物理实体的可视化模型和内部机制,从而监控物理实体的状态数据,进行分析推理,通过分析与仿真对物理世界的工艺参数和运行参数进行优化,并实现智能决策功能,即数字虚体和物理实体是一个闭环系统,实现双向的闭环信息反馈,通过云计算技术实现不同数字孪体之间的智慧交换和共享。

数字孪生闭环优化性主要体现在以下几个方面。

(1)实时监测和反馈:数字孪生可以实时监测物理实体的运行状态,并将数据反馈给模型,以便及时优化和改进其性能。

(2)数据分析和预测:数字孪生可以通过对大量的实时数据进行分析,提供有关物理实体性能和趋势的预测,从而更好地优化其性能。

(3)模拟和测试:数字孪生可以模拟测试不同的情况和场景,以帮助优化物理实体的性能和预测其影响。

(4)自动化和智能化:数字孪生可以自动化和智能化优化过程,使物理实体能够更高效地运行,并消除可能的错误和故障。

(5)优化和改进:数字孪生可以根据实时数据和模拟分析的结果,对物理实体进行优化和改进,以提高物理实体的性能和可靠性。

数字孪生闭环优化性的特性可以帮助企业更好地管理和优化其物理实体,使物理实体可以更高效、更可靠和更节能地运行。

1.3.2 数字孪生的系统架构

数字孪生的典型特征需要综合各项技术才能实现,数字孪生中数据是基础,模型是核心,平台或软件是实现孪生功能的载体。

在数字孪生系统的实现过程中,大体可以将数字孪生系统划分为感知、数据、建模、可视化和应用等几个功能层,由物联网、大数据、建模仿真、人工智能、虚拟现实及云边计算等新技术的共同协作来实现,目前有很多数字孪生平台和软件集成各项技术共同为数字孪生提供服务,数字孪生体系架构如图 1-5 所示。

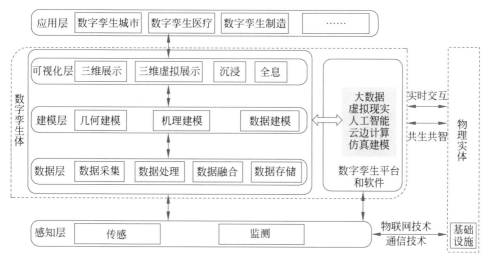

图 1-5　数字孪生体系架构

1. 感知层

感知层使用传感技术、监测技术等实时感知物理实体及其运行环境。如通过智能电表、声振信号、温度、湿度数据的传感设备,获得电气数据和电站周边气象数据及设备温度、声音、振动等数据,建立面向风电、光伏出力预测和故障诊断、感知用户的用电特性及感知系统受到扰动等的数字孪生。

2. 数据层

数据层利用先进的通信技术将监测和传感获得的数据传输到数据平台或数据库中进行存储、处理和建模。如果数据量大,并且对实时性要求高,则需要大容量、高速通信技术,根据需要也可以采取边缘计算模式存储及处理数据。为节省信道和存储空间,需要应用数据压缩技术;为实现多源异构数据的融合、时空数据融合,需要应用数据融合技术;为了提高数据处理和建模速度、满足数据孪生的实时性要求,需要采用分布式存储和处理技术、流计算、内存计算等技术。

3. 建模层

数字孪生中的模型既包含了对应已知物理对象的机理模型,也包含了大量的数据驱动模型。数字孪生建模通常采用几何建模、机理建模、数据建模及几种建模方式的混合。

(1)几何模型建模主要是基于用户实景,搭建 1∶1 真实还原的三维可视化数字孪生模型,保证数字孪生体模型与物理模型从几何尺寸、材质属性、颜色、形状等保持高度一致,同时也能真实反映物理模型的装配关系、原点、从属关系等,具有结构上的孪生。

(2)机理建模是根据研究对象的机理特性建立数学公式,并赋予参数,然后应用数值计算方法或解析方法进行计算,一般适合于机理清楚的物理系统的数字孪生建模。

(3)数据建模是指采用统计学、机器学习方法建立模型,适合于机理不明确或只存在关联关系的研究对象。机理建模由于存在不可避免的假设和简化,所以会带来不容忽视的误差,如果数据充足,则适合采用数据驱动建模方法。当采用数据驱动方法时,为了解决小样本、样本不均衡、弱特征及不可解释性等问题,将机理建模方法和数据驱动方法相结合,具有一定优势。

"动态"优化是数字孪生模型的关键特性,数字孪生的模型需要随物理实体同步更新,需要具备自我学习、自主调整的能力,以实现孪生体与物理实体的高度相似性和共享共智的闭环优化性,数字孪生模型的动态优化过程如图 1-6 所示。

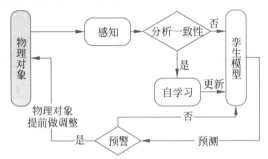

图 1-6　数字孪生模型的动态优化过程

4. 可视化层

数字孪生的可视化层通过虚拟现实 AR/VR、三维建模、地理信息系统(GIS)及大数据分析等可视化技术,让数字孪生具备直观、炫酷、刺激的可视化效果。

5. 应用层

近年来随着数字孪生技术的逐渐成熟,以及数字孪生平台和工具的出现,使数字孪生应用的领域越来越多,如智慧城市、精准医疗、智能制造、智慧能源等领域的应用都非常广泛。

1.3.3　数字孪生的关键技术

7min

数字孪生的感知、数据、建模、可视化和应用等各层功能的实现都离不开各项新技术的支撑,数字孪生是融合了物联网、大数据、虚拟现实、建模和仿真及云边计算和人工智能等各项技术才实现的。

1. 物联网技术

物联网技术是数字孪生的载体,物联网技术对物理世界的全面感知是实现数字孪生的重要基础和前提,物联网通过传感器、射频识别、二维码等数据采集方式将实际物理系统中的数据收集起来,然后将这些数据传输至云服务器中进行处理和分析。这些数据被用来构建数字模型,并与实际物理系统进行对比和校准。通过这种方式,数字孪生可以不断地优化其模型,最终达到对实际物理系统的精准模拟。

物联网技术还能够实现远程控制与监测。当数字孪生模型与实际物理系统一致时,可以通过模型对实际物理系统进行远程控制，实现精准的维护与调试。同时，数字孪生还可以通过监测实际物理系统的数据，预测可能发生的故障，并提前做好维护和预防措施。

物联网技术对于数字孪生实现过程中的数据采集、传输和处理具有重要意义。只有合理利用物联网技术，才能更好地实现数字孪生的应用与发展。

2．大数据技术

数字孪生中的孪生数据集成了物理感知数据、模型生成数据、虚实融合数据等高速产生的多来源、多种类的全要素和全流程的海量多源异构数据。

通过大数据从高速产生的孪生海量数据中提取更多有价值的信息，用于分析、解释和预测现实事件的结果和过程。随着数字孪生的优化，大数据预测越来越逼近真实世界，使数字孪生拥有"先知先觉"的能力。

大数据技术在数字孪生中扮演着至关重要的角色，数字孪生系统中实际用到了大数据技术中的数据采集、数据清洗和预处理、数据分析处理、模型训练和优化及数据可视化等技术。

（1）数据采集：数字孪生需要大量的数据来建模和仿真现实世界，数据的采集、传输和管理是数字孪生的基础。大数据技术可以帮助采集、处理、存储和管理海量的数据。

（2）数据清洗和预处理：从传感器、互联网等地方采集的数据往往存在缺失值、异常值等问题，需要进行数据清洗和预处理。大数据技术可以通过数据挖掘和机器学习技术，对数据进行自动化清洗、归一化和预处理。

（3）数据分析处理：数字孪生需要对数据进行分析，以获取可用的知识和信息。大数据技术可以通过数据挖掘、机器学习等技术，自动化地分析和挖掘数据中的模式和规律。

（4）模型训练和优化：数字孪生需要建立逼真的模型，以对现实世界进行仿真和预测。大数据技术可以通过机器学习技术，训练、优化数字孪生的模型，以提高其准确性和可靠性。

（5）数据可视化技术：数据可视化技术在数字孪生中扮演着极其重要的角色，它需要将海量的数据转换为可视化的信息，使用户能够迅速地理解并做出对应的决策。通过三维模型展现物体的空间形态和拓扑结构，可以更加立体、清晰、直观地呈现物体或系统的运行状况，从而实现大数据与虚拟仿真的完美结合，也可为用户提供更加高效、直观、真实的决策帮助。

总之，大数据技术是数字孪生关键技术之一，也是数字孪生能够建立起来的重要基础。

3．虚拟现实技术

数字孪生系统中的可视化与虚实融合是虚拟模型真实呈现物理实体及增强物理实体功能的关键。帮助使用者迅速地了解和学习目标系统的原理、构造、特性、变化趋势、健康状态等信息，并能启发其改进目标系统的设计和制造，为优化和创新提供灵感。

（1）VR技术：利用计算机图形学、细节渲染、动态环境建模等实现虚拟模型对物理实体属性、行为、规则等细节的可视化动态逼真显示。

（2）AR与MR技术：利用实时数据采集、场景捕捉、实时跟踪及注册等，实现虚拟模型与物理实体在时空上的同步与融合，通过虚拟模型补充增强物理实体在检测、验证及引导等方面的功能。

(3) 虚拟现实技术:可以提供一个更加沉浸式的环境,使数字孪生的模拟更加逼真,更具有交互性和可视性。通过虚拟现实技术,用户可以更加直观地了解数字孪生所表示的真实物体或场景,更加方便地观察和分析。

例如,在建筑设计中,虚拟现实技术可以帮助设计师从不同的视角观察建筑的布局和效果,及时发现空间设计的问题和优势,以便进行修改和优化。在医学领域,虚拟现实技术可以用于演示手术操作、模拟病理变化、练习操作技能等方面。

总之,虚拟现实技术对数字孪生的作用可以使数字孪生更加真实和可视化,从而提高操作和观察的效率。

4. 建模与仿真技术

建模是研究系统的重要手段和前提,而数字孪生的目的或本质是通过数字化和模型化,用信息换能量,以更少的能量消除各种物理实体特别是复杂系统的不确定性,所以建立物理实体的数字化模型或信息建模技术是创建数字孪生、实现数字孪生的源头和核心技术,也是"数化"阶段的核心。

仿真是指利用模型复现实际系统中发生的各种情况的本质过程,并通过对系统模型的实验来研究已存在的或设计中的系统,又称模拟。只要模型正确,并拥有了完整的输入信息和环境数据,基本上就可以正确地反映物理世界的特性和参数。

建模和仿真技术是数字孪生中的核心技术,主要具有以下作用。

(1) 系统建模:对实体物理系统进行建模,提取关键参数和特性。在建模过程中,需要考虑物理、化学、力学、电子、光学等多方面复杂因素,以及系统的非线性、时变性等特性。

(2) 仿真与优化:通过建立仿真模型,模拟物理系统的行为和动态特性,对系统进行优化设计和参数调控。采用不同的仿真方法和工具,如离散事件仿真、连续系统仿真、有限元分析等,从不同角度探索系统的性能和特性,提高系统的可靠性和效率。

(3) 故障分析与预测:通过数字孪生技术,收集实体系统的实时数据和过往信息,对系统的运行情况进行分析和预测。针对不同的操作状态和场景,通过仿真模型对不同的故障情况进行预测和评估,为系统的维护和保养提供数据支持。

(4) 智能控制与优化:基于数字孪生技术,通过数据分析和建模,实现对实体系统的实时监测和控制。根据系统的状态和工作要求,对系统进行自适应调节和优化,提高系统的智能化和自动化水平。

建模和仿真技术在数字孪生中发挥着不可替代的作用,通过数字化技术手段实现对实体系统的重构和再现,为推动数字化和智能化发展提供了有力支持。

5. 云边协同计算

边缘计算技术可将数字孪生系统从物理实体采集到的数据在边缘侧进行实时过滤、清洗与分析处理,因为更接近数据的源头,更有利于用户在本地进行即时决策、快速响应与及时执行。

数字孪生是非常复杂的系统,系统规模弹性很大,需要通过云计算分布式共享的模式,对边缘计算后复杂的孪生数据进一步地进行计算、处理、存储等。云边计算可以提高数字孪生系统数据处理的效率、减少云端数据负荷、降低数据传输时延,为数字孪生的实时性提供保障,是数字孪生实现智慧的交换和共享的"共智"目标的前提。

云边协同计算可以帮助数字孪生在以下方面发挥更大的作用。

(1) 数据收集和处理:数字孪生需要大量的数据来模拟实际情况,而云边协同计算可以协同云端和边缘设备进行数据收集和处理,提高数据的质量和数量。

(2) 交互式体验:数字孪生可以提供交互式的体验,但需要强大的计算和图形处理能力,云边协同计算可以提供分布式计算和图形渲染,实现更流畅和逼真的交互式体验。

(3) 自动化优化:数字孪生在应用场景中需要不断地进行优化和调整,云边协同计算可以提供强大的机器学习和人工智能能力,实现自动化的优化和调整。

(4) 安全保障:数字孪生涉及大量的敏感数据和知识产权,云边协同计算可以提供边缘计算和私有云的安全保障,保证数据安全和隐私保护。

6. 人工智能技术

人工智能对数字孪生多源、海量、可信的孪生数据,通过最佳智能算法,自动地进行数据准备、分析、融合及对孪生数据进行深度知识挖掘,不断地进行自我学习,实时地在数字世界里呈现物理实体的真实状况,对即将发生的事件进行推测和预演,支持各种类型应用和服务。数字孪生有了人工智能的加持,可大幅提升数据的价值及各项服务的响应能力和服务准确性。

人工智能技术在数字孪生中的作用主要体现在以下几个方面。

(1) 数据分析和建模:通过采集和处理实时数据,人工智能技术可以帮助建立数字孪生的大量数据模型和算法,以实现对物理系统的监测和诊断。

(2) 智能预测和优化:数字孪生可以利用人工智能技术精确地进行预测和优化,如预测设备故障、优化产品设计、改进制造流程等。

(3) 联机故障诊断:利用数字孪生技术进行现场在线监测和分析,人工智能技术可以对设备进行及时诊断,帮助及早发现故障,并提供有效的解决方案。

(4) 增强现实体验:数字孪生技术结合人工智能技术可以实现增强现实体验,使用户可以通过 AR 设备观察到实时数据,并根据数据进行调整。

(5) 智能决策支持:数字孪生结合人工智能技术可以自动分析和处理复杂的数据,提供智能决策支持,可以让企业实现更好的决策和管理。

除了以上关键技术外,数字孪生还用到很多其他技术,例如数字孪生虚拟模型的精准映射与物理实体的快速反馈控制,需要高速率、大容量、低时延、高可靠的通信技术;数字孪生为了让用户安心地使用数字孪生提供的各种服务,必须确保孪生数据不可篡改、全程留痕、可跟踪、可追溯等特性,此外还需要区块链技术的支撑。

数字孪生和各项新技术也是相互成就的关系,一方面,各项技术为数字孪生提供了技术支撑;另一方面,数字孪生也是各项技术发展应用的新阶段。

5min

1.3.4　数字孪生平台

随着数字孪生应用的推广,西门子等企业推出了数字孪生仿真平台,我国越来越多的企业也纷纷开始打造和推出各自的数字孪生平台,并以可视化、低代码和零代码等方式降低用户操作门槛,帮助企业用户和个人用户快速构建实体空间数字孪生体,推动数字孪生为更多行业应用提供服务。后面章节将要介绍的 ThingJS 数字孪生平台就是目前市场上众多数字孪生平台中的一款,10 年的探索和工程实战案例,为数字孪生平台提供了很好的资源和应用,具有一定的代表性。

数字孪生平台是一种集成了数字孪生所需的物联网、大数据、建模仿真、虚拟现实、人工智能等各项前沿技术的平台,基于建模仿真、渲染、数据融合等能力,将数据、技术、设备与用户需求有机地结合起来,覆盖众多业务领域。

通过数字孪生平台用户基本可以快速地实现三维场景搭建、各类模型数据的编辑和管理、高质量的动态仿真、数字化元素、多源异构数据融合和持续开发赋能等。

1. 三维场景搭建

数字孪生平台提供低门槛、高效率搭建三维场景的能力,解决了以往一个数字孪生项目建设,必须有专业的模型师完成建模和编辑维护等问题。数字孪生平台基于三维倾斜摄影技术、激光点云技术、人工测绘技术等空间数据采集技术,构建实景空间三维模型,并融合渲染引擎,借助场景编辑器实现三维场景、模型及海量数字资产的编辑和管理,高质量、低成本地搭建数字孪生项目。

2. 高质量的动态仿真

数字孪生平台中一般还具备实现高保真的物理世界的仿真还原的环境调试和场景渲染能力。对孪生对象模型的材质、纹理等以所见即所得的编辑模式,更直观地呈现效果;可添加多种光源类型、粒子特效、雾气、天空球等效果,为场景实现添加更加贴合物理对象的效果,让用户体验到数字孪生系统身临其境的感觉;可对接真实的天气、温度、湿度和光照系统等,通过场景渲染实现实际天气温度变换和 24h 光照变化的实时渲染。

3. 数字化元素

数字孪生平台一般还提供多元数字要素和信息,包含点、线、面、场等类型,基于业务需求对场景进行抽象管理,可在三维场景中添加散点、信息面板、飞线、路径、围栏、iframe 等多种类型的数字要素,预置多种设计样式以供客户选择,适应不同需求。通过手动打点、三维坐标、经纬度坐标等方式来实现时空业务数据融合,并结合实时数据来控制相应数字要素状态,与现实世界虚实对应。

4. 多源异构数据融合

数字孪生平台都具备强大的数据兼容性和多数据标准高效接入能力,支持并兼容各类物联数据接口和协议;集成各种类型的数据平台、数据库,接入地图数据、三维景观、地理要素、建筑要素、空间要素、传感器数据、时空分析数据、业务系统数据等。同时还具备海量实时大数据的存储及分析管理能力,为用户提供数据服务支撑。

5. 持续开发赋能

数字孪生平台还提供全流程开发工具链和完善的孪生体开发接口,客户可通过调用接口满足自定义开发更多定制化功能的需求,满足个性化需求,为用户完整业务应用赋能,确保将来灵活扩展。

1.4 数字孪生的应用场景

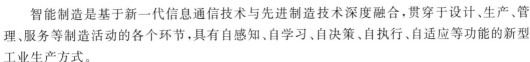

近年来随着物联网、大数据、云计算、人工智能等新技术的发展,使数字孪生的实现逐渐成为可能。目前数字孪生被广泛地应用于电力、工业制造、汽车、城市园区管理、农业、建筑、石化、医疗、物流等各行业。特别是在智能制造和智慧城市等领域,数字孪生被认为是实现制造信息、城市信息与物理世界交互融合的有效手段,全球智能制造业的龙头企业都纷纷在应用数字孪生助力企业的生产和发展,典型的行业应用主要有以下几个。

1.4.1 智能制造行业

7min

1. 什么是智能制造

智能制造是基于新一代信息通信技术与先进制造技术深度融合,贯穿于设计、生产、管理、服务等制造活动的各个环节,具有自感知、自学习、自决策、自执行、自适应等功能的新型工业生产方式。

智能制造技术和智能生产模式是工业 4.0 的战略核心,受到全球各国的关注和重视。在生产过程中,将智能装备通过通信技术有机地连接起来,实现生产过程自动化,并通过各类感知技术收集生产过程中的各种数据,通过工业互联网等通信手段,上传至工业服务器,在工业软件系统的管理下进行数据处理分析,并与企业资源管理软件相结合,提供最优化的生产方案或者定制化生产,最终实现智能化生产。

随着信息化的进步,全球智能制造的发展可分为以下 3 个阶段。

(1)数字化制造阶段:从 20 世纪中期到 90 年代中期,以计算、通信和控制应用为主要特征的数字化制造阶段。

(2)数字化网络化制造阶段:从 20 世纪 90 年代中期开始,互联网大规模普及及应用,进入万物互联为主要特征的数字化网络化制造阶段。

(3)智能制造阶段:近年来,在大数据、云计算、移动互联网、工业互联网集群突破、人工智能和数字孪生融合应用的基础上,智能制造实现战略性突破,进入数字孪生为主要特征的新一代智能制造阶段。

2. 数字孪生在智能制造领域的应用

数字孪生技术的最开始主要应用在制造业中,所以目前以智能制造和在工业中的应用最广泛,制造业的工厂部署了大量的生产设备,这些设备会生成大量实时数据。这些数据非常适用于构建数字孪生,通过数字孪生就可以建模从单台机器到整个工厂和制造企业的一切运作流程。

西门子已经应用数字孪生形成一个完整的解决方案体系,把西门子的产品及系统基本包揽在其中,例如使用数字孪生设计新产品,制造产品和规划生产,进行绩效管理,捕获、分析和践行操作数据等。

通用电气公司(GE)在数字孪生技术的应用与探索上也格外重视,收集了大量资产设备(如航空发动机)的数据,将大量资产设备数据和模型叠加,通过 Predix 平台,提供通用的数字孪生体模型,包括工业数据分析模型和超过 300 个资产和流程模型。用户可以利用现有的通用模型进行模型构建、仿真、训练,从而快速构建数字孪生体,并可在现场运行或在云端大规模运行,将模型推向使用端,然后将它们产生的信息传回云端,通过数据挖掘分析,能够预测可能发生的故障和时间,确定故障发生的具体原因。

数字孪生体的构建主要是将设备机理模型和数据驱动分析结合起来,但是西门子和通用的数字孪生体系过程极为复杂,对于普通用户而言,通常不具备这种专业能力。

近年来随着我国智能制造行业数字化和智能化突飞猛进发展,数字孪生在智能制造领域也发展非常迅猛,应用非常广泛,例如在智能制造的设计阶段,利用数字孪生帮助设计师在虚拟环境中进行产品设计,进行仿真和测试,从而快速验证产品设计的可行性和优化方向。在制造阶段,利用数字孪生技术,可以对整个生产线进行模拟和优化,从而提高生产效率和质量。数字孪生可以模拟加工过程、料件的使用和流程的优化,同时可以通过监测数据来反馈生产线状况,从而实现生产线的自动控制。

(1) 在维护阶段:通过数字孪生技术,实现对设备和设施的远程监控和预测性维护。数字孪生可以对设备运行状态进行建模和仿真,从而预测设备的寿命和维修需求,实现设备的保养和维护。

(2) 在服务阶段:利用数字孪生可以帮助制造商提高客户服务水平。通过对客户使用产品的数据建模和仿真,可以预测产品的疲劳程度和维修需求,以及时提供售后服务和维修支持。

总之,数字孪生技术在智能制造领域中,可以帮助制造商提高生产效率、产品质量和客户服务水平,从而推动制造业的数字化转型和升级。数字孪生在智能制造领域的应用如图 1-7 所示。

图 1-7　数字孪生在智能制造领域的应用

1.4.2　石化行业

1. 石化行业

石化行业是指以石油勘采、天然气勘采、煤炭及生物等为原料进行油品炼制、化学加工及其产品运输、储存、销售产业的统称。

石化行业作为重要的国家支柱产业,其特点是存在易燃、易爆、高温、高压等安全性问题;石化行业产业规模庞大,一旦出现问题将给国家和人民带来巨大的损失;另外,石化行业属于典型的流程性生产模式,需要长久稳定地运行。迫切需要一种系统来对流程管理、生产管理、安全管理、项目管理及运维管理等全方位进行实时运行、监控、预警和优化,这就是石化行业的数字孪生系统。

随着工业化生产规模的扩大,以及工艺技术的不断更新,新设备、新材料、新型催化剂及高效节能设备越来越多地被用于石油化工生产装备中,使装置的规模越来越大,自动化程度越来越高,具备了数字孪生必需的工业基础。国家"十四五"规划中明确提出要坚定实施数字化转型,进一步推动石化行业的工业互联网建设和信息化、数字化建设的步伐,也为数字孪生的应用提供了很好的基础支撑。

2. 数字孪生在石化行业的应用

近年来各大石化企业已经结合行业的具体需求在探索、部署和应用数字孪生,通过数字孪生油气行业在生产过程中实现建模与参数优化、工艺参数设计与仿真、系统健康监测与远程维护。

在石化行业的预测维护阶段,通过数字孪生技术可以实时监测设备状况、预测故障,并提供维护预警。这有助于提高生产效率、降低维护成本和延长设备寿命。在设备优化阶段,通过数字孪生技术可以模拟设备的运行过程,以便优化设备运行参数并提高生产效率。此外,数字孪生技术还可以模拟设备的交互行为,以便识别在现实工厂设施中难以检测的问题。在质量管理方面,通过数字孪生技术可以追踪并分析原材料和生产过程中的参数变化,以便及时发现质量问题并采取相应措施。这有助于提高产品质量和减少不良品率。在安全管理方面,利用数字孪生技术可以模拟并预测设备运行中的危险场景,并提供安全预警和应急响应方案。这有助于提高生产安全性和保障员工安全。

总体来讲,数字孪生技术可以提高石化行业的生产效率和质量水平,降低生产成本和维护成本,并提高生产安全性。这将有助于推动石化行业的可持续发展和提升竞争力。

石化企业依托石化行业的工业互联网平台通过"赋能、赋值、赋智",实现工业知识、模型和经验的承载和推广。由石化工业数字孪生体、运行支撑环境和典型智能应用三部分组成。数字孪生体是核心,对石化工业进行可视化模型化描述。运行支撑环境是基础,通过工业物联接入、工业数据湖和工业实时优化计算为数字孪生提供泛在感知、数据分类存储和实时计算的环境。典型智能应用是关键,服务于最终用户,一方面,有效地提高油气行业的数字化、智能化水平、提高行业的经济效益和社会效益;另一方面,实现行业的技术升级,实现油气行业的数字化转型,实现企业的节能降耗、降本增效。石化行业数字孪生架构如图 1-8 所示。

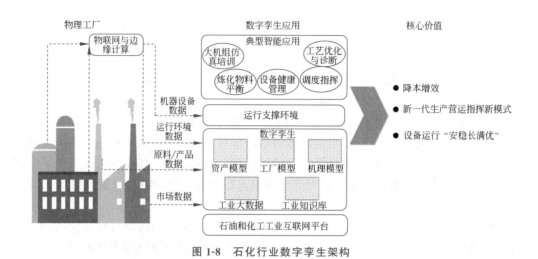

图 1-8　石化行业数字孪生架构

8min

1.4.3　医疗保健行业

1. 医疗保健

医疗保健是通过预防、诊断、治疗、改善或治愈的疾病、疾病、伤害和其他身心障碍维护或改善人的健康。医学、牙科、药学、助产学、护理学、验光、听力学、心理学、职业治疗、物理治疗、运动训练和其他健康专业都是医疗保健的一部分。

多年来由于存在收入低、保险范围限制、地理位置产生额外交通费用、工作忙、无人陪伴等障碍,医疗保健长期面临看病难、看病贵的问题,另外医疗资源有限,挂号一号难求、看病排队等待时间长、医患关系紧张等现象频出。随着互联网的普遍应用,人们对医疗服务的渴望正在从线下演变为线上线下辅助的新模式。

医疗保健产业是国民经济的重要组成部分,关系到国民经济的健康发展和人民生活水平的提高,是社会经济发展的重要驱动力。我国医疗健康行业的发展受到多方的重视,政府和企业在医疗健康领域的投入也在不断增加,医疗保健产业的市场规模进一步扩大,随着科技的不断发展,物联网、人工智能、大数据和数字孪生等新技术的应用为该行业的发展带来新的机遇。

2. 数字孪生在医疗保健行业的应用

数字孪生融合了众多高新科技,通过创建数字生命模型,其身体特征与本人高度相似,但又与物理个体完全分离。在医学领域,数字孪生能帮助提升临床试验或医疗测试的准确性,为健康监测和移动性管理提供了新的手段,例如传感器可以持续监测,远程通知数字孪生体,数字孪生系统根据多源异构数据进行预测或做出诊断决策,为人们实现疾病治疗,通过数据分析和智能预测,让患者提前预知健康状况,提高生活质量和福祉。

数字孪生应用于医学领域,其中最大的"游戏规则改变者"是可穿戴设备和家庭传感器,它们使医疗人员能在医院之外监测患者的健康状况,从而实现全天候护理,也为需要立即和直接护理的患者腾出宝贵的医疗资源。

　　数字孪生特别适合预防心血管疾病,如中风和糖尿病等这些具有复杂的发病机制的疾病,通过改变生活方式和早期医疗干预,至少可以部分避免。由于心血管疾病涉及许多器官,并且时间框架、控制机制及各种医疗和环境因素的复杂性,所以很难生成单个预测。

　　数字孪生是一种可以应用于各种医疗保健服务的技术。医疗保健服务的数字孪生体的多样性不仅体现在他们寻求的医疗保健服务类型上,还体现在他们可能面临的道德问题中。通过开发和将数字孪生体技术发展到医疗机构中,可以改善个体患者的临床决策、患者沟通、协作决策和护理质量。

　　从 2023 年开始,"虚拟医院病房"被更多人所熟知,医生和护士将通过传感器和远程医疗技术监测患者的情况并开展治疗。配备心电图和血氧饱和度传感器的智能手表现在很常见,未来更多产品将接踵而至,如可穿戴皮肤贴片等。"神经连接"设备能够读取神经信号的植入物,可帮助瘫痪患者重新控制身体。数字孪生在医疗保健领域的应用将给社会带来极大的进步和便利,将极大地推动医疗健康的发展。部分数字孪生虚拟病床应用如图 1-9 所示。

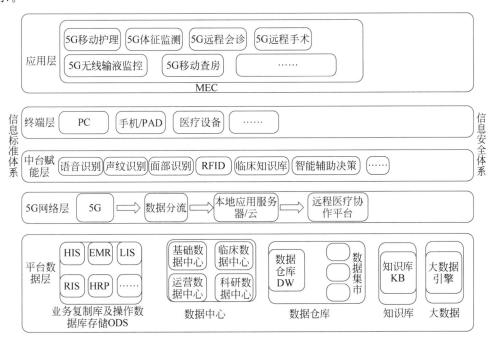

图 1-9　部分数字孪生虚拟病床应用

　　数字孪生通过学习和模拟身体反应,医疗专家可以设计出更精确的治疗方案,不仅有助于挽救生命,也能防止患者接受根本无用,甚至可能对身体造成意外伤害的疗法。数字孪生将颠覆医学研究,为病患确定个性化的诊疗方法,但这项革命性的技术还需要逐步完善,相信不久的未来一定能够为人们找到合适的治疗方法。

随着技术的优化升级和时间的推移,数字对于人体机理的模拟水平将不断提升。到那个时候,也许将真正实现"无病不可医,无人不可救"。

1.4.4 智慧城市

1. 智慧城市

智慧城市是指通过综合运用现代科学技术、整合信息资源、统筹业务应用系统,加强城市规划、建设和管理的新模式。

智慧城市的理念是把城市看作一个由市民、交通、能源、商业、通信、水资源构成的普遍联系、相互促进、彼此影响的生态系统。充分借助物联网、传感网、虚拟现实和数字孪生技术,将城市中的物理基础设施、信息基础设施、社会基础设施和商业基础设施通过感知化、物联化、智能化的方式连接起来,成为新一代的智慧化基础设施,给城市装上网络神经系统,使之成为可以指挥决策、实时反应、协调运作的系统。智慧城市中不同部门和系统实现信息共享和协同作业,更合理地利用资源,为城市发展、管理决策、及时预测及应对突发事件和灾害提供很好的支撑保障。

智慧城市建设涉及城市的各个领域,如政府通过智慧城市实现智能决策、智能服务、智能监管、智能办公,提高了政府办公、监管、服务、决策的智能化水平和快速预警应急能力。居民通过智能购物、智能出行、智能医疗、智能娱乐,带来便捷高效的生活体验。企业从智能生产、智能管理、智能物流、智能销售为切入点,充分开发和利用企业内部或外部可以得到和利用的各种信息,以及时把握机会,做出决策,增进企业的运行效率。

2. 数字孪生在智慧城市的应用

近年来数字孪生在智能城市建设中快速发展,数字孪生应用将大大推动新型智慧城市的建设,提高城市活力和包容性。提高企业盈利能力,优化资源配置,降低城市创新成本。还可以不断地优化生态环境,降低城市能源成本,优化生态布局。

在智慧城市中,数字孪生城市通过对物理世界的人、物、事件等所有要素数字化,在网络空间再造一个与之对应的"虚拟世界",形成物理维度上的实体世界和信息维度上的数字世界同生共存、虚实交融的格局,这突出了数字孪生的实时性及保真性,将物理世界的动态变化,通过传感器精准、实时地反馈到数字世界。数字化、网络化实现由实入虚,网络化、智能化实现由虚入实,通过虚实互动、持续迭代实现物理世界的最佳有序运行,这突出了数字孪生的互操作性、可拓展性及闭环性。数字孪生智慧城市系统架构如图1-10所示。

1.4.5 自动驾驶行业

1. 自动驾驶

自动驾驶系统是指车辆通过车载传感系统感知道路环境,根据感知所获得的道路、车辆位置和障碍物信息,控制车辆的转向和速度,使车辆安全、可靠地在道路上行驶并到达预定目的地的功能。

6min

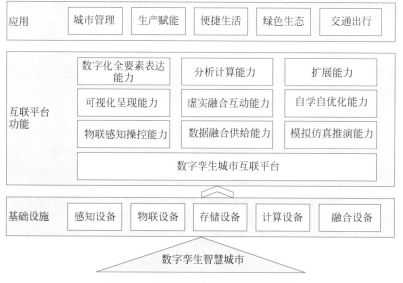

图 1-10 数字孪生智慧城市系统架构

自动驾驶系统是一个完全自动化的、高度集中控制的列车运行系统,是一个汇集众多高新技术的综合系统,采用先进的物联网、通信、人工智能、云计算和控制等数字化技术,实现环境感知,全局路径规划,局部路径规划及底盘控制等功能,具备自主思考和行动的能力,能完成融入交通流、避障、自适应巡航、因行人横穿马路等紧急停车、车道保持等无人驾驶功能。

近年来全球各国出台了各种政策推动自动驾驶技术的探索和应用,我国从 2016 年开始提出要重点发展"自动驾驶",在《新能源汽车产业发展规划(2021—2035 年)》中,提出"到2025 年,高度自动驾驶汽车实现限定区域和特定场景商业化应用","力争经过 15 年的持续努力,高度自动驾驶汽车实现规模化应用。"将自动驾驶的重要性从策略上升到战略、从地方上升到国家。

自动驾驶主要从感知、定位、决策和应用等几个技术层面来实现。

1)感知

自动驾驶的第 1 个关键的技术就是感知识别技术,相当于人的眼睛和耳朵,需要通过摄像头、激光雷达、红外线、超声波雷达等传感器核心来识别周边的环境(车辆、障碍物、行人)等路上的情况。

2)定位

自动驾驶汽车需要非常精确的定位,主要使用的有信号定位、航位推算和环境特征匹配等高精度定位技术,感知技术和定位技术是相辅相成的。

(1)信号定位:基于参考系统信号的绝对定位技术,比较有代表性的是全球导航卫星系统(GNSS)、超宽带定位技术(UWB)和 WiFi、蓝牙、5G 等。

（2）航位推算：INS 系统提供航迹估计，一种基于惯性导航 IMU 的组合导航技术。在了解车辆的位置后，计算车辆的当前位置和方向。航位推算的本质是在初始位置上累加位移向量计算当前位置，它是一个信息累加的过程。

（3）环境特征匹配：基于激光雷达（LiDAR）和视觉传感器的相对位置，将传感器观察到的特征与存储在数据库中的特征匹配，以了解车辆的位置和环境。

3）决策

决策是无人驾驶的核心智能性技术，相当于自动驾驶汽车的大脑，涉及汽车的安全行驶、车与路的综合管理等多个方面。自动驾驶汽车常用的行为决策主要有基于神经网络、基于规则和基于两者混合 3 种类型的算法。

（1）基于神经网络：自动驾驶汽车的决策系统主要采用神经网络确定具体的场景并做出适当的行为决策。

（2）基于规则：工程师想出所有可能的规则组合，再用基于规则的技术路线对汽车的决策系统进行编程。

（3）混合规则：在实际应用中更多地结合了以上两种决策方式，通过集中性神经网络优化，以及通过规则组合完善的算法进行决策。

4）应用

无人驾驶的应用包括执行接收的控制策略，像加减速、转向等。另外，无人驾驶还具备多种类型的人机交互功能，通过视觉、听觉、触觉等通道来为用户提供信息和更友好的服务，使车辆达到理想的运行和操纵状态。

无人驾驶的出现和推广无疑可以从根本上改变人们的出行方式，可以减少车祸、改善交通拥堵，节约时间和精力，使交通出行更加环保和智能化，但是无人驾驶是一个非常复杂的系统，而且因为它的特殊性，不能容忍任何可能存在的安全隐患。

2. 数字孪生在自动驾驶中的应用

众所周知，自动驾驶面临多重挑战，随着数字孪生技术的发展和应用，可以构建包括无人驾驶汽车和环境对象的数字孪生体，实时获取交互数据，提前预测并及时做出调整和优化，帮助无人驾驶系统做出更加安全和更加准确的决策，为自动驾驶能够实际应用和推广提供了可能。

以自动感知算法训练为例，需要大量数据训练样本，以涵盖不同的天气场景，同时还需对采集数据进行标注处理等，由此带来了巨大的安全、时间和金钱成本。数字孪生技术是连接虚拟与现实的"虫洞"，可以将现实中无法解决的自动驾驶难题在数字孪生技术中模拟实践。

自动驾驶汽车包含许多传感器来收集与车辆本身和周围环境相关的数据，在数字孪生世界中，自动驾驶算法可以根据真实道路数据生成的虚拟环境在虚拟世界中进行安全试验和测试。这为处理自动驾驶汽车责任识别及相关问题提供了更安全、更自由的测试保障。数字孪生在自动驾驶中的应用如图 1-11 所示。

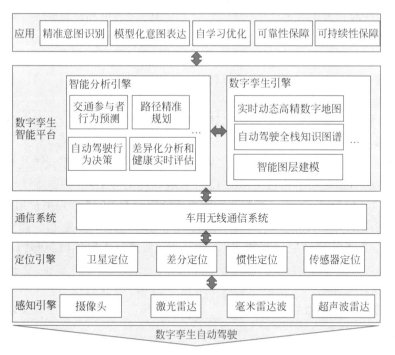

图 1-11　数字孪生在自动驾驶中的应用

本章小结

　　本章首先对数字孪生的概念和前世今生做了简要介绍,接下来重点阐述了数字孪生的特征、体系架构、关键技术和平台,然后介绍了数字孪生的应用场景。最后通过知识拓展——虚拟现实的渊源与区别,让读者对数字孪生有更深入的认识和理解,同时也了解新的虚拟现实技术,增加知识的广度和趣味性。

本章习题

1. 单项选择题

(1) 以下属于数字孪生系统的典型特征的是(　　　)。

　　A. 虚实交互性　　　　　　　　　　B. 数字化和虚实高度相似性

　　C. 先知先觉性和虚实闭环优化性　　D. 以上都是

(2) 数字孪生系统大都可划分为(　　　)、数据、建模、可视化和应用等功能层。

　　A. 感知　　　　　　B. 物理　　　　　　C. 传输　　　　　　D. 网络

　　E. 先知先觉性和虚实闭环优化性　　F. 物联时代

(3) 数字孪生系统使用的关键技术有(　　　)。

  A. 物联网和人工智能   B. 大数据和虚拟现实

  C. 建模和仿真   D. 以上全部是

（4）数字孪生平台一般具备（   ）、渲染、数据融合等能力。

  A. 感知   B. 建模仿真   C. 识别   D. 以上都不是

（5）目前数字孪生已经在（   ）行业中广泛应用。

  A. 智能制造行业   B. 医疗保健行业   C. 智慧城市行业   D. 以上都是

2. 填空题

（1）_____就是将现实世界的实体，通过数字化手段在数字世界中映射出一个一模一样的数字虚体，借此用于物理实体的了解、分析和优化等。

（2）2003 年 Michael Grieves 教授在密歇根大学第一期 PLM 课程中使用数字孪生的概念模型，当时被称作_____。

（3）数字孪生系统感知层主要使用_____、监测技术等实时感知物理实体及其运行环境。

（4）建立物理实体的_____是数字孪生"数字化"阶段的核心。

（5）数字孪生系统中数据是基础，_____是核心，平台或软件是实现孪生功能的载体。

3. 简答题

（1）数字孪生的特征都有哪些？

（2）分组讨论，谈谈生活中所接触和认识的数字孪生和应用。

（3）谈谈你希望通过数字孪生技术改变或者实现什么应用，做一个简单的方案。

数字孪生作为一门新兴技术,需要在虚拟空间中完成映射,从而反映对应的实体装备的全生命周期过程,这就需要集成多学科、多物理量、多尺度、多概率的仿真过程,其技术跨度大、涉及范围广。本章将从物联网技术、大数据、虚拟现实、模拟仿真及数字孪生模型等方面,简单介绍数字孪生的关键技术。

2.1 物联网技术

22min

实现万物互联的物联网在数字孪生体系中具有重要地位与作用。物联网的感知层是数字孪生中所有数据的来源。现实空间的基础数据、运行情况数据等重要数据均需要物联网中的传感器进行采集。数据的传递也是按物联网传输层的方式传输至处理单元。由此可见,物联网是数字孪生的基础。没有物联网就没有数字孪生。

物联网是指通过信息传感器、全球定位系统、射频识别技术、激光扫描器、红外感应器等各种装置与技术,实时对所需要监控、连接、互动的物体或过程采集声、电、光、热、化学、生物、力学、位置等各种信息,通过网络接入,实现物与物、物与人的泛在连接,从而实现对物品和过程的智能化感知、识别和管理。本概念主要有以下几个要点:第一,物联网的本质是物物相联、物人相联的互联网。第二,物联网的主要功能是采集物体与对象的信息,并通过网络传输信息,最后实现对该对象的智能化实时感知、识别、监控和管理。第三,物联网是互联网的拓展和延伸,现在互联网使人与人之间实现实时通信,物联网将使物与物、物与人实现实时通信,使万物互联成为可能。世界信息产业经过计算机、互联网的两次大的发展浪潮后,迎来了第3次发展浪潮——物联网。

2.1.1 物联网的体系架构

随着各种新技术的不断融入,物联网技术越来越复杂,形式越来越多样,涉及面越来越广,内容涉及计算机、电子信息、网络通信、人工智能与自动化等多个学科,但本质上,物联网是集成与融合多种技术,从而实现物与物、人与人、人与物的智慧对话。运用计算机科学中的抽象方法,可将物联网体系架构分为应用层、网络层与感知层,如图 2-1 所示。

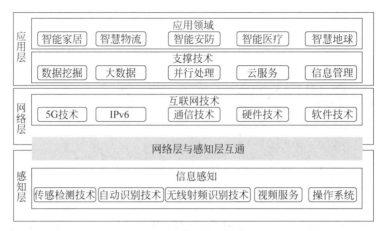

图 2-1　物联网体系结构图

1. 感知层

感知层主要实现智能感知和交互功能,包括信息采集、捕获、物体识别和控制等。在计算机信息处理系统中,数据的采集是信息系统的基础,这些数据通过数据系统的分析和过滤,最终成为影响决策的信息。在物联网的信息感知层,最重要的功能是对"物"的感知、识别和控制。

感知、识别作为物联网的神经末梢,也是联系物理世界和信息世界的纽带。在感知层上部署了数量巨大、类型繁多的传感器,每个传感器都是一个信息源。不同类别的传感器所捕获的信息内容和信息格式不同。传感器获得的数据具有实时性,按一定的频率周期性地采集环境信息,不断地更新数据。感知层既包括 RFID、传感器等信息自动生成设备,也包括各种智能电子产品,用来人工生成信息。随着物联网的发展,智能传感器及物体识别设备也将获得更快的发展。

2. 网络层

网络层的主要作用是把下层(感知层)设备接入物联网,供上层服务使用。互联网是物联网的核心网络,处于边缘的各种无线网络则提供随时随地的网络接入服务。无线广域网提供广阔范围内连续的网络接入服务。无线城域网提供城域范围高速数据传输服务。无线局域网提供网络访问服务。无线个体网一般用作个人电子产品互连、工业设备控制等领域。各种不同类型的无线网络适用于不同的环境,合力提供便捷的网络接入服务,是实现物物互联的重要基础设施。

传感器采集的信息通过各种有线网络和无线网络与互联网融合,并通过互联网将信息实时而准确地传递出去,实现了信息的接入、传输和通信。网络传输层的主要作用是把物联网中感知与被识别的数据接入综合服务应用层,供其应用,而互联网作为物联网技术的重要传输层,再将数据通过各种网络传输形式传送到数据中心、用户终端等。在传输过程中为了保障数据的正确性和及时性,必须适应各种异构网络和协议。

3. 应用层

应用层也称为数据处理及行业应用层。数据处理主要实现信息的处理与决策,通过中间件实现网络层与物联网应用服务间的接口和功能调用,包括对业务的分析整合、共享、智能处理、管理等,具体体现为一系列业务支撑平台、管理平台、信息处理平台、智能计算平台、中间件平台等。

数据处理是在高性能计算、普适计算与云计算的支撑下,将网络内海量的信息资源通过计算分析,整合成一个可以互联互通的大型智能网络,为上层服务管理和大规模行业应用建立起一个高效、可靠和可信的技术支撑平台。

在智能处理的同时,传输层中的感知数据管理与处理技术是实现以数据为中心的物联网的核心技术。感知数据管理与处理技术包括物联网数据的存储、查询、分析、挖掘、理解及基于感知数据决策和行为的技术。在高性能计算和海量存储技术的支撑下,管理服务层将大规模数据高效、可靠地组织起来,为上层行业应用提供智能的支撑平台。

行业应用则主要包含各类应用服务,如监控服务、智能电网、工业监控、绿色农业、智能家居、环境监控、公共安全等。在高性能计算和海量存储技术的支撑下,综合服务将大规模数据高效、可靠地组织起来,为行业应用提供智能的支撑平台。

2.1.2　传感器及应用技术

1. 传感器的定义

传感器的定义可分为广义与狭义同种。广义定义为"传感器是一种能把特定的信息(物理、化学、生物)按一定规律转换成某种可用信号输出的器件和装置"。狭义定义为"能把外界非电信息转换成电信号输出的器件"。国家标准为"能够感受规定的被测量并依据肯定的规律转换成可用输出信号的器件或装置,通常由敏锐元件和转换元件组成"。

2. 传感器的组成

传感器通常由敏感元件和转换器件组成。敏感元件指传感器中能直接感受或响应被测量的部分,转换器件指传感器中将敏感元件感受或响应的被测量参量转换成适用于传输或检测的电信号部件。由于传感器的输出信号一般很微弱,因此需要配置信号调理与转换电路对其进行放大、运算调制等。随着半导体器件与集成技术在传感器中的应用,目前传感器的信号调理及转换电路可以安装在传感器的封装里或与敏感元件一起集成在同一芯片上。

从输入端来看,传感器要能够感受出规定的被测量,传感器的输出信号应该是适合检测部件处理和传输的电信号,因此传感器处于感知系统的最前端,用来获取检测信息,其性能将直接影响整个测试系统,对测量精确度起着决定性作用。

3. 传感器的分类

传感器是物联网信息采集的第一道环节,也是决定整个系统性能的关键环节之一。要正确选用传感器,首先要明确所设计的系统需要什么样的传感器,其次是挑选合乎要求的性能价格比高的传感器。传感器的种类繁多,往往同一种被测量可以用不同类型的传感器来测量,如压力可用电容式、电阻式、光纤式等传感器来进行测量,而同一原理的传感器又可测量多种物理量,如电阻式传感器可以测量位移、温度、压力及加速度等,因此,传感器有许多种分类方法,例如,根据传感器功能分类、根据传感器转换工作原理分类、根据传感器用途分类、根据传感器的输出方式分类等。

1) 按传感器功能分类

如果从功能角度将传感器与人的5大感觉器官相对比,则对应于视觉的是光敏传感器,对应于听觉的是声敏传感器,对应于嗅觉的是气敏传感器,对应于味觉的是化学传感器与生物传感器,对应于触觉的是压敏、温敏、流体传感器,这种分类方法非常直观。

2) 按转换原理分类

根据传感器转换工作原理可将其分为物理传感器、化学传感器两大类,生物传感器属于一类特殊的化学传感器。这种分类方法便于从原理上认识输入与输出之间的变换关系,有利于专业人员从原理、设计及应用上做归纳性的分析与研究。

物理传感器是应用压电、热电、光电、磁电等物理效应,将被测信号的微小变化转换成电信号。根据传感器检测的物理参数类型的不同,物理传感器可以进一步分为力传感器、热传感器、声传感器、光传感器、电传感器、磁传感器与射线传感器7类。物理传感器的特点是可靠性好、应用广泛。

化学传感器是可以将化学吸附、电化学反应等过程中被测信号的微小变化转换成电信号的一类传感器。按传感方式的不同,化学传感器可分为接触式与非接触式;按结构形式的不同,可分为分离型与组装一体化传感器;按检测对象的不同,可以分为气体传感器、离子传感器、湿度传感器。化学传感器的特点是其内部结构相对复杂,准确度受外界因素影响较大,价格偏高。

生物传感器是由生物敏感元件和信号传导器组成的。生物敏感元件可以是生物体、组织、细胞、酶、核酸或有机物分子,它利用的是不同的生物元件对于光强度、热量、声强度、压力不同的感应特性,例如,对于光敏感的生物元件能够将它感受到的光强度转换为与之成比例的电信号,对于热敏感的生物元件能够将它感受到的热量转换为与之成比例的电信号,对于声敏感的生物元件能够将它感受到的声音强度转换为与之成比例的电信号。生物传感器应用的是生物机理,与传统的化学传感器和分析设备相比具有无可比拟的优势,这些优势表现在高选择性、高灵敏度、高稳定性、低成本,能够在复杂环境中进行在线、快速、连续监测。

生物计量识别技术是通过生物特征的比较来识别不同生物个体的方法,其研究的生物特征包括脸、指纹、虹膜、语音、体型和个体习惯(签字识别等)等,其中,虹膜是位于眼睛的白色与黑色瞳孔之间的圆环状部分,总体上呈现一种由内向外的放射状结构,由相当复杂的纤维组织构成。

3) 按用途分类

按用途分类包括温度传感器、压力传感器、力敏传感器、位置传感器、液面传感器、速度传感器、射线辐射传感器、振动传感器、湿敏传感器、气敏传感器等。这种分类方法给使用者提供了方便,容易根据测量对象来选择传感器。

4）按输出信号分类

按输出信号分类有模拟传感器、数字传感器和开关量传感器等。

另外，还有其他的一些分类方法，如按测量原理分类，按检测对象分类，按输入与输出关系线性与否分类及按能量传递形式分类等。

4. 传感器的选用原则

在实际选用传感器时可根据具体的测量目的、测量对象及测量环境等因素合理选用，主要应考虑以下两个方面。

1）传感器的类型

由于同一物理量可能有多种传感器供选用，所以可根据被测量的特点、传感器的使用条件，如量程、体积、测量方式（接触式还是非接触式）、信号的输出方式、传感器的来源（国产还是进口）和价格等因素考虑选用何种传感器。

2）传感器的性能指标

（1）精度：精度是传感器的一个重要性能指标，关系到整个系统的测量精度。传感器的精度越高，价格越昂贵。

（2）灵敏度：当灵敏度提高时，传感器输出信号的值会随被测量的变化而加大，有利于信号处理，但传感器灵敏度提高，混入被测量中的干扰信号也会被放大，影响测量精度，因此，要求传感器本身应具有较高的信噪比，尽量减少从外界引入的干扰信号。

（3）稳定性：传感器的性能不随使用时间而变化的能力称为稳定性。传感器的结构和使用环境是影响传感器稳定性的主要因素。应根据具体使用环境选择具有较强环境适应能力的传感器，或采取适当措施减小环境的影响。

（4）线性范围：传感器的线性范围（模拟量）是指输出与输入成正比的范围。在选择传感器时，当传感器的种类确定以后首先要看其量程是否满足要求。

（5）频率响应特性：传感器的频率响应特性决定了被测量的频率范围，传感器的频率响应特性好，可测的信号频率范围宽。在实际应用中传感器的响应总会有一定的延迟，当然延迟时间越短越好。

2.1.3 自动识别技术

在数字孪生系统中，各种各样的活动或者事件都会产生数据，这些数据的采集与分析对于生产或者生活决策来讲十分重要。如果没有这些实际的数据支持，则数字孪生中的生产和决策就成为一句空话，缺乏现实基础。数据的采集是数字孪生系统的基础，这些数据通过数据系统的分析和过滤，最终成为影响决策的信息。

在信息系统早期，相当一部分数据的处理是通过手工录入的。不仅数据量十分庞大，劳动强度大，而且数据误码率较高，也失去了实时的意义。为了解决这些问题，人们研究和发展了各种各样的自动识别技术，将人们从繁重且不精确的手工劳动中解放出来，提高了系统信息的实时性和准确性，从而为生产的实时调整、财务的及时总结及决策的正确制定提供了正确的参考依据。

自动识别技术是信息数据自动识读、自动输入计算机的重要方法和手段,即是一种高度自动化的信息和数据采集技术。自动识别技术近几十年来在全球范围内得到了迅猛发展,初步形成了一个包括条形码技术、IC卡技术、光学字符识别技术、无线射频识别技术(RFID)生物计量识别及视觉识别技术等集计算机、光、磁、物理、机电、通信技术为一体的高新技术学科。

1. 自动识别技术的概念

自动识别技术就是应用一定的识别装置,通过被识别物品和识别装置之间的接近活动,自动地获取被识别物品的相关信息,并提供给后台的计算机处理系统来完成相关后续处理的一种技术。本节首先对各种自动识别技术进行介绍,然后深入讨论非接触射频识别技术。常用的自动识别方法如图 2-2 所示。

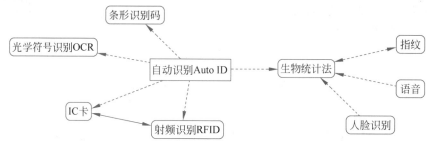

图 2-2　常用的自动识别方法综合示意图

在一个现代化的信息处理系统中,自动数据识别单元完成了系统原始数据的收集工作,解决了人工数据输入的速度慢、误码率高、劳动强度大、工作简单但重复性高等问题,为计算机信息处理提供了快速、准确的数据输入的有效手段。

2. 条形码技术

条形码技术是伴随计算机应用产生并发展起来的一种识别技术。计算机及网络出现后,手工输入的方式在生产制造、运输、控制等领域成为系统的瓶颈。人们需要一种可以快速准确地对物体进行识别以配合计算机系统处理的技术,条形码技术应运而生。经过几十年的发展,条形码技术已被广泛地应用于各行各业。相比较手工输入方式而言,它具有速度快、精度高、成本低、可靠性强等优点,在自动识别技术中占有重要的地位。

目前市场上流行的有一维条形码和二维条形码,其中,一维条形码所包含的全部信息是一串几十位的数字和字符,而二维条形码相对复杂,但包含的信息量大大增加,可以达到几千个字符。当然,计算机系统还要有专门的数据库保存条形码与物品信息的对应关系。

当读入条形码的数据后,计算机上的应用程序就可以对数据进行操作和处理了。条形码技术有很多优点。首先,作为一种经济实用的快速识别输入技术,条形码极大地提高了输入速度,其次,条形码的可靠性高。键盘输入的数据出错率一般为 1/300,而采用条形码技术后误码率低于百万分之一,同时条形码也有一定的纠错能力。另外,条形码制作简单,可以方便地打印成各种形式的标签,它对设备和材料没有特殊要求。条形码识别设备的成本相对较低,操作也很容易。

3. 光学字符识别

早在 20 世 60 年代，人类就已经开始研究光学符号识别（Optical Character Recognition，OCR）技术，这种让机器按照人类方式来阅读和识别的方法可以算是自动识别技术的初始阶段。光学符号识别系统最主要的优点是信息密度高，在机器无法识别的情况下人类也可以用眼睛阅读数据，然而，光学符号识别系统因其价格昂贵、系统复杂而受到很大的限制。近年来，光符号识别虽然没有在自动识别领域获得成功，但是却在人工智能和图像处理等其他领域得到了长足的发展和进步。近几年又出现了图像字符识别技术和智能字符识别技术。

目前广泛应用 OCR 的领域有办公室自动化中的文本输入、邮件自动处理，以及与自动获取文本过程相关的其他领域。具体包括零售价格识读、订单数据输入、单证、支票和文件识读，以及小件产品上状态特征识读等方面。OCR 的优点是人眼可识读、可扫描，但输入速度和可靠性不及条形码，其数据格式有限，通常要用接触式扫描器。

用扫描仪或数字化设备可以把平面图像转换为数字图像。扫描是从平面图中获取全彩色图像的最简单方法，不足之处是费时较多。静止的图像是一个矩阵，是由一些排成行和列的点组成的。阵列中的各项数字用来描述构成图像的各个点（称为像素 Pixel）的强度与颜色等信息，图像文件在计算机中的存储格式有 BMP、GIF、JPG 等。另外，还有从视频设备（摄像机）上捕捉的动态视频图像信息，首先通过接口将其传入计算机，再经过转换才能存入存储设备上。视频编码的国际标准有静止图像压缩标准、运动图像压缩标准、视频通信编码标准。

4. IC 卡识别技术

IC 卡（Integrated Circuit Card）是集成电路卡的英文简称，在有些国家也被称为智能卡（Smart Card）、智慧卡（Intelligent Card）、微电路卡（Microcircuit Card）等。IC 卡实际上是一种数据存储系统，如必要还可以附加计算能力。为了方便携带，IC 卡通常被封装进塑料外壳内并做成卡片的形式。

IC 卡是 1970 年由法国人 Roland Moreno 发明的，他第 1 次将可编程设置的 IC 芯片放于卡片中，使卡片具有更多的功能。IC 卡在外形上和磁卡极为相似，但它们的存储方式和介质完全不同。磁卡是通过改变磁条上的磁场变化来存储信息，而 IC 卡是通过嵌入卡中的电擦除式可编程只读存储器（EEPROM）集成电路芯片来存储数据信息的。

IC 卡根据是否带有微处理器可以分为存储卡和 CPU 卡两种。存储卡仅包含存储芯片而无微处理器，一般的电话 IC 卡属于此类，而带有存储芯片和微处理器芯片的大规模集成电路的 IC 卡被称为 CPU 卡，它具备数据读写和处理功能，因而具有安全性高、可离线操作等优点。根据 IC 卡与读卡器的通信方式，可以分为接触式 IC 卡和非接触式 IC 卡（无线射频识别技术 RFID）两种。接触式 IC 卡通过卡片表面的多个金属接触点与读卡器进行物理连接来完成通信和数据交换；非接触式 IC 卡通过无线通信方式与读卡器进行通信，不需要与读卡器进行物理连接。IC 卡与磁卡相比较，主要具有以下优点：

（1）IC 卡的存储容量大，具有数据处理能力，同时可对数据进行加密和解密，便于应用,方便保管。

（2）IC 卡安全保密性高,防磁,防一定强度的静电,抗干扰能力强,可靠性比磁卡高,使用寿命长,一般可重复读写 10 万次以上。

5. 生物计量识别技术

通过生物特征的比较来识别不同生物个体的方法,从某种意义上讲,也是一种自动识别技术,如近年来发展迅猛的语音识别和指纹识别技术。这种识别技术通常被称为生物计量学(Biometrics),所研究的生物特征包括脸、指纹、手掌纹、虹膜、视网膜、语音、体形、个人习惯等,相应的识别技术有人脸识别、指纹识别、虹膜识别、视网膜识别、语音识别、体形识别、键盘敲击识别、签字识别等。

2.1.4　无线射频识别技术

无线射频识别技术(RFID)是一种非接触的自动识别技术,其基本原理是利用射频信号和空间耦合(电感或电磁耦合)传输特性,实现对被识别物体的自动识别。射频标签最大的优点就在于非接触性,因此完成识别工作时无须人工干预,能够实现自动化且不易损坏,可识别高速运动物体并可同时识别多个射频标签,操作快捷方便。另外,射频标签不怕油渍、灰尘、污染等恶劣的环境。注意,RFID 识别的缺点是标签成本相对较高。

完整的自动识别计算机管理系统包括自动识别硬件系统和软件系统,其中软件系统包括应用程序接口或中间件和应用软件。也就是说,自动识别系统完成系统的采集和存储工作。应用系统软件对自动识别系统所采集的数据进行应用处理,而应用程序接口软件则提供自动识别系统和应用系统软件之间的通信接口。最后将自动识别系统采集的数据信息转换成应用软件系统可以识别和利用的信息,并进行数据传递。

1. 硬件组成

目前应用的 RFID 系统硬件通常由传送器、接收器、微处理器、天线和标签 5 部分构成,其中,传送器、接收器和微处理器通常被封装在一起,又统称为读写器(或称阅读器、读头),所以,人们经常将 RFID 系统分为读写器、天线和标签三大部分。读写器是 RFID 系统最重要也是最复杂的一部分。因读写器一般会主动向标签询问标识信息,所以有时又被称为询问器。读写器一方面可通过标准网口、RS-232 串口或 USB 接口同主机相连,另一方面可通过天线同 RFID 标签通信。

RFID 标签的原理和条形码相似,但与其相比还具有以下优点。

（1）体积小且形状多样：RFID 标签在读取上并不受尺寸与形状限制,不需要为了读取精度而配合纸张的固定尺寸和印刷品质。

（2）耐环境性：条形码容易被污染而影响识别,但 RFID 对水、油等物质却有极强的抗污性。另外即使在黑暗的环境中,RFID 标签也能够被读取。

（3）可重复使用：标签具有读写功能,电子数据可被反复覆盖,因此可以被回收而重复使用。

（4）穿透性强：标签在被纸张、木材和塑料等非金属或非透明的材质包裹的情况下也可以进行穿透性通信。

（5）数据安全性：标签内的数据通过循环冗余校验的方法来保证标签发送的数据准确性。

在 RFID 的实际应用中，电子标签附着在被识别的物体上（表面或内部），当带有电子标签的被识别物品通过其可识读范围时，读写器自动以无接触的方式将电子标签中的约定识别信息取出来，从而实现自动识别物品或自动收集物品标志信息的功能。RFID 的工作过程如图 2-3 所示。

图 2-3　RFID 的工作过程示意图

RFID 作为物联网感知和识别层次中的一种核心技术，对物联网的发展起着重要的作用。RFID 系统主要由数据采集和后台数据库网络应用系统两大部分组成。目前已经发布或者正在制定中的标准主要与数据采集相关，其中包括电子标签与读写器之间的接口、读写器与计算机之间的数据交换协议、RFID 标签与读写器的性能和一致性测试规范及 RFID 标签的数据内容编码标准等。此外，为了更好地完成无线射频识别技术的识读功能，在较大型的 RFID 系统中，还需要用到中间件等附属设备来完成对多读头识别系统的管理。RFID 芯片、电子标签与各种读写器如图 2-4 所示。

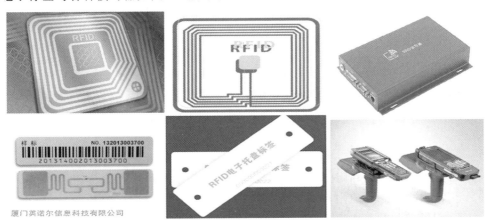

图 2-4　RFID 芯片、电子标签与各种读写器

2. RFID 软件系统

随着 RFID 技术的逐渐普及，大量信息的传输将在其应用过程中产生数据爆炸效应。如何管理这些数据并对其进行合理使用，完全取决于应用软件的设计和性能。RFID 应用软件的开发贯穿了从底层数据采集到高层资源管理规划和智能企业经营决策等全部企业运转过程。为了使 RFID 应用软件和服务的质量更高效和更可靠，并使开发的应用软件能够

及时响应快速变化的各种业务需求,就需要引入 RFID 中间件技术。

RFID 中间件是一种面向消息的、可以接收应用软件端发出的请求、对指定的一个或多个读写器发起操作并接收、处理后向应用软件返回结果数据的特殊化软件。中间件在 RFID 应用中除了可以屏蔽底层硬件带来的多种业务场景、硬件接口、适用标准造成的可靠性和稳定性问题,还可以为上层应用软件提供多层、分布式、异构的信息环境下业务信息和管理信息的协同。中间件的内存数据库还可以根据一个或多个读写器的读写器事件进行过滤、聚合和计算,抽象出对应用软件有意义的业务逻辑信息并构成业务事件,以满足来自多个客户端的检索、发布/订阅和控制请求。

RFID 软件系统中上层中间件及应用软件与读写器进行交互,实现操作指令的执行和数据汇总上传。在上传数据时,读写器会对 RFID 标签的事件进行去重过滤或简单的条件过滤,将其加工为读写器事件后再上传,以减少与中间件及应用软件之间数据交换的流量。

在 RFID 读写器中的软件部分都是生产厂家在产品出厂时固化在读写器模块中的,主要集中在智能单元中。按功能划分,主要包括以下 3 类软件:

(1)控制软件负责系统的控制与通信,控制天线发射的开启,控制读写器的工作方式,以及负责与应用系统之间的数据传输和命令交换等。

(2)启动程序主要负责系统启动时将相应的程序导入指定的存储器空间,然后执行导入的程序。

(3)解码组件负责将指令系统翻译成读写器硬件可以识别的命令,进而实现对读写器的控制操作,将回送的电磁波模拟信号解码成数字信号,进行数据解码、防碰撞处理等。

2.1.5 计算机控制技术

数字孪生系统的最终环节是要实现数字系统对现实系统的控制。这就离不开计算机控制技术。本节主要介绍有关计算机控制系统的工作原理、结构、特点,以及 3 种典型控制形式和设计方法,最后介绍在复杂控制系统中常采用的 PID、模糊控制和神经网络控制技术与控制算法。

1. 系统概述

计算机控制系统就是利用微处理器实现生产过程自动控制的系统。

1)计算机控制系统的工作原理

典型的计算机控制系统的工作原理如图 2-5 所示。计算机控制系统的工作原理可以归纳为以下 3 个步骤。

(1)实时数据采集:对来自测量变送装置的被控量的瞬时值进行检测和输入。

(2)实时控制决策:对采集到的被控量进行分析和处理,并按已定的控制规律,决定将要采取的控制行为。

(3)实时控制输出:根据控制决策,适时地对执行机构发出控制信号,完成控制任务。

以上过程不断重复,使整个系统能够按照一定的动态性能指标工作。

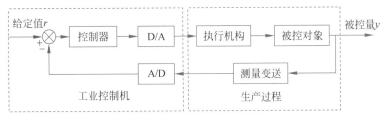

图 2-5 计算机控制系统的工作原理

2) 计算机控制系统的组成及主要特点

计算机控制系统由硬件和软件两部分组成。硬件部分主要由计算机系统(包括主机和外部设备)和过程输入/输出通道、被控对象、执行器、检测变送环节等组成。软件部分用于管理、调度、操作计算机资源,实现对系统进行监控与诊断。相对连续控制系统而言,计算机控制系统的主要特点可以归纳为以下几点:

(1) 由于多数控制系统的被控对象及执行部件、测量部件是连续模拟式的,因此必须加入信号变换装置(如 A/D 转换器及 D/A 转换器),所以计算机控制系统通常是模拟与数字部件的混合系统。

(2) 一台计算机可以同时控制多个被控量或被控对象,即可为多个控制回路服务。每个控制回路的控制方式由软件设计,同一台计算机可以采用串行或分时并行方式实现控制。

2. PID 控制技术

电子、计算机、通信、故障诊断、冗余校验和图形显示技术的高速发展给工业自动化技术的完善创造了条件。人们一直试图通过改变一些对生产过程有影响的措施,以控制目标值的恒定,PID(Proportional Integral Derivative,比例、积分和微分)控制理论便应运而生。在自动化过程中。无论是过去的直接控制、设定值控制,还是现在的可编程控制器等控制系统中,都可以采用 PID 方法进行控制。

1) PID 控制器的定义

一个自动控制系统要能很好地完成控制任务,首先必须工作稳定。同时还必须满足调节过程的质量指标要求,即系统的响应速度、稳定性、最大偏差等。为了保证系统的精度,就要求系统有很高的放大系数,然而放大系数高,就有可能造成系统不稳定,严重时系统会产生振荡。反之,如果只考虑调节过程的稳定性,则无法满足精度的要求。如何解决这个矛盾,可以根据控制系统设计要求和实际情况,在控制系统中插入一个"校正网络",这样就可以较好地得到解决。完成这种校正网络有很多方法,其中常使用的按偏差的比例(P)、积分(I)和微分(D)进行控制的 PID 控制器(也称 PID 调节器)是应用最广泛的一种自动控制方法。PID 控制器具有原理简单,易于实现,适用面广,控制参数相互独立,参数的选定比较简单等优点。

比例调节的作用是按比例调节系统的偏差,系统一旦出现了偏差,比例调节立即产生调节作用以减少偏差。如果比例作用大,则可以加快调节,减少误差,但是如果比例过大,则可使系统的稳定性下降,甚至造成系统的不稳定。

积分调节的作用是使系统消除稳态误差。对一个自动控制系统,如果在进入稳态后存在稳态误差,则称这个控制系统是有稳态误差的或简称有差系统。为了消除稳态误差,在控制器中必须引入积分项。随着时间的增加,积分项会增大。这样即便误差很小,积分项也会随着时间的增加而加大。它推动着控制器的输出增大,使稳态误差进一步减小,直到等于0,因此比例+积分(PI)控制器可以使系统在进入稳态后无稳态误差。

微分调节的作用是反映系统偏差信号的变化率,在微分控制中,控制器的输出与输入误差信号的微分(误差的变化率)成正比关系。自动控制系统在克服误差的调节过程中可能会出现振荡甚至失稳现象,其原因是存在着较大惯性组件(环节)或有滞后组件,这些组件具有抑制误差的作用,其变化总是落后于误差的变化。解决的办法是使抑制误差的作用的变化超前,即在误差接近零时,抑制误差的作用就应该是零。这就是说,在控制器中仅引入比例项往往是不够的,比例项的作用仅是放大误差的幅值,而目前需要增加的是微分项,它能预测误差变化的趋势,这样,具有比例+微分的控制器,就能够提前使抑制误差的控制作用等于0,甚至为负值,从而避免了被控量的严重超调,所以对有较大惯性或滞后的被控对象,比例+微分控制器能改善系统在调节过程中的动态特性。当被控对象的结构和参数不能完全掌握或得不到精确的数学模型而导致控制理论的其他技术难以采用时,系统控制器的结构和参数必须依靠经验和现场调试来确定,这时采用 PID 控制技术最为方便。

2) 模拟 PID 控制器的工作原理

目前,PID 控制器或智能 PID 控制器(仪表)已经很多,产品已在工程实际中得到了广泛应用,各大公司开发了具有 PID 参数自整定功能的智能调节器,其中,PID 控制器参数的自动调整是通过智能化调整或自校正、自适应算法来实现的。模拟 PID 控制器的组成原理如图 2-6 所示。图中 $r(t)$ 为系统给定值,$c(t)$ 为实际输出值,$u(t)$ 为控制量。PID 控制器解决了自动控制系统中的系统稳定性、快速性和准确性问题。

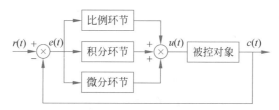

图 2-6 模拟 PID 控制器组成原理示意图

PID 控制器的参数整定是控制系统设计的核心内容。它是根据被控过程的特性确定 PID 控制器的比例系数、积分时间和微分时间。

PID 控制器参数整定的方法很多,概括起来主要有两大类。一类是理论计算整定法。它主要依据系统的数学模型,经过理论计算确定控制器参数。这种方法所得到的计算数据未必可以直接使用,还必须通过工程实际进行调整和修改;第二类是工程整定方法,它主要依赖工程经验,直接在控制系统的实验中进行,并且方法简单,易于掌握,在工程实际中被广泛采用。

3. 模糊控制技术

模糊控制是基于专家经验和领域知识总结出若干模糊控制规则,构成描述具有不确定性复杂对象的模糊关系,通过被控系统输出误差及误差变化和模糊关系的推理合成获得控制量,从而对系统进行控制。模糊控制是模拟人的思维和语言中对模糊信息的表达和处理方式,具有很强的知识综合和定性推理能力。

在日常生活中,人们往往用"较少""多一些"等模糊语言进行控制,例如,当拧开水阀向水桶放水时,有这样的经验:当桶里的水较少时应开大阀门;当桶内的水较多时水阀应拧小一些;当水桶中的水已满时应迅速关掉水阀。这一例子说明了模糊控制的基本思想,即根据人员手式控制的经验,总结出一套完整的控制规则。再根据系统当前的运行状态,经过模糊推理、模糊判决运算求出控制量。最终实现对被控对象的控制。

模糊控制系统通常由模糊控制器、输入/输出接口、执行机构、测量装置和被控对象5部分组成,如图2-7所示。图中虚线框内即为模糊控制器(Fuzzy Controller),它主要根据误差信号的大小和变化情况,进行推理并给出正确的控制信号。模糊控制器主要包括模糊化、知识库、模糊推理机和解模糊4部分。

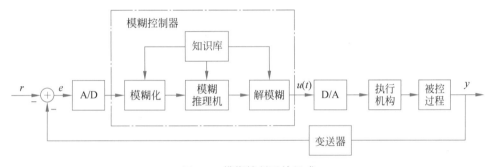

图 2-7　模糊控制系统组成

4. 神经网络控制技术

传统的基于模型的控制方式是根据被控对象的数学模型及对控制系统的要求的性能指标来设计控制器的,并对控制规律加以数学解析及描述。目前基于神经网络的智能控制系统已经作为一个新兴领域引起控制界的兴趣,这主要因为它是模拟人脑的结构及人脑对信息的记忆和处理功能,而不需要精确的数学模型,因此具有很强的学习和泛化能力。还能够解决传统自动化技术中无法解决的许多复杂、不确定、非线性自动控制问题,并且具有快速的高容错优点。神经网络控制成为当今智能控制领域中的研究热点。本节将简要地介绍神经网络控制方法的基本原理和设计方法。

1) 神经网络的定义

人工神经网络是由大量的处理单元组成的非线性大规模自适应动力系统。它是在现代神经科学研究成果的基础上被提出的,是人们试图通过模拟大脑神经网络处理信息及记忆方式而设计的一种具有类似人脑的信息处理能力的新"机器"。

神经网络主要具有以下特点:能以任意精度逼近非线性函数;采用并行分布式信息处

理,有很强的容错性;便于用 VLSI 或光学集成技术实现或用计算机技术虚拟实现;适用于多信息融合和多媒体技术,可同时综合定量或定性信息,对多输入多输出系统较为方便;可实现在线或离线计算,使之满足某种控制要求,并且灵活性大。

2)神经网络模型

神经网络是由大量的神经元互连而构成的网络。根据网络中神经元的互连方式,常见的网络结构主要可以分为下面三类。

(1)前馈神经网络(Feedforward Neural Networks):前馈神经网络也称前向网络。这种网络只在训练过程有反馈信号,而在分类过程中数据只能向前传送,直到到达输出层,层间没有向后的反馈信号,因此被称为前馈网络。感知机与 BP 神经网络属于前馈网络。

(2)反馈神经网络(Feedback Neural Networks):反馈神经网络是一种从输出到输入具有反馈连接的神经网络,其结构比前馈网络要复杂得多。典型的反馈神经网络有 EIman 网络和 Hopfield 网络两种形式。

(3)自组织神经网络(Self-Organizing Neural Networks,SOM):自组织神经网络是一种无导师学习网络,它通过自动寻找样本中的内在规律和本质属性,自组织、自适应地改变网络参数与结构。

▶ 16min

2.2　大数据技术

数字孪生中数据种类繁多,数据量巨大,对数据的处理要求极高。从建模、实时监控、实时控制到规则运行,数字孪生的所有工作均建立在对数据的收集、处理上。那么,如何在海量的数据中提取有价值的数据,如何将此类数据直观呈现,如何保证数据的实时性,如何不断地提高数据处理能力?这需要涉及新兴的一门技术——大数据技术。

大数据是继移动互联网、物联网、云计算之后出现的新流行词语,已成为科技、企业、学术界关注的热点,被人们认为是继人力、资本之后的一种新的非物质生产要素,蕴含着极其巨大的价值。大数据将改变人类社会认识自然和宇宙的方式的广度及深度,大数据科学及相关工具使人类了解和利用自然变得更加全面、更加细化。

2.2.1　大数据的概念

关于大数据的定义,目前在学术界还未形成统一的标准化表述,比较被人们所接受的主要有以下几种表述。

大数据研究机构高德纳将大数据定义为需要新处理模式才能具有更强的决策力、洞察发现力和流程优化能力的海量、高增长率和多样化的信息资产。

国际数据中心将大数据定义为大数据技术描述了一个技术和体系的新时代,被设计成用于从大规模、多样化的数据中通过高速捕获、发现和分析技术提取数据的价值。

麦肯锡将大数据定义为大数据指的是其大小超出了传统软件工具的采集、存储、管理和分析等能力的数据集。具有海量的数据、快速的数据处理、多样的数据类型和价值密度低等多个特征。

维基百科将大数据定义为大数据指的是所涉及资料量的规模庞大到无法通过目前主流的软件工具在合理时间内达到捕获、管理、处理并整理成为帮助企业经营决策更积极目的的信息。

美国国家标准技术研究院(NIST)将大数据表述为,具有规模大、多样化、时效性和多变性等特性,需要具备可扩展性的计算架构来进行有效存储、处理和分析的大规模数据集。综上所述,在大数据的定义中除了要关注它的规模大、多样化、时效性和多变性等特性以外,还应关注它需要具备可扩展性的计算架构来进行有效存储、处理和分析大数据,从本质上来讲包含速度、数量和类型3个维度的问题。大数据的本质构建如图2-8所示,图中的速度主要是指对海量数据的处理速度,可实现海量数据的实时处理;数量是指数据量由PB级到ZB级;类型主要是指数据种类繁多,已打破了传统的仅仅为结构化数据的范畴,数据的处理还包括海量半结构化和非结构化数据。

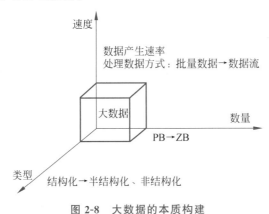

图 2-8 大数据的本质构建

2.2.2 大数据的特征

大数据的产生方式为主动生成数据,即利用大数据平台对需要分析事件的数据进行密度采样,从而精确获取事件的全局数据。大数据的数据源可以利用大数据技术,并通过分布式文件系统、分布式数据库等技术,对从多个数据源获取的数据进行整合处理。在数据处理方式上,大数据中较大的数据源、对响应时间要求低的应用,可以采取批处理方式集中计算,而对响应时间要求高的实时数据处理,采用流处理的方式进行实时计算,并通过对历史数据的分析进行数据预测。大数据可以依托云计算的分布式处理、分布式数据库、云存储和虚拟化技术对海量数据进行分析、处理。

大数据是一类反映物质世界和精神世界运动状态和状态变化的资源。具有功能多样性、决策有用性、应用协同性、可重复开采性及安全风险性等特点。大数据的特征主要可以用6个V和1个C来概括,6个V是指Volume(容量)、Variety(种类)、Velocity(速度)、Value(价值)、Veracity(真实性)、Variability(可变性),1个C是指Complexity(复杂性)。

1. 容量

容量主要是指数据量大,来源的渠道多。大数据通常是指 1PB(1PB＝1024TB)以上的数据。数据体量巨大是大数据的主要特征。根据著名的咨询机构 IDC 的估测,人类社会产生的数据一直都在以每年 50% 的速度增长,也就是说,每两年就增加一倍,这被称为"大数据摩尔定律"。

2. 种类

种类是指数据类型的多样性,并表示所有的数据类型。除了结构化数据外,大数据还包括各类半结构化数据和非结构化数据,如电子邮件、办公处理文档、互联网上的文本数据、单击流量、文件记录、位置信息、传感器数据、音频和视频等。大数据的类型按照时效性还可以分为在线实时数据和离线非实时数据;按照数据来源可分为个人数据、商业服务数据、社会公共数据、科学数据、物质世界数据、教育数据、医疗数据等;按照关联特性又可分为关联型数据和非关联型数据;按照数据类型则又可分为语音、图片、文字、动画、视频等类型。由于大数据来源的种类具有多样性和异构性的特点,因而会使后期海量数据的存储、分析、处理、查询及管理等变得更加困难。需要借助专业的大数据分析与软件处理工具才可解决。

3. 速度

速度是指获得数据的速度。大数据的计算处理速度是可用性和效益性的一个重要衡量指标,大数据的时效性要求对数据的处理能够做到实时和快速。要达到这一目标,要求使用的硬件平台能够及时更新换代,并将分布式计算并行计算、软件工程及人工智能等技术应用到其中。

4. 价值

价值是指价值密度低。互联网充斥着大量重复和虚假的信息,通常有价值的信息较为分散,密度很低。大数据的价值具备稀疏性、多样性和不确定性等特点。许多数据采集和存储系统要求能够快速地访问大数据的历史版本数据,要求备份数据的保存期限更长,但备份的时间不断缩短,甚至很多数据需要在线备份和实时对故障进行恢复等。大数据的安全维护对存储资源、计算资源、网络资源等提出了极高的性能要求。应合理利用大数据,并以低成本创造高价值。

5. 真实性

真实性是指数据的质量。数据真实性指数据中的内容与真实世界是紧密相关的,因此研究大数据就是要从海量的网络数据中提取出能够解释和预测现实事件的过程。随着网络数据、社交数据、电信数据、医疗数据、金融数据、教育数据及电商数据等新兴数据源的兴起,传统数据源的局限性被打破,多行业和领域需要有效和真实的信息来确保数据的真实性和质量。数据的真实性和质量是获得真知和思路的最重要因素,是成功制定决策最坚实的基础。

6. 可变性

可变性是指数据的大小决定了所考虑数据的价值和潜在信息。可变性也指由于大数据具有多层结构,因此会呈现出多变的形式和类型。由于大数据的可变性、不规则及模糊不清的特性,所以会导致无法用传统软件来对海量数据进行分析与处理。

7. 复杂性

复杂性是指大数据比较复杂,这是由于大数据的数据量较大且来源渠道较多,这是有别于传统数据的根本。大数据的复杂性主要表现在结构的复杂性、类型的复杂性和内在模式的复杂性等多个方面,从而使大数据的采集、分析与处理等变得困难。

2.2.3 大数据的结构类型

大数据需要特殊的技术,并利用特殊的数据结构来组织和访问巨大数量的数据,以便有效地处理跨多个服务器和离散数据存储的数据。按照数据是否有较强的结构模式,可将其划分为结构化数据、半结构化数据和非结构化数据,如表 2-1 所示。

表 2-1 结构化数据、半结构化数据和非结构化数据

数据类型	数据形成过程	数 据 特 征	数据模型	不 同 点
结构化数据	先有结构,再有数据	由二维表结构来逻辑表达和实现,严格地遵循数据格式与长度规范,主要通过关系数据库进行存储和管理	二维表(关系型)	多表现为行数据,存储在数据库里,可以用二维表结构来进行逻辑表达和实现
半结构化数据	先有数据,再有结构	数据结构描述具有复杂性、动态性的特点	树、图	介于完全结构化数据和完全无结构的数据之间
非结构化数据	先有数据,再有结构	数据结构不规则或不完整,没有预定义的数据模型,不方便用数据库二维逻辑来表现		没有固定的数据结构,并且不方便用数据库二维逻辑来表现,如存储在文本文件中的系统日志、文档、图形图像、音频和视频等数据

1. 结构化数据

结构化数据简单来讲就是存储在结构化数据库里的数据,可以用二维表结构来逻辑表达并实现,如财务系统、企业 ERP、教育一卡通、政府行政审批等。

2. 半结构化数据

半结构化数据主要是指介于完全结构化数据(如关系数据库和面向对象数据库中的数据)和完全无结构的数据(如声音、图像文件等)之间的数据。半结构化数据也具有一定的结构,但是不会像关系数据库中那样有严格的模式定义,其数据形成过程是先有数据,再有结构。半结构化数据使用标签来标识数据中的每个元素,通常数据会被组织成有层次的结构。常见的半结构化数据主要有 XML 文档和 JSON 数据,此外,还有 HTML 文档、电子邮件和教学资源库等。

3. 非结构化数据

非结构化数据主要是指没有固定的数据结构,并且不方便用数据库二维逻辑来表现的数据。非结构化数据没有预定义的数据模型,因此,它覆盖的数据范围更加广泛,涵盖了各种文档,如存储在文本文件中的系统日志、文档、图形图像、音频和视频等数据都属于非结构

化数据。

2.2.4　大数据的关键技术

大数据主要有 7 个关键技术,主要包括大数据采集技术、大数据预处理技术、大数据存储和管理技术、大数据处理技术、大数据分析和挖掘技术、大数据可视化技术、大数据安全和加密技术。

1. 大数据采集技术

大数据采集技术将分布在异构数据源或异构采集设备上的数据通过清洗、转换和集成技术,存储到分布式文件系统中,成为数据分析、挖掘和应用的基础。大数据采集技术是获取有效数据的重要途径,是大数据应用的重要支撑。大数据采集技术是在确定用户目标的基础上,针对该范围内的所有结构化、半结构化和非结构化数据进行采集并处理。大数据采集技术与传统数据采集技术有很大的不同,传统数据采集的数据来源较为单一,数据量相对较小,但大数据采集的数据来源比较广泛且数据量巨大。传统数据采集的数据类型及结构简单;大数据采集的数据类型丰富,除了包括结构化数据,还包括半结构化数据和非结构化数据。传统数据采集中的数据处理使用关系数据库和并行数据仓库,大数据采集中的数据处理使用分布式数据库。

2. 大数据预处理技术

大数据的多样性决定了通过多种渠道获取的数据种类和数据结构都非常复杂,这就给之后的数据分析和处理带来了极大的困难,通过大数据的预处理这一步骤,将这些结构复杂的数据转换为单一的或便于处理的结构,为后面的数据分析与处理打下良好的基础。大数据预处理技术主要是指完成对已接收数据的辨析、抽取、清洗、填补、平滑、合并、规格化及检查一致性等操作。因为获取的数据可能具有多种结构和类型,所以数据抽取的主要目的是将这些复杂的数据转换为单一的或者便于处理的结构,以达到快速分析处理的目的。要实现对巨量数据进行有效分析,需要将来自前端的数据导入一个集中的大型分布式数据库或分布式存储集群里,并且能够在导入的基础上做一些简单的清洗和预处理。

大数据预处理的方法主要包括数据清洗、数据集成、数据变换和数据归约。数据清洗是在汇聚多个维度、多个来源、多种结构的数据之后,对数据进行抽取、转换和集成加载;数据集成是将大量不同类型的数据原封不动地保存在原地,而在处理过程适当地分配给这些数据;数据变换是将数据转换成适合挖掘的形式,并采用线性或非线性的数学变换方法,将多维数据压缩成较少维数的数据,消除它们在时间、空间、属性及精度等特征表现方面的差异;数据归约是从数据库或数据仓库中选取并建立使用者感兴趣的数据集合,然后从数据集合中过滤掉一些无关、有偏差或重复的数据。

3. 大数据存储和管理技术

大数据存储和管理技术的主要目标是用存储器把采集到的数据存储起来,建立相应的数据库,并进行管理和调用。大数据存储是数据处理架构中进行数据管理的高级单元,其功能是对按照特定的数据模型把组织起来的数据集合进行存储,并提供独立于应用数据的增加、删除、修改能力。

4. 大数据处理技术

大数据处理技术是对海量的数据进行处理,主要的处理模式有批处理模式和流处理模式。批处理模式是先存储后处理,如谷歌公司在 2004 年提出的 Map Reduce 编程模型就是典型的批处理模式。流处理模式与批处理模式不同,采用的是直接处理。流处理模式的基本理念是数据的价值会随着时间的流逝而不断减少,因此,要尽可能快地对最新的数据做出分析并给出结果。流处理模式将数据视为流,将源源不断的数据组成数据流,当新的数据到来时就立即处理并返回所需要的结构。需要采用流处理模式的大数据应用场景包括传感器网络、金融中的高频交易和网页点击数的实时统计等。

5. 大数据分析和挖掘技术

大数据时代,随着 5G 移动技术、在线学习、深度学习、人工智能、物联网、机器学习、云计算、移动计算、分布式计算、并行计算、批处理计算、边缘计算、流计算、图计算及区块链等新技术的不断涌现,教育、科研、医疗、通信和电商等多个领域的数据量的增加呈现出几何级数增长的态势。激增的数据背后隐藏着许多重要的信息,如何对其进行更加智能的分析,以便更好地利用这些数据挖掘出其背后隐藏的有价值的信息,是当前研究的热点问题。

1) 大数据分析

大数据分析是大数据处理的核心,只有通过分析才能获取更多智能的、深入的和有价值的信息。大数据的分析方法在大数据领域比较重要,是决定最终信息是否有价值的关键,利用数据挖掘进行数据分析常用的方法主要有分类、回归分析、聚类、关联规则等。大数据分析的数据源除了传统的结构化数据,还包括半结构化和非结构化数据,针对不同的数据源可采用数据抽取,统计分析及数据挖掘等多个步骤来进行分析与处理,以便快速挖掘出有用信息,洞悉出数据价值。

2) 大数据挖掘

数据挖掘是数据库知识发现中的一个步骤,是指通过算法从大量的数据中搜索出隐藏于其中的信息的过程。数据挖掘又称为数据库中的知识发现(Knowledge Discovery in Database,KDD),也就是从大量的、不完全的、有噪声的、模糊的甚至随机的实际应用数据中提取出隐含在其中的、人们事先不知道的但又潜在有用的信息和知识的过程。数据挖掘所挖掘的知识类型包括模型、规律、规则、模式和约束等。数据挖掘方法利用了来自多个领域的技术思想,如来自统计学的抽样、估计和假设检验、来自人工智能模式识别和机器学习的搜索算法、建模技术及学习理论。

大数据挖掘与传统的数据挖掘有很大不同,大数据挖掘在一定程度上降低了对传统的数据挖掘模型及算法的依赖,降低了因果关系对传统数据挖掘结果精度的影响。能够在最大程度上利用互联网上记录的用户行为数据进行分析。大数据挖掘方法主要有数据预处理技术、关联规则挖掘、数据分类、聚类分析、孤立点挖掘、数据演变分析、社会计算、知识计算、深度学习和特异群组挖掘等,如图 2-9 所示,其中,数据预处理技术能够有效地提高数据挖掘的质量,进行异常数据清除,使其格式标准化;关联规则挖掘能够使项与项之间的关系在

数据集中易于发现;数据分类是找出一组能够描述数据集合典型特征的模型,以便能够分
类识别未知数据的归属或类别;聚类分析便于将观察到的内容分类编制成类分层结构,把
类似的时间组合在一起;孤立点挖掘通常又称为孤立点数据分析,孤立点可以使用统计试
验检测,是数据挖掘中的主要方法;数据演变分析是指对随时间变化的数据对象的变化规
律和趋势进行建模描述;社会计算是由 Schuler 提出的,是大数据挖掘的新方法;知识计算
是当前比较新的一种大数据挖掘方法;深度学习主要应用在计算机视觉、自然语言处理和
生物信息学等方面,是当前研究的热点,是比较新的一种数据挖掘方法。

图 2-9　大数据挖掘方法

6. 大数据可视化技术

大数据可视化是将数据以不同的视觉表现形式展现在不同的系统中,包括相应信息单
位的各种属性和变量。数据可视化是关于图形或图形格式的数据展示。数据的可视化展示
提高了解释信息的能力。数据可视化可将复杂的数据转换为容易理解的方式传递给受众,
为人们提供了从阅读局部信息到纵观全局信息,从表面到本质,从内容到结构的有力工具,
其演化过程是从文本到树和图,再到多媒体,以便最大限度地利用人们的多通道、分布式认
知功能及形象思维功能。数据可视化致力于通过交互可视界面来进行分析、推理和决策。
大数据可视化技术为大数据分析提供了一种更加直观的挖掘、分析与展示手段,有助于发现
大数据中蕴含的价值及其规律。

7min

2.3　虚拟现实

数字孪生的本质是对现实的仿真与映射。在数字空间中,由于需要按几何模型、物理模
型、运动模型与规则模型完全映射现实空间,所以在数字孪生中使用最多的技术是虚拟现
实,最关键的技术也是虚拟现实。

虚拟现实(Virtual Reality,VR)又称灵境技术,其概念最早是由美国 VPL 公司的创始
人拉尼尔(Jaron Lanier)于 20 世纪 80 年代提出的。作为一项综合性的信息技术,虚拟现实
融合了数字图像处理、计算机图形学、多媒体技术、计算机仿真技术、传感器技术、显示技术
和网络并行处理技术等多个信息技术分支,其目的是由计算机模拟生成一个三维虚拟环境,
用户可以通过专业传感设备,感触和融入该虚拟环境。在虚拟现实环境中,用户看到的视觉

环境是三维的,听到的音效是立体的,人机交互是自然的,从而产生身临其境的虚幻感。由于该技术改变了人与计算机之间枯燥、生硬和被动地通过鼠标、键盘进行交互的现状,大大地促进了计算机科技的发展,因此,目前虚拟现实技术已经成为计算机相关领域中继多媒体技术、网络技术及人工智能之后备受人们关注及研究开发与应用的热点,也是目前发展最快的一项多学科综合技术。

2.3.1　虚拟现实的概念

虚拟,有假的、构造的内涵。现实,有真实的、存在的意义。将两个概念基本对立的词汇联合起来,则表达了这样一种技术,即如何从真实存在的现实社会环境中采集必要的数据,经过计算机的计算处理,模拟生成符合人们心智认知的、具有逼真性的、新的现实环境。这种从现实到现实的一个周期性的变化,使第 2 个现实具有超越自然的属性,它可能是真实的现实的改变,也可能是并不存在的、纯构想的现实环境。在这样一个从现实到现实的演变中,系统还通过先进的传感器技术等辅助手段,让用户置身于虚拟空间中时,具有身临其境之感,人能够与虚拟世界的对象进行相互作用且得到自然的反馈,使人产生联想。概括地说,虚拟现实是人们通过计算机对复杂数据进行可视化操作与交互的一种全新的方式。与传统的人机界面及流行的视图操作相比,虚拟现实在技术思想上有了质的飞跃。

虚拟现实中的"现实",可以理解为自然社会物质构成的任何事物和环境,物质对象符合物理动力学的原理,而该"现实"又具有不确定性,即现实既可能是真实世界的反映,也可能是世界上根本不存在的,而由技术手段来"虚拟"的。虚拟现实中的"虚拟"就是指由计算机技术来生成一个特殊的仿真环境,人们在这个特殊的虚拟环境里,可以通过多种特殊装置,将自己融入这个环境中,并操作、控制环境,实现人们的某种特殊目的,在这里,人总是这种环境的主宰。

从本质上说,虚拟现实就是一种先进的计算机用户接口,它通过给用户同时提供诸如视觉、听觉、触觉等各种直观而又自然的实时交互手段,最大限度地方便用户的操作,根据虚拟现实技术所应用的对象不同、目的不同,其作用可表现为不同的形式,或者侧重点不同,例如,将宇航员在航天过程的行为概念设计或构思成可视化的和可操作化的环境模式,实现逼真的遥控现场效果,达到任意复杂环境下的廉价模拟训练的目的。

2.3.2　虚拟现实系统的组成

根据虚拟现实的基本概念及相关特征可知,虚拟现实技术是融合计算机图形学、智能接口技术、传感器技术和网络技术等综合性的技术。虚拟现实系统应具备与用户交互、实时反映所交互的结果等功能,所以,一般的虚拟现实系统主要由专业图形处理计算机、应用软件系统、输入/输出设备和数据库组成,如图 2-10 所示。

1. 专业图形处理计算机

计算机在虚拟现实系统中处于核心的地位,是系统的心脏,是 VR 的引擎,主要负责从输入设备中读取数据、访问与任务相关的数据库、执行任务要求的实时计算,从而实时更新

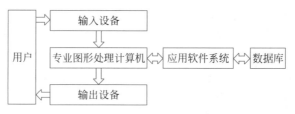

图 2-10　虚拟现实系统组成图

虚拟世界的状态,并把结果反馈给输出(显示)设备。由于虚拟世界是一个复杂的场景,系统很难预测所有用户的动作,也就很难在内存中存储所有的相应状态,因此虚拟世界需要实时绘制和删除,以至于大大地增加了计算量。这对计算机的配置提出了极高的要求。

2. 应用软件系统

虚拟现实的应用软件系统是实现 VR 技术应用的关键,提供了工具包和场景图,主要用于完成虚拟世界中对象的几何模型、物理模型、行为模型的建立和管理;三维立体声的生成、三维场景的实时绘制;虚拟世界数据库的建立与管理等。

3. 数据库

数据库用来存放整个虚拟世界中所有对象模型的相关信息。在虚拟世界中,由于场景需要实时绘制,大量的虚拟对象需要保存、调用和更新,所以需要数据库对对象模型进行分类管理。

4. 输入设备

输入设备是虚拟现实系统的输入接口,其功能是检测用户的输入信号,并通过传感器输入计算机。基于不同的功能和目的,输入设备除了包括传统的鼠标、键盘外,还包括用于手姿输入的数据手套、身体姿态的数据衣、语音交互筒等,以解决多个感觉通道的交互。

5. 输出设备

输出设备是虚拟现实系统的输出接口,是对输入的反馈,其功能是由计算机生成的信息通过传感器传给输出设备,输出设备以不同的感觉通道(视觉、听觉、触觉)反馈给用户。输出设备除了包括屏幕外,还包括声音反馈的立体声耳机、力反馈的数据手套及大屏幕立体显示系统等。

2.3.3　虚拟现实的分类

虚拟现实系统的目标就是要达到真实体验和自然的人机交互,因此以系统能够达到或部分达到这样目标的系统就可以被认为是虚拟现实系统。根据交互性和沉浸感的程度,以及技术特点和虚拟体验环境范围的大小,虚拟现实系统可分成五大类。桌面虚拟现实系统、沉浸式虚拟现实系统、增强现实系统、混合现实系统和分布式虚拟现实系统。

1. 桌面虚拟现实系统

桌面虚拟现实系统(Desktop VR)是一套基于普通 PC 平台的小型虚拟现实系统。它利用中低端的图形工作站及立体显示器产生虚拟场景。用户使用位置跟踪传感器数据手套、力反馈器、三维鼠标或其他手控输入设备,实现虚拟现实技术的重要技术特征:多感知性、沉浸感、交互性、真实性的体验。

在桌面虚拟现实系统中,计算机的屏幕是用户观察虚拟境界的一个窗口。在一些专业软件的帮助下,参与者可以在仿真过程中设计各种环境。立体显示器用来观看计算机虚拟三维场景的立体效果,它所带来的立体视觉能使用户产生一定程度的沉浸感。交互设备用来驾驭虚拟境界。有时为了增强桌面虚拟现实系统的投入效果,如果需要,则在桌面虚拟现实系统中还会借助专业单通道立体投影显示系统,达到增大屏幕范围和团体观看的目的。桌面虚拟现实系统体验过程如图 2-11 所示。桌面虚拟现实系统的体系结构如图 2-12 所示。

图 2-11 桌面虚拟现实系统体验过程

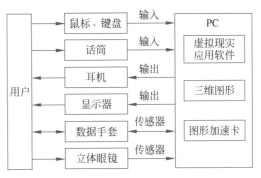

图 2-12 桌面虚拟现实系统的体系结构

桌面虚拟现实系统虽然缺乏完全沉浸式效果,但是其应用仍然比较广泛,因为它的成本相对要低得多,而且它也具备了投入型虚拟现实系统的技术要求。作为开发者来讲从经费使用最小化的角度考虑,桌面虚拟现实往往被认为是初级的、刚刚从事虚拟现实研究工作的必经阶段,所以桌面虚拟现实系统比较适合于刚刚介入虚拟现实研究的单位和个人。

系统主要包括虚拟现实软硬件两部分,其中,硬件部分可分为虚拟现实立体图形显示、效果观察、人机交互等几部分;软件部分可分为虚拟现实环境开发平台(Virtools)、建模平台(3ds Max)等和行业应用程序实例(源代码及 SDK 开发包)等。

桌面虚拟现实系统的主要特点有以下 3 点:

(1) 用户处于开放的环境下,缺乏沉浸感,容易受到周围环境的干扰。

(2) 硬件配置简单,基本上只是在台式计算机的基础上增加了数据手套、空间跟踪设备等。

(3) 成本低,技术要求不高,易于广泛应用。

2. 沉浸式虚拟现实系统

沉浸式虚拟现实(Immersive VR)提供参与者完全沉浸的体验,使用户有一种置身于虚拟世界之中的感觉,其明显的特点是:利用头盔显示器把用户的视觉、听觉封闭起来,产生虚拟视觉,同时,它利用数据手套把用户的手感通道封闭起来,产生虚拟触动感。系统采用语音识别器让参与者对系统主机下达操作命令,与此同时,头、手、眼均有相应的头部跟踪传感器、手部跟踪传感器、眼睛视向跟踪传感器的追踪,使系统达到尽可能高的实时性。临境系统是真实环境替代的理想模型,它具有最新交互手段的虚拟环境。常见的沉浸式系统有基于头盔式显示器的系统、投影式虚拟现实系统,如图 2-13 所示。

图 2-13　沉浸式虚拟现实图

当人们用头盔显示器把自己的视觉、听觉和其他感觉封闭起来时,就会产生一种身在虚拟环境中的错觉。这就是沉浸式虚拟现实系统的主要特点:

(1) 虚拟环境可以是任意虚构的、实际上不存在的空间世界。

(2) 任何操作不对外界产生直接作用,而是与设备交互。

(3) 一般用于娱乐或验证某一猜想假设、训练、模拟、预演、检验、体验等。

如果将桌面虚拟现实系统和沉浸式虚拟现实系统进行比较,则主要有以下几点不同。

(1) 沉浸度差异:桌面虚拟现实系统采用智能显示器和三维立体眼镜增加身临其境的感觉,而沉浸式虚拟现实系统则采用头盔显示器(HMD)增强身临其境的感觉。

(2) 交互装置差异:桌面虚拟现实系统采用的交互装置是六自由度鼠标器或三维操纵杆,而沉浸式虚拟现实系统采用的是数据手套和头盔。

(3) 显示效果不同:桌面虚拟现实系统一般利用计算机显示器,而沉浸式虚拟现实系统常采用全封闭的投影,使人自然感觉身在其中。

3. 增强现实系统

增强现实系统(Augmented Reality,AR)是一种将真实世界信息和虚拟世界信息"无缝"集成的新技术,它源于虚拟现实技术,又是虚拟现实技术的升级版。增强现实技术把原本在现实世界的一定时间、空间范围内很难体验到的实体信息(如视觉信息、声音、味道、触觉等),通过计算机的信息处理后,将虚拟的信息叠加、投射到真实世界中,提供给人类的感官所感知,从而达到超越现实的感官体验。

传统的虚拟现实技术常常为了追求沉浸感而把用户与真实世界隔离开来,这时用户是无法观看到现实世界的面貌的,而增强现实系统则是一种全新的人机交互技术,利用摄像头、传感器、实时计算和匹配技术,将真实的环境和虚拟的物体对象实时地叠加到同一个画面或空间中,使用户看到的是一个重叠的二维世界。也就是说,增强现实系统是使用信息技术对现实世界的一种补充和增强,而不是用虚拟化技术制造出一个完全虚拟的世界来取代现实世界,因此,增强现实系统更多地强调逼真性和交互性。由于增强现实技术具有虚实互补、真实感强、互动效果好的特点,因此它成为近年来国内外众多知名学府和研究机构开发、研究的热点,并广泛地应用于人们社会生活的各方面,图 2-14 为增强现实的应用。增强现实技术的 3 个要素如下:

(1) 真实世界和虚拟世界的信息集成。

(2) 具有实时交互性。

(3) 在三维空间中增添和定位虚拟物体。

图 2-14　增强现实应用

基于增强现实技术的 3 个要素,可以看到,增强现实技术在方法、应用模式、发展方向上与沉浸式虚拟现实技术相比,已经有了很大的不同和改变。

2.3.4　虚拟现实的发展

虚拟现实技术的发展进入快车道是在计算机出现以后,加之其他技术的进展,以及社会市场的需求,人们追求逼真、交互等效果,于是经历了一个漫长的技术积累后,虚拟现实技术逐步成长起来,并日益显露出强大的社会效果。总结虚拟现实的发展过程,其主要经历可分为以下 3 个阶段。

1. 虚拟现实技术的探索阶段

1956 年,在全息电影技术的启发下,美国电影摄影师 Morton Heiling(莫尔顿 • 黑灵)开发了摩托车驾驶仿真模拟器 Sensorama。Sensorama 是一个多通道体验的显示系统。用户可以感知到事先录制好的体验,包括景观、声音和气味等。

1960 年,Morton Heiling 研制的 Sensorama 的立体电影系统获得了美国专利,此设备与 20 世纪 90 年代的 HMD(头盔显示器)非常相似,只能供一个人观看,是具有多种感官刺激的立体显示设备。

1965 年,计算机图形学的奠基者美国科学家 Ivan Sutherland 博士在国际信息处理联合会上提出了 The Ultimate Display(终极的显示)的概念,首次提出了全新的、富有挑战性的图形显示技术,即不通过计算机屏幕来观看计算机生成的虚拟世界,而是使观察者直接沉浸在计算机生成的虚拟世界中,就像生活在客观世界中。随着观察者随意转动头部与身体,其所看到的场景就会随之发生变化,也可以用手、脚等部位以自然的方式与虚拟世界进行交互,虚拟世界会产生相应的反应,使观察者有一种身临其境的感觉。

1968 年,Ivan Sutherland 使用两个可以戴在眼睛上的阴极射线管研制出了第 1 个头盔式显示器,如图 2-15 所示。

20 世纪 70 年代,Ivan Sutherland 在原来的基础上把模拟力量和触觉的力反馈装置加入系统中,研制出了一个功能较齐全的头盔式显示器系统。该显示器使用类似于电视机显像管的微型阴极射线管(CRT)和光学器件,为每只眼镜显示独立的图像,并提供机械或超声波跟踪器的接口。

1976 年,Myron Kruger 完成了 Videoplace 原型,它使用摄像机和其他输入设备创建了一个由参与者动作控制的虚拟世界。

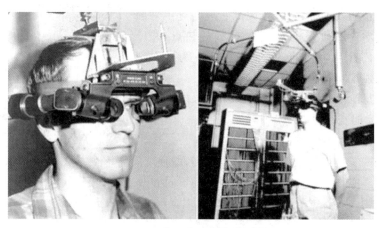

图 2-15　第 1 个头盔式显示器

2. 虚拟现实技术系统化

从实验室走向实用阶段:20 世纪 80 年代,美国的 VPL 公司创始人 Jaron Lanier 正式提出了 Virtual Reality 一词。当时,研究此项技术的目的是提供一种比传统计算机模拟更好的方法。1984 年,美国国家航空航天局(NASA)研究中心虚拟行星探测实验室开发了用于火星探测的虚拟世界视觉显示器,将火星探测器发回的数据输入计算机,构造火星表面的三维虚拟世界。

3. 虚拟现实技术高速发展

1996 年 10 月 31 日,世界上第 1 个虚拟现实技术博览会在伦敦开幕。全世界的人们可以通过因特网坐在家中参观这个没有场地、没有工作人员、没有真实展品的虚拟博览会。

1996 年 12 月,世界上第 1 个虚拟现实环球网在英国投入运行。这样,因特网用户便可以在一个由立体虚拟现实世界组成的网络中遨游,身临其境般地欣赏各地风光、参观博览会和在大学课堂听讲座等。目前,迅速发展的计算机硬件技术与不断改进的计算机软件系统极大地推动了虚拟现实技术的发展,使基于大数据集合的声音和图像的实时动画制作成为可能,人机交互系统的设计不断创新,很多新颖、实用的输入/输出设备不断地出现在市场上,为虚拟现实系统的发展打下了良好的基础。

4. 虚拟现实技术的发展趋势

虚拟现实技术是高度集成的技术,涵盖了计算机软硬件、传感器技术、立体显示技术等。虚拟现实技术的研究内容大体上可分为 VR 技术本身的研究和 VR 技术应用的研究两大类。根据虚拟现实所倾向的特征的不同,目前虚拟现实系统主要划分为 4 个层次:桌面式、增强式、沉浸式和网络分布式虚拟现实。VR 技术实际上是构建一种人能够与之进行自由交互的"世界",在这个"世界"中参与者可以实时地探索或移动其中的对象。沉浸式虚拟现实是最理想的追求目标,实现的主要方式是戴上特制的头盔显示器、数据手套及身体部位跟踪器,通过听觉、触觉和视觉在虚拟场景中进行体验。桌面式虚拟现实系统被称为"窗口仿真",尽管有一定的局限性,但由于成本低廉而得到广泛应用。增强式虚拟现实系统主要用来为一群戴上立体眼镜的人观察虚拟环境,性能介于以上两者之间,也成为开发的热点之一。总体上看,纵观多年来的发展历程,VR技术的未来研究仍将遵循"低成本、高性能"这一原则,从软件、硬件上展开。

2.3.5 虚拟现实的应用

虚拟现实技术给人提供了一种特殊的自然交互环境。基于该功能,它几乎可以支持人类的任何社会活动,适用于任何领域。由于虚拟现实技术具有成本低、安全性能高、形象逼真、可重复使用等特点,所以虚拟现实技术在人类社会活动方面迅速普及,目前已被广泛地应用于航空航天、军事训练、指挥系统、医疗卫生、教育培训、文化娱乐、城市建筑、商业展示、广告宣传等领域。预计不久的将来虚拟现实技术将进入家庭,直接与人们的生活、学习、工作密切相关。

1. 航空航天领域

在航空航天领域,虚拟现实技术可以说发挥着决定性的作用,仅从航天员的培养方面看,由于太空环境极为复杂,普通人员很难直接到达太空进行游览,要培养宇航员,就必须借助虚拟现实技术进行训练。因为在航空航天过程中,宇航员需要在地面上进行适应性训练,模拟失重状态下如何操控宇宙飞船,以及宇宙飞船与太空站的对接、宇航员乘坐太空车登录月球等。由于这些操作及训练具有极大的风险,并且又无法直接在太空中进行训练,所以只能在地面上依靠虚拟现实技术来进行模拟,没有好的虚拟现实太空模拟系统,就没有好的宇航员,宇航事业必然难以取得大的成功。

2. 军事领域

军事领域研究是推动虚拟现实技术发展的原动力,目前依然是主要的应用领域。虚拟现实技术主要在辅助军事指挥决策、军事训练和演习、军事武器的研究开发等方面有所应用。

以军事训练和演习应用为例。在传统的军事实战演习中,特别是大规模的军事演习,不但耗资巨大,安全性较差,而且很难在实战演习条件下改变战斗状况来反复进行各种战场势态下的战术和决策研究。现在,使用计算机,应用VR技术进行现代化的实验室作战模拟,它能够像物理学、化学等学科一样,在实验室里操作,模拟实际战斗过程中出现的各种现象,提高人们对战斗的认识和理解,为有关决策部门提供定量的信息。在实验室中进行战斗模拟,首先要确定目的,然后设计各种实验方案和各种控制因素的变化,最后士兵选择不同的角色进行各种样式的作战模拟实验,例如,研究导弹舰艇和航空兵攻击敌机动作、作战舰艇编队的最佳攻击顺序、兵力数量和编队时,可以通过方案和各种因素的变化建立数学模型,在计算机上模拟各种作战方案和对抗过程,研究对比不同的攻击顺序及双方兵力编成和数量,可以迅速得到双方损失情况、武器作战效果、弹药消耗等一系列有用的数据。

3. 医学领域

VR在医学方面的应用具有十分重要的现实意义。在虚拟环境中,可以建立虚拟的人体模型,借助于三维显示设备、数据手套,学生可以很容易地了解人体内部各器官的结构,这比现有的采用教科书的方式要有效得多。Pieper 及 Satara 等研究者在 20 世纪 90 年代初基于两个 SGI 工作站建立了两个虚拟外科手术训练器,用于腿部及腹部外科手术模拟。这个虚拟的环境包括虚拟的手术台与手术灯,虚拟的外科工具(如手术刀、注射器、手术钳等),虚拟的人体模型与器官等,但该系统有待进一步改进,如需提高环境的真实感,增加网络功能,使其能同时培训多个使用者,或可在外地专家的指导下工作等。虚拟人体可逼真地重现人体解剖画面,并可选择任意器官结构将其从虚拟人体中独立出来,更细致地进行观察和分析,更关键的是对虚拟人体可任意使用,而不用担心医学经济和伦理方面的问题,所以对虚拟人体的研究各国都非常重视。德国汉堡 Eppendorf 大学医学院医用数学和计算机研究所就建立了一个名为 VOXEL-MAN 的虚拟人体系统,它包括人体每种解剖结构的三维模型,其中肌肉、骨骼、血管及神经等任一部分都是三维可视的,使用者戴上头盔显示器就可以模拟解剖过程。

2.4　模拟仿真

虚拟现实技术使数字孪生能将现实世界的物体在数字空间进行静态呈现。如果要使数字空间像现实空间一样运转,则必须进行系统仿真。系统仿真也称为计算机仿真,是在计算机上模拟、再现真实系统的运行过程,从而求解真实系统特性的一套方法。数字孪生需利用仿真技术根据研究对象与研究目的,对系统进行仿真。

2.4.1　仿真概念与仿真技术

凡是采用模型而非真实系统进行系统求解的方法均有仿真的含义,因为研究对象不是真实系统而是模型,所以模型就有模拟(仿真)真实系统的含义。尤其是定量模型,往往冠以仿真二字,但此时仅仅是仿真概念。数学模型与仿真模型是有区别的,数学模型的形式是数学表达式,而仿真模型则不是用数学表达式表示的,仿真模型是对系统组成实体的行为和相互作用进行模拟,是一种由底而上的描述。仿真模型与真实系统之间的关系如图 2-16 所示。仿真是研究真实系统的一种方法,首先根据相似原理建立真实系统的仿真模型,运行仿真模型得到仿真结果,通过对仿真结果的分析得到真实系统的本质规律,用于对真实系统进行解释和预测。

用仿真方法研究真实系统的基本过程,如图 2-17 所示。首先根据领域知识和仿真技术建立真实系统的仿真模型,同时对真实系统在运行的过程中采集到的数据进行分析、整理,作为仿真模型中的参数。不同类型的仿真模型有不同的表示方法,比较常见的是用一些图、表来描述系统中实体的结构、行为、行为发生的时间和条件,以及与系统输出性能的关系等,然后这些模型需要经过编程转换为一个计算机程序,这个过程称为仿真模型的实现。在计算机上运行仿真程序便可实现对真实系统的再现或模拟。此时可以进行仿真实验,改变各种输入、各种参数使模型在设定的环境下运行,运行结果经数据分析,得到真实系统在各种环境条件下的运行特点和性能。

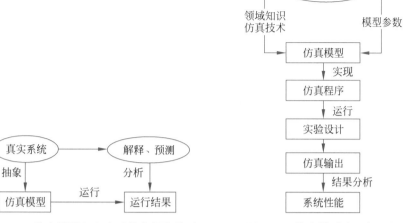

图 2-16　仿真模型与真实系统之间的关系　　　　图 2-17　仿真模型建立与运行

2.4.2　经典仿真技术

连续系统仿真、系统动力学、离散事件系统仿真是几类经典的仿真技术。这些仿真技术已经比较成熟,在各自领域应用较为广泛。

1. 连续系统仿真

连续系统是系统状态变量随时间连续变化的系统。连续系统模型用于描述系统状态变量的变化及变化的速率,连续系统模型一般由微分方程、传递函数和状态方程等描述。连续系统的仿真技术就是采用数字计算机对连续系统进行求解的技术与方法。在连续系统仿真的早期,模拟计算机被广泛地应用于微分方程的求解。后来随着数字计算机计算能力的提高,使用数字计算机对微分方程实现数值求解较为普遍,尤其是对高级次、多变量、非线性微分系统,数值仿真几乎是唯一有效的求解方法。

2. 系统动力学

系统动力学(System Dynamics,SD)是以麻省理工学院福雷斯特(J. W. Forrester)教授为首的系统动力学小组在 20 世纪 50 年代创立和发展起来的一门学科。它的研究对象主要是复杂的、非线性的、具有多重反馈的连续系统。系统动力学虽然起源于工程学,但它很快被应用于社会经济问题,在它的发展过程中有两个著名的应用案例。一个是 D. H. Meadows 等运用系统动力学分析了世界范围内的人口、自然资源、工业化、粮食生产和环境污染等各因素之间的相互联系和相互作用,其研究成果《增长的极限》对世界前景进行了预测,在全世界引起了极大的反响,促使人类开始认真思考可持续发展问题。第 2 个是福雷斯特教授关于美国社会经济问题系统动力学模型的研究,历时 11 年,耗资 600 万美元,取得了令人瞩目的成果。

系统动力学也是复杂性研究的一个重要学派,认为复杂性来源于系统内部要素之间的非线性相互作用和多重反馈。系统动力学在发展过程中广泛地汲取了其他系统学科(如耗散结构、协同学、非平衡理论、突变理论等)的思想,20 世纪 80 年代初系统动力学又将混沌列入所研究的系统行为模式中。

3. 离散事件系统仿真

离散事件系统是指系统的状态变量在离散的时间点上发生变化,系统在这些时刻的变化是由事件的发生而引起的,如在汽车装配线上,每个零件上线、每个组装环节的完成、每一辆新车的组装下线都是事件,它们导致了装配线系统的状态变化。为了区分连续系统求数值解时采用离散化,又为了突出本类系统中事件的重要性,故称离散事件系统。由于离散事件系统的状态变量及输出变量不是随时间连续变化的,而是在一些特定时刻发生突变的,因此无法用微分方程来描述这些变化及变化的速率。

离散事件系统的另一个主要特征是随机性,在这类系统中事件的产生时间、事件所引起的状态变化等一般有随机性。早期的蒙特卡洛法对随机系统进行静态求解,它在某一时间点进行随机仿真,而不是对整个时间段进行动态求解。离散事件系统是对整个时间段中系统的动态过程进行描述和求解。由于系统的离散性与随机性,采用现有的数学工具对该类系统进行描述及求解非常困难,而计算机仿真成了这类系统分析求解的主要手段。

2.4.3 微观仿真技术

从 20 世纪 60 年代开始,计算机仿真技术开始应用于社会经济系统,微观分析模拟、元胞自动机和多主体模型先后被应用于各类社会经济复杂系统中。它们都是一种"自下而上"的建模方法,其基本思想是:选取构成系统的有代表性的多个微观个体作为研究对象,在计算机上模拟这些微观个体的行为和它们之间的交互,微观个体的行为改变其属性值,而系统的宏观层次的属性值是由这些微观个体相应的属性值加总(Aggregate)得出的,因此,有时这些方法不加区别地统称为微观仿真(Micro-simulation 或 Microscopic Simulation)。

1. 微观分析模拟

微观分析模拟(Micro-analytical Simulation)的概念首先是由美国耶鲁大学奥尔卡特教授在 1957 年提出的,并在 1961 年与他人合作完成了这个模型。微观分析模拟是一种从微观角度出发的社会经济系统仿真建模方法,它不是将目标系统的总体作为研究对象,而是模拟组成目标系统的各个微观个体的行为和它们之间的相互作用过程,并对其行为产生的结果进行加总而得到所需要的宏观水平的变量。大多数微观分析模拟模型主要用于预测社会经济政策的执行效果。60 多年来,微观分析模拟在各主要西方发达国家得到了不断完善与发展,在税收、社会福利、卫生和教育方面,以及在经济政策立法方面起着越来越重要的作用。微观分析模拟方法具有坚实的统计基础,仿真机理简单易懂,在一些国家的政策制定方面发挥着重要的作用。

微观分析模拟建立在一个较大的随机样本的基础上,这个样本取自居民、家庭和公司等群体,它们组成了一个微观数据子样。事件将决定个体在每年(具体长度取决于仿真时钟的单位)的变化情况。随着仿真时钟的不断推进,事件也不断发生,使整个样本不断变化、演进,经过模型运行,可以计算出样本中变量的统计值,用来预测总体的发展趋势。许多国家成功地建立了这类模型,在诸如税收、福利等许多领域的政策设计方面起到了重要的作用。微观分析模拟是一种模拟微观个体行为得到宏观属性的从下而上的仿真技术,它的微观个体行为体现在微观数据子样中,所以也是一种基于数据驱动的技术。

2. 元胞自动机

元胞自动机(Cellular Automata,CA),也称为细胞自动机或者格点自动机。它是一个空间离散、时间离散、状态离散的模型。它是由大量简单的、具有局部相互作用的基本构件构成的。元胞自动机包含许多规则排列的单元格(Cell),系统中的个体(元胞)存在于单元格中。每个元胞都具有几种状态,并在这些状态之间进行变换。在每个仿真时刻,各个元胞根据自身及与它相邻的元胞在这一时刻的状态,按照一定的局部规则来确定自己在下一仿真时刻的状态。元胞自动机微观机理简单,但却具有复杂的演化特性,在很多领域得到广泛应用,如物理学家用元胞自动机建立模型以研究较大型的聚合物的性质,他们利用这种模型来解释诸如磁性物质、液体湍流、晶体生长和土壤侵蚀等各类问题。在这些模型中,通过对组成元素(分子、土壤颗粒等)之间的互动关系进行仿真可以模拟出物质整体的特性。元胞自动机也为模拟某些社会互动过程提供了一个有用的框架,例如人群中消息的传播、不同族群的分离居住等。

3. 多主体仿真

20世纪90年代以来出现了一类新颖的微观仿真技术——多主体仿真。多主体仿真的研究对象主要是由多个具有一定自治性、智能性、适应性的微观个体通过相互作用形成的复杂系统,关注的典型问题有生物群体的行为方式、人类社会中制度的产生、市场的形成、金融市场的演化等。多主体仿真方法将系统宏观现象看作系统的微观个体相互作用的结果,主张从微观个体的行为及相互作用入手,通过仿真实验,揭示宏观现象的微观机理。多主体仿真处于迅速发展阶段,目前尚没有严格的定义,但从已有的研究看,多主体仿真的一些共同特点如下。

(1) 主体具有一定的自治性:在这些系统中一般没有全局控制者,每个个体都具有自身的目标,拥有有限的资源和能力,为实现自己的目标,主动采取行动。

(2) 主体之间的交互方式灵活多样:多主体仿真没有对空间拓扑做任何限制;个体之间的相遇既可以是完全随机的,也可以是有选择的;个体之间的交互既可以是协作的,也可以是竞争的;个体之间的关系既可以是临时的,也可以是持久的。

(3) 主体的行为是并发的、异步的:多主体模型中各个主体按自己的行为规则进行活动,不同主体的活动没有事先设定的发生顺序,因此整个系统是并发的、异步的。上述三类微观仿真技术具有共同特点,首先它们都用来模拟系统的动态特性,并且都关注系统的演化;其次它们都是模拟微观个体行为得到系统宏观特性的建模方法。

2.4.4　离散事件系统仿真

离散事件系统仿真是在计算机上模拟一个真实的离散系统的动态运行过程。在数字孪生系统中,可以通过离散事件系统仿真,实现一个事件的整个数字化过程。首先需要对这个真实的系统建立一个仿真模型;其次,需要确定模型的各个参数。确定了参数后仿真模型就能完整地描述被仿真的真实系统了。仿真模型的实现即将仿真模型转换成计算机程序,该程序在计算机上运行的过程就是真实系统的再现过程。此时可以改变各种参数进行实验,预测效果。

离散事件系统仿真用于模拟一个时间段内真实系统的运行过程。离散事件系统的状态只在一些离散的时间点上发生变化,而状态的改变是由于系统中事件的发生。对离散事件系统仿真有3种常用的仿真策略:事件调度法、活动扫描法和进程交互法,其中事件调度法比较常见,也容易理解,下面以事件调度法为例进行讲述。在离散事件系统仿真中需要对时间及事件进行描述与处理。系统结构、时钟推进、事件表、各类事件的处理等组成了离散事件系统的仿真模型。各类实体数量、属性、事件发生规律等参数是仿真模型中的数据。

1. 时间的仿真

(1) 仿真钟:由于真实系统在真实的时间维度中运行,仿真模型的运行也需要时间坐标,所以在仿真模型中设置了一个仿真的时间变量,称为仿真钟,仿真钟的数值用于表示仿真模型的运行时刻,它是对真实系统运行时刻的模拟。仿真钟是仿真中的时间控制部件,是任何离散事件系统仿真中不可缺少的组成部分。在真实的时间系统中有秒、分、时、天等多个时间计量单位,而仿真钟只设定一个时间计量单位,该时间单位的量纲可以根据被仿真系统而定。如模拟一个生产系统,假如该生产系统中各加工台的加工时间以秒计量,则可在仿真模型中将仿真钟的计量单位设定为秒,假如该加工系统中各加工台的加工时间以分计量,则可将仿真模型中仿真钟的计量单位设定为分。

(2) 仿真钟的推进:在仿真模型运行的过程中,仿真钟从 T_0 逐步向前推进直到仿真结束时刻。下面介绍面向事件的仿真钟推进。面向事件的仿真钟推进又称事件调度法或跳跃式推进,是按下一个最早发生事件的发生时间来推进仿真时钟的方法。在某些真实系统中,不是每个时刻都有事件发生,系统只是在某些特定时刻才发生事件,改变状态。如果仿真钟逐步推进,则在许多时刻没有事件发生,不执行任何处理,所以常常采用跳跃式推进,如图 2-18(a)所示。采用这种方法,每当某一事件发生,即将仿真钟推进到该事件发生时刻,并将相关的另一个事件的发生时间加入事件表,在处理完事件所引起的系统变化之后,从未来将发生的各个事件中挑选最早发生的一个事件,将仿真钟推进到该事件发生时刻,再进行以上处理。在这个过程中,仿真钟以不等距的时间间隔向前推进,直到仿真运行满足终止条件为止。

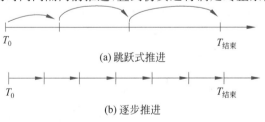

(a) 跳跃式推进

(b) 逐步推进

图 2-18　跳跃式推进与逐步推进

2. 事件的仿真

离散事件系统中系统状态变化发生的原因是在这些时间点上有事件发生,如理发店就是一个典型的离散事件系统。在理发店中,某时刻进来一位顾客,这就是一个到来事件,该到来事件使系统中的人数增加,这就是由于到来事件使系统状态发生变化。同样,顾客理发完毕以后离开也是一个事件,它的发生同样引起了系统状态的变化,所以在离散事件系统仿真中必须模拟事件的发生,并且处理因事件发生而引起的系统状态的变化。

1) 事件类型

离散事件系统中的事件可以分为不同的类型,如图2-19所示。建模时首先要分析该系统有哪些不同类型的事件,确定各类事件的产生时间和产生条件。按事件发生的逻辑引发关系可分为原发事件与后续事件。原发事件只取决于发生的时间,当仿真钟到了该事件发生

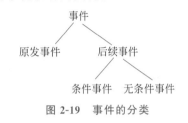

图 2-19 事件的分类

时刻,它必然无条件地立即发生。后续事件是由原发事件引起的,在原发事件发生后紧接着发生。有的后续事件是无条件事件,即在原发事件发生后必然发生,有的后续事件则是有条件的,只有条件满足了,该事件才发生。

2) 事件表

事件表是离散事件系统仿真模型的重要组成部分。在确定了时钟推进方法及事件的类型后,事件表则是将时间与事件联系起来的一种形式。它为系统自动推进时钟,以及自动执行事件提供依据。事件表确定了时间与事件的关系,事件表的基本形式如表2-2所示。它是一个二维数据表,用它登记所有的原发事件。每个原发事件占二维表的一行,表中分为若干列,分别登记原发事件的类型及预先计算的发生时刻,同时登记各原发事件的后续事件类型。

表 2-2 事件表格式

事 件 类 型	发 生 时 刻	后续事件类型
⋮	⋮	⋮

在初始化时将产生的第1个事件登记到事件表。在0时刻启动仿真运行,随着仿真过程的进行,逐步填充、更新各行。事件表的第1列登记了事件类型,第2列登记了将会发生的原发事件的发生时刻。当执行完一个事件后,寻找该表登记的下一个最近时刻,控制时钟推进到下一时刻,并执行该事件的内容,从而保证了仿真过程的自动进行。

3. 离散事件系统仿真流程

离散事件系统仿真的框图由主程序及多个子程序组成,主程序的框图如图2-20所示,在一次完整的仿真研究中,由于随机因素的存在,所以应有许多次仿真,仿真次数要足够大,程序要循环执行足够多的次数。每次仿真中如有 L 个特定时刻,则需要执行 L 次时间控制

子程序与 i 类事件子程序处理特定时刻发生的事件。如果在某特定时刻有 m 个原发事件,则要循环 m 次, m 次调用类事件子程序,而原发事件如果带有后续事件,则还需要调用它的后续事件子程序。每个原发事件的处理都有专门的子程序,而后续事件也有专门的子程序处理,如图 2-20 所示。

虽然离散事件系统有多种类型,涉及多个领域,复杂程度的差异也很大,但它们有共同的仿真程序框图。有了这一仿真程序框图,就有了建立仿真模型及编制仿真程序的规范,同时对仿真程序的理解、修改也都有了依据。

2.4.5   排队系统仿真

排队系统也称为随机服务系统,是随机系统的一个大类,如交通系统、通信系统、加工系统等,这些系统由提供服务的服务设施与被服务者组成。被服务者可能是人,如等待公共汽车的乘客或拨打电话的人;被服务者也可能是物,如加工系统中的零件,在排队系统中被服务者统称为顾客。在这些系统中顾客的到来时间、服务时间的长短及系统中被服务者数量等许多系统变量都不是一个确定值,而是一

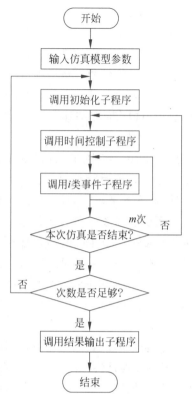

图 2-20   离散事件系统仿真流程图

个随机值,随机性是这类系统的固有属性,所以被称为随机服务系统。由于排队是系统的最主要和最显著的特征,所以也被称为排队系统。一些简单的排队系统可以用数学方法来求解,但真实的复杂排队系统用数学求解非常困难,而仿真求解可用于各种结构、各种类型的排队系统,是研究排队系统的常用方法。

1. 排队系统概述

1)排队系统的结构

排队系统简单而典型的形式如图 2-21 所示。系统本身包括顾客源(被服务者)、排队队列和服务台三部分。顾客从顾客源中进入系统,它们形成了不同队长的排队队列,这个队列在不同的时间有不同的长度,也可能为 0,即在某些时间无人排队。服务台是接收顾客并为顾客服务的服务设施,它既可以是一个简单的单服务台,也可以是一个复杂的服务网络。

顾客源   排队队列   服务台

图 2-21   排队系统结构图

2）顾客与顾客源

"顾客"一词在这里是指任何一种需要系统对其服务的实体,有时直接被称为"实体",顾客既可以是人,也可以是零件、机器等物。它既可以自己通过移动进入排队队列直到被服务完离开系统,也可以由服务员按一定的次序为顾客提供服务（如生产车间的机器维修）。顾客源又称顾客总体,是指潜在的所有顾客。它分为有限与无限两类。有限总体指顾客源中的顾客个数是确切的或有限的。在具有较大数量潜在顾客的系统中,顾客源一般假定为无限,即不能用确切的或有限个数来描述,这主要是为了简化模型。之所以区分有限总体与无限总体,是因为两者的到来率的计算方式不同。在无限顾客源模型中,顾客到来率不受已经进入系统的顾客数影响,而在有限顾客源模型中,到来率受系统中顾客数的影响。

3）顾客到来模式

到来模式是指顾客按照怎样的规律来到系统,它一般用顾客相继到来的间隔时间来描述。根据间隔时间是否确定,到来模式可分为确定性到来与随机性到来。确定性到来模式指顾客有规则地按照一定的间隔时间到达。这些间隔时间是预先确定的或固定的。等距到来模式就是一个常见的确定性到来模式,它表示每隔一个固定的时间段就有一个顾客到来。

随机性到来模式指顾客相继到来的间隔时间是随机的、不确定的,它一般用概率分布来描述。常见的随机性到来模式如下:

（1）泊松（Possion）到来模式（又称 M 型到来过程）。

（2）厄兰（Erlang）到来模式。

（3）一般独立到来模式,也称任意分布的到来模式。

4）服务台

服务台（服务机构）和顾客组成了排队系统。服务台的结构与顾客被服务的内容与顺序组成了整个排队系统的仿真对象。

（1）服务机构:服务机构是指系统中有多少服务台可以提供服务,服务台之间的布置及关系是什么样的。常见且比较基本的随机服务系统的结构分为串行和并行,较复杂的服务机构可由若干级串行组成,而每级又可以由多个服务台并行而成。单级单服务台、单级多服务台、多级多服务台等是一些典型的基本结构。

（2）服务时间:服务台为顾客服务的时间既可以是确定的,也可以是随机的。后者更为常见,即服务时间往往不是一个常量,而是受许多因素影响而不断变化的,这样对于这些服务过程的描述就要借助于随机变量。服务时间的常见分布有定长分布、指数分布、厄兰分布、超指数分布、正态分布及服务时间依赖于队长的情况。

5）排队规则

当顾客进入各级服务台前都有可能因为服务台繁忙而需要排队等待,顾客在排队等待服务时有不同的规则。排队规则确定了队列的形式、顾客如何加入队列、服务台有空时哪个顾客被选择接受服务等。

排队规则主要有以下几类。

(1) 损失制：若顾客到来时系统所有的服务机构均繁忙，则顾客自动离去，不再回来。

(2) 等待制：顾客到来时，若需要接受服务的服务台均繁忙，则顾客就形成队列等待服务。具体包括以下几种。

先进先出(FIFO)：即按到来次序接受服务，先到先服务。

后进先出(LIFO)：与先进先出服务相反，后到先服务。

随机服务(SIRO)：服务台空闲时，从等待队列中任选一个顾客进行服务。这时队列中每名顾客被选中的概率相等。

按优先级服务(PR)：当顾客有着不同的接受服务优先级时，分为两种情况，一是服务台空闲时，队列中优先级最高的顾客先接受服务；二是当有一个优先级高于当前服务顾客的顾客到来时，按怎样的原则进行处理，是强行中断还是等待完成。

最短处理时间先服务(SPT)：当服务台有空时，首先选择需要服务时间最短的顾客来进行服务。

(3) 混合制：混合制是损失制与等待制的综合类型。具体包括以下几种。

限制队长的排队规则：设系统存在最大允许队长 N，当顾客到来时，若队长小于 N，则加入排队，否则自动离去。

限制等待时间的排队规则：设顾客排队等待的时间最长为 T，则当顾客等待时间大于 T 时顾客自动离去。

限制逗留时间的排队规则：逗留时间包括等待时间与服务时间。若逗留时间大于最长允许逗留时间，则顾客自动离去。

6) 排队系统的性能指标

排队系统的性能指标包括服务质量与服务效率两类。服务质量方面的指标主要是顾客等待的程度，一般用平均等待时间 W_0 表示，也可用平均排队长 L_0 衡量，有时也需要最大等待时间 W_{max} 与最长队长 L 来表示极端情况。服务效率则主要用服务台忙期闲期比来表示。另外，系统中顾客平均逗留时间 W 与服务台利用率也是常用的系统性能指标。

(1) 平均等待时间 W_0：指从顾客进入系统到接受服务所需时间的平均值。

(2) 平均排队长 L_0：指服务台前等待队列中顾客数的平均值。

(3) 系统中平均顾客数 L：指系统中所有顾客(包括正在接受服务和正在等待的顾客)数量的平均值。

(4) 忙期闲期比：忙期是指服务台全部处于非空闲状态的时间段，而闲期指服务台处于空闲状态的时间段。对于某个服务台来讲，忙期与闲期交替出现。忙期闲期比为二者均值之比。

(5) 服务台利用率指服务台处于忙期的比例：除以上常见的性能指标外，对具体的排队系统还可以根据系统本身的要求采用其他体现系统性能的指标。

7）排队系统的符号表示

排队系统一般采用 Kendall 记号表示,符号表示的简要格式为 $A/S/C/N/K$,各符号的含义如下。

A:到来间隔时间分布(对应到来模式)。

S:服务时间分布。

A 与 S 的具体形式有 M(指数分布)、D(常数或确定性分布)、E_K(K 阶厄兰分布)、G(一般随机分布)等。

C:并行服务台个数。

N:排队系统的容量。

K:顾客源(总体)规模。

通常此格式可简化为 $A/S/C$,所省略的 N 和 K 默认为无限。

2. 单服务台排队系统仿真

单服务台结构是排队系统中最简单的结构形式,在该类系统中有一级服务台,这一级中也只有一个服务台,它的结构如图 2-22 所示。这样的系统很常见,例如只有一个理发员的小理发店,只有一台机床的加工系统等。

图 2-22 单服务台排队系统结构图

1）仿真钟

单服务台是一个最简单的排队系统,其时钟推进方式按跳跃式推进。

2）事件类型

单服务台结构的排队系统有两类原发事件,即到来与离去,每类原发事件又带有一个后续事件,所以共有 4 类事件,如表 2-3 所示。

表 2-3 单服务台系统的事件类型

事 件 类 型	性 质	事 件 描 述	带后续事件
1	原发	顾客到来系统	3
2	原发	服务结束,顾客离去	4
3	后续	顾客接受服务	
4	后续	服务台寻找顾客提供服务	

3）事件处理子程序

每类事件都有一个事件处理子程序,在单服务台的排队系统中 4 类事件的子程序如图 2-23 所示。

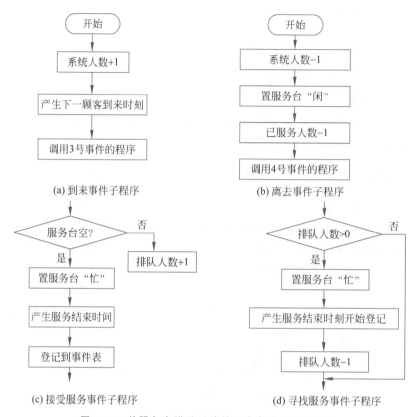

图 2-23　单服务台排队系统的 4 类事件处理子程序

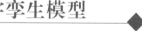

2.5　数字孪生模型

8min

　　数字孪生的一个重要目的是通过数字孪生模型对模拟对象行为进行预测及分析,并且故障有预警、问题定位及记录,从而实现优化控制。要做到以上几点,必须对模拟对象进行系统模型建立。建立准确描述系统特征与行为数学模型的过程称为系统建模。实际上系统建模是建立实际系统与一种数学描述之间的相似关系。这种相似性称为性能相似。

　　在我国古代,人们就了解直角三角形 3 条边长之间存在着"勾三股四弦五"的关系,而那时候的西方对此还远没有涉及,但是,把这一问题上升到"数学描述数学模型"的高度来认识,还是西方学者的重要贡献。勾股定理由于上升到"数学抽象/数学描述/数学模型"的具有普遍意义的理论高度,得以在工程力学、电磁学等许多领域广泛应用,从而对科学与技术的发展产生了不可估量的影响。

　　世间的现象和问题上升到数学抽象和数学模型的理论高度是现代科学发现与技术创新的基础。实验、归纳、推演是建立系统数学模型的重要手段、方法和途径。数学模型是人们对自然世界的一种抽象理解,它与自然世界、现象或问题具有性能相似的特点,人们可利用数学模型来研究、分析自然世界的问题与现象，以达到认识世界与改造世界的目的。

本节重点讲解几何建模、物理建模、行为建模，然后对模型的六自由度进行介绍，最后引导大家进行模型验证。

2.5.1　几何建模

几何建模是将物体的形状存储在计算机内，形成该物体的三维几何模型，并能为各种具体对象应用提供信息的一种技术。如能随时在任意方向显示物体形状，计算体积、面积、重心、惯性矩等。这个模型是对原物体的确切的数学描述或对原物体某种状态的真实模拟，然而，现实世界中的物体是复杂多样的，不可能用某一种方法就能描述各种不同特征的所有物体。为了产生景物的真实感显示，需要使用能精确地建立物体特征的表示，如使用多边形和二次曲面为诸如多面体和椭圆体等简单欧氏物体提供精确描述；样条曲面可用于设计机翼、齿轮及其他有曲面的机械结构；特征方程的表示方法，如分形几何和微粒系统，可以给出诸如树、花、草、云、水、火等自然景物的精确表示。

目前，在计算机内部，表示三维形体数据结构有3种存储模式，同时也就决定了形体的3种表达模型：线框模型、表面模型和实体模型。

1. 线框模型

三维线框模型是在二维线框模型的基础上发展起来的。线框模型采用顶点表和边表两张表的数据结构来表示三维物体，顶点表记录各顶点的坐标值，边表记录每条边所连接的两个顶点。由此可见，三维物体可以用它的全部顶点及边的集合来描述，"线框"一词由此而来。线框模型的优点主要是可以产生任意视图，视图间能保持正确的投影关系。线框模型的缺点也很明显，物体的真实形状须由人脑的解释才能理解，因此容易出现二义性。

2. 表面模型

表面模型通常用于构造复杂的曲面物体。构形时常常利用线框功能。先构造一个线框图，然后用扫描或旋转等手段变成曲面，当然也可以用系统提供的许多曲面图素来建立各种曲面模型。与线框模型相比，数据结构方面多了一个面表。记录了边、面间的拓扑关系，但仍旧缺乏面、体间的拓扑关系，无法区别面的哪一侧是体内，哪一侧是体外，依然不如实体模型那么直观。

3. 实体模型

实体模型与表面模型的不同之处在于确定了表面的哪一侧存在实体这个问题。实体模型的数据结构当然比较复杂，可能会有许多不同的结构，但有一点是肯定的，即数据结构不仅记录了全部几何信息，而且记录了全部点、线、面、体的拓扑信息，这是实体模型与线框或表面模型的根本区别。

4. 几何建模的常用方法

主要有两种方法：通过人工的几何建模方法和采用更便捷的自动的几何建模方法。

1）人工的几何建模方法

利用相关程序语言来进行建模，如 OpenGL、Java3D、VRML 等。这类方法主要针对虚拟现实技术的特点而编写,编程相对容易,效率较高。

直接从某些商品图形库中选购所需的几何图形,这样可以避免直接用多边形或三角形拼构某个对象外形时烦琐的过程,也可节省大量的时间。

利用常用建模软件来进行建模,如 AutoCAD、3ds Max 等。用户可交互式地创建某个对象的几何图形。这类软件的一个问题是并非完全为虚拟现实技术所设计。由 AutoCAD 或其他工具软件所创建的文件导出三维几何并不困难,但问题是并非所有要求的数据都以虚拟现实要求的形式提供,在实际使用时必须通过相关程序或手工导入。

自开发的工具软件。尽管有大量的通用工具软件可供选择,但可能由于建模速度缓慢、周期较长、用户接口不便、不灵活等方面的原因,使建模成为一项比较繁重的工作。多数实验室和商业动画公司宁愿使用自开发的建模工具软件,或在某些情况下用自开发的建模工具软件与市场销售的建模工具软件相结合的方法来解决问题。

2) 自动的几何建模方法

自动建模的方法有很多,最典型的是采用三维扫描仪对实际物体进行三维建模。它能快速、方便地将真实世界的立体彩色物体信息转换为计算机能直接处理的数字信号而不需要进行复杂、费时的建模工作。

除此之外,在虚拟现实技术中,还可采用基于数字照片的建模技术。该方法借助数码相机,直接对需要建模的物体对象进行多个不同角度的拍摄,得到有关物体对象各个角度的照片后,采用照片建模软件进行建模。

建模时,至少需要对建模对象环绕拍摄三张以上的照片,根据透视学和摄影测量学原理,标记和定位对象上的关键控制点,建立三维网格模型。与大型三维扫描仪相比,这类软件有很大的优势,使用简单、节省人力、成本低、速度快,但实际建模效果一般,常用于大场景中建筑物的建模。

几何模型的表示方法是计算机图形学的基础理论,但对于虚拟现实系统而言,主要是借助于这些基础理论来研究如何更快、更好地开发几何建模对象,不论是通过图形软件进行人工建模,还是利用一些成熟的硬件设备,例如三维扫描仪等。需要注意的是,这些软件和硬件都有自己特定的文件格式,在导入虚拟现实系统时需要适当地进行文件格式转换。

2.5.2 物理建模

数字孪生系统中的模型不是静止的,而是具有一定的运动方式。当与用户发生交互时,也会有一定的响应方式。这些运动方式和响应方式必须遵循自然界中的物理规律,例如,刚体之间的碰撞反弹、物体的自由落体、物体受到用户外力时会朝预期方向移动等。又如,实体物质对象不能相互穿插通过、软体物质对象遇到硬体物体对象时会被压缩。布料物体移动时会有飘逸的感觉。上述这些内容就是物理建模技术需要解决的问题:如何描述虚拟场景中的物理规律及几何模型的物理属性。物理建模技术需要重点解决如下问题。

1. 设计数学模型

数学模型是指描述虚拟对象行为和运动的一组参数方程,它用来建立数字对象的视觉属性(如大小、形状、颜色等)、物理属性(如质量、硬度等)和物理规则(如引力、阻力等)。建立数学模型往往并不困难,但设计引入这些行为的接口程序,使物理属性和行为与几何数据库联系起来却比较复杂。

2. 创建物理效果

对数字对象创建物理效果的方法是从几何模型出发的。将时间、长度、质量和力等过程抽象处理后,与图形学中的元素,如帧、绝对坐标、节点和面等结合起来,搭建出一个表现基本物理量的三维场景。具体来讲,首先确定物理过程,即作用在数字对象上的物理现象,接着利用软件仿真算法描述上述物理过程,最后通过计算机程序语言实现上述仿真算法,由此表达出模型质量、密度等物理属性和力的概念。

3. 实时碰撞检测

精确的碰撞检测对提高数字孪生系统的真实性、增强其沉浸感有着至关重要的作用。碰撞检测技术不仅要能随时检测出数字孪生环境中是否有碰撞发生,还要检测出碰撞发生的位置、时间,以及根据数学模型和物理属性计算出碰撞发生后的不同反应,因而对于碰撞检测系统来讲,其技术难度要求很高。由于数字孪生系统中的碰撞检测通常是在三维虚拟环境中发生的,其自身的复杂性和实时性又对碰撞检测提出了更高的要求,因此碰撞检测始终是物理运动中的一个关键问题。现阶段碰撞检测主要有 3 种方式,分别是静态碰撞检测、伪动态碰撞检测和动态碰撞检测。静态碰撞检测是判断活动对象在某一特定的位置和方向是否与环境对象相交;在静态碰撞检测的应用中,一般没有实时性的要求,因此,在计算几何中应用比较广泛。伪动态碰撞检测则是根据物体活动对象的运动路径检测它是否在某一离散的采样位置方向上与环境对象相交,因此,对于伪动态碰撞检测中关于时间点和运动参数之间的信息,可以通过开发时空相关性来获得较好的性能。动态碰撞检测则是检测活动对象扫过的空间区域是否与环境对象相交;动态碰撞检测的研究通常考虑到四维时空或结构空间精确的建模问题,因此该方法计算量相对较大。

2.5.3　行为建模

在数字孪生系统中,除了要观察一个对象的三维几何形状,还必须考虑该对象的具体位置,并以此位置为基点,进行平移、碰撞、旋转和缩放等变化。由于这些内容的数据建模描述表达了对象的运动属性,所以称为运动建模或者行为建模。

几何建模与物理建模结合,可以部分实现数字对象"看起来真实,动起来也真实"的特征和效果,但要真正构造一个能够逼真地表现数字孪生系统的运动环境,必须采用更加有效的行为描述方法,这样才能客观、自然地模拟数字对象的本质特征。

运动建模的目的就是要赋予数字对象仿真的行为与自然的反应能力,并服从客观世界的运动规律,例如,当一个数字对象被抛射出去后,它将沿着一个抛物线自然回落到地面。在对运动建模的数据描述中,主要与以下 4 个要素相关:

1. 对象的物理位置

在数字孪生系统的运动建模过程中,物体对象的位置是首先需要关注的内容,通常以三维坐标系来表示对象的物理空间位置。当物体对象运动时,一般可依据计算机图形学的几何变换理论进行计算,首先物体对象按照其几何图形,可获得该图形顶点坐标的集合矩阵,再将该矩阵转变为相应的规范化的齐次坐标矩阵,然后与特定的变换矩阵相乘,即可完成物体对象的几何图形的平移计算。确定了坐标系与物体对象的相对位置,就可以通过运算或矩阵变换,获得物体对象的运动效果。

2. 对象的层次

对象的层次定义了作为一个整体一起运动的一组对象,各部分也可以独立运行。假设不考虑对象层次,就会出现对象在运动时只能是整体运动,例如,有一个虚拟手,如果没有层次划分,手的指头就不能单独运动,而为了实现对手指的独立运动,就必须对手的三维模型进行分段设计,并进行分层控制。

在对象层次的表述中,上级对象称为父对象,下级对象称为子对象,上、下级对象的确定需要根据自然界的规律进行确定。以虚拟手为例,手臂是手掌的上级对象,手掌是手指的上级对象,运动规则是:子对象可独立运动,不影响父对象,但父对象运动,则子对象会跟随父对象的运动而运动。层次关系如图 2-24 所示。

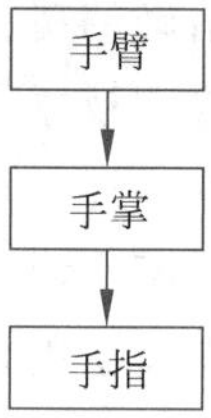

图 2-24 虚拟手的
层次结构

在物体对象的层次关系中,有时也会有反向运动,例如,以人体为例,人的身子是上层对象,四肢、头是身子的下层对象,当身体往前运动时,下层对象必须跟随移动,下层对象如头、四肢均可独立运动,但该人体做拉单杠运动时,身子就要跟随手的运动而运动,这就是反向运动,如果要描述运动物体对象,则分清物体对象的层次关系是必需的。

3. 虚拟摄像机

三维世界通常采用摄像机的坐标系来观察,摄像机坐标系在固定的世界坐标系中的位置和方向称为观察变换,即在观察数字对象时,应该通过摄像机窗口来观察对象,所以在实时绘制图形时,需要根据摄像机的坐标系来绘制,并且只能是摄像机能够看到的那部分对象,可视窗口外的部分将被裁剪。一般情况下,为了优化处理结果,在进行实时图形绘制时,要把视窗口规范化,这样有利于图形显示时的坐标规范化。同时对 z 轴缓冲区的处理过程中,可依照 Z 数据值的大小进行判别,Z 值大的物体对象距观察者远,反之则近。如果 Z 值大的对象被 Z 值小的对象遮挡,则遮挡的部分可以不必绘制。

4. 人体的运动结构分析

人体是最为复杂的建模对象,也是数字孪生系统中最特殊的对象,人体由骨、骨骼连接,其受力和运动均与骨骼的平衡有关,因此,人体的骨骼是构成各种动态姿势的基础。人体的骨骼系统在结构和平衡上是非常复杂和巧妙的,它能做出各种各样的动作。人体的骨骼除了维系肌肉之外,还起到保护内脏的作用。骨骼的形状多种多样,有长有短、有圆有扁,所以能适应许多特殊的动作。当人们观察一个人的运动效果时,需要准确刻画出各个骨骼关节的变化状态,没有骨骼关节的活动,就不能产生动作。人物动画的表现是连贯的、有周期性变化的运动形象,或者说就是表现姿势不断变化、重心不断移动的状态。

2.5.4 六自由度

在数字孪生技术的发展过程中,许多的人机交互设备具有六自由度的运动功能。自由度(Degree of Freedom,DoF)作为一种面向机械运动属性的评价标准,对于衡量人机交互设备的运动姿态及性能具有重要的意义。一个拥有六自由度的人机交互设备表明该设备在数字空间里,它拥有沿其 X、Y、Z 3 个直角坐标轴进行平移和环绕 X、Y、Z 3 个坐标轴进行旋转的自由度,如图 2-25 所示。需要说明的是,六自由度的存在,也

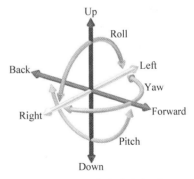

图 2-25 六自由度方向图

就表明在数字空间里,人机交互设备的运动轨迹或姿态至少采用六维坐标 $(X,Y,Z,\alpha,\beta,\gamma)$ 进行标定,如果要减少某物体对象运动形式的自由度,则可以通过添加一定的约束来消除其中的部分自由度,当某物体对象的自由度为 0 时,该物体对象就完全处于静止的位置。

1. 六自由度的概念

在理论力学体系里,自由度指的是力学系统中的独立坐标的个数。力学系统由一组坐标来描述,例如,一个质点在三维空间中运动,在笛卡儿坐标系中,由 X、Y、Z 3 个坐标来描述;或者在球坐标系中,由 A、B、C 3 个坐标描述。一般而言,N 个质点组成的力学系统由 $3N$ 个坐标参数来描述,但力学系统中常常存在着各种约束,使这 $3N$ 个坐标并不都是独立的。对于 N 个质点组成的力学系统,若存在 M 个完整约束,则系统的自由度运算式为 $S=3N-M$。

例如,运动于平面的一个质点,其自由度为 2,而在三维空间中的两个质点,中间以定长直线连接。那么其自由度为 $S=3\times2-1=5$。该例说明在三维空间中的无约束的两个质点应该有 3×2 个自由度,即共有 6 个自由度,但加入一条定长直线将两个质点连接起来,等同于给两个质点添加了一个约束,于是就要减去 1 个自由度,其结果为 5 个。物体的运动形式除了平移自由度外,现实中还有旋转自由度和振动自由度的运动姿势,如果要完全确定一个物体在空间位置所需要的独立坐标的数目,则叫作这个物体的自由度。力学系统定义由一组坐标来描述。

2. 六自由度的跟踪系统

目前在数字孪生系统的人机交互设备中,通常需要进行六自由度的跟踪定位,常用的跟踪技术有光学跟踪、声学跟踪、机械跟踪、惯性位置跟踪和电磁跟踪。在普通的应用中,光学跟踪应用最为广泛,是一种非接触式的位置计算设备,基于三角测量。其缺点是会受到视线阻挡的限制。声学跟踪技术的原理就是超声测距。其缺点就是会受到声波脉冲的干扰,而且和光学系统一样,在系统中不能有障碍物。机械跟踪器的工作原理是通过机械臂上的参考点与被测物体相接触的方法来检测位置变化。对于一个六自由度的跟踪器,机械臂必须有 6 个独立的机械连接部件,分别对应 6 个自由度,可将任何一种复杂的运动用几个简单的平动和转动组合起来进行表示。其缺点是比较笨重,不灵活,而且有惯性。惯性位置跟踪由定向陀螺和加速度计组成。通过计算得出被跟踪物体的姿势,即采用通过运动系统内部的推算,而不依靠外部环境参数得到所需信息。电磁跟踪系统由磁场发射器和接收器组成。

其优点就是不受视线阻挡的限制,除了导电体或导磁体外没有其他物体能够遮挡住电磁跟踪系统的跟踪。基于上述不同跟踪系统的优势,电磁跟踪系统更多地应用于六自由度的人机交互设备当中。

以电磁跟踪系统为例,实现其六自由度的跟踪算法可分4步:电磁跟踪系统中方位坐标的标定;电磁跟踪系统中的磁场感应参数的采集;电磁跟踪系统中方位坐标的矩阵变换;方位数据的求解。

3. 六自由度的应用

六自由度的机件设备由于具有多变的运动姿势,因而被广泛地应用到社会发展的各个领域,如飞行模拟器、舰艇模拟器、海军直升机起降模拟平台、坦克模拟器、汽车驾驶模拟器、火车驾驶模拟器、地震模拟器及动感电影、娱乐设备等训练、教育及科研部门,甚至还用到了空间宇宙飞船的对接、空中加油机的加油训练,以及在加工制造业可制成六轴联动机床、灵巧机器人等。利用六自由度概念设计的运动测试平台在制造过程中涉及机械、液压、电气、控制、计算机、传感器、空间运动数学模型、实时信号传输处理、图形显示动态仿真等一系列高科技领域,因而六自由度运动平台的研制变成了各高等院校、科学院所在液压传动和自动控制领域水平的标志性象征。也被科技人员视作传动及控制技术领域的皇冠级产品。

2.5.5　模型验证

在仿真实验过程中,其结果的有效性取决于系统模型的可靠性,因此,模型验证是一项十分重要的工作,它应该贯穿于"系统建模→仿真实验"这一过程中,直到仿真实验取得满意的结果。

一个系统模型能否准确而有效地描述实际系统,其应从如下两方面来检验:其一是检验系统模型能否准确地描述实际系统的性能与行为;其二是检验基于系统模型的仿真实验结果与实际系统的近似程度。由于系统模型只是相似于实际系统,所以这种相似或近似不可能百分之百地描述实际系统的性能与行为,因此,验证其"相似或近似"程度有助于更有效地分析实际的系统问题。

1. 模型验证中应注意的问题

在进行模型验证工作中,主要应注意以下几点:

(1)模型验证工作是一个过程。它是建模者对所研究问题由感性认识上升到理性认识的一个阶段,往往需要多次反复验证才能完成此项工作。

(2)模型验证工作具有模糊性。由于系统模型只是相似于实际系统,所以相似或近似程度具有一定的模糊性,其与建模者对实际系统问题的认识与理解程度有关,因此,在模型验证工作中,应注意对于同一个问题,不同的建模者所建的模型可能会有所不同。

(3)模型的全面验证往往不可能或者难于实现。这是因为,对于一些复杂的系统模型与仿真问题(例如社会系统、生态问题、飞行器系统等),模型验证工作常常需要大量的统计分析数据,而实际中不论是测取还是统计分析往往都需要漫长而复杂的设计与计算,其将大大增加模型验证工作的难度。

2. 模型验证的基本方法

1）基于机理建模的必要条件法

对于采用机理建模法建立的数学模型,在模型验证工作中主要是检验模型的可信性。所谓必要条件法,也就是通过对实际系统所存在的各种特性、规律和现象(人通过推演或经验可认识到的系统的必要性质和条件)进行仿真模拟或仿真实验,通过仿真结果与必要条件的吻合程度来验证系统模型的可信性和有效性。

通常,模型验证需要进行实验设计,其实验结果是人们可以判定的,正确的结果是正确的模型所应具备的必要性质。

2）基于实验建模的数理统计法

所谓数理统计法又称为最大概率估计法,它是数理统计学中描述一般随机状态(或过程)发生的可能性大小的一种数学描述。

由于实验建模中所依据的数据往往带有一定的随机性与不确定性,因此所得模型的可信性与准确性往往是不确定的,因此,在实验建模时,应该选取那些概率最大的数据来进行建模,以保证所建模型具有较高的可信性。综上所述,对于基于实验建模法建立的系统模型,可通过考查在相同输入条件下,系统模型与实际系统的输出结果在一致性、最大概率性、最小方差性等数理统计方面的情况来综合判断其可信性与准确性。

3）实物模型验证法

对于机电系统、化工过程系统及工程力学等一类可依据相似原理建立实物模型的仿真研究问题,应用实物(或半实物)仿真技术可以在可能的条件下实现最高精度的模型验证(当然,这种验证的代价相对较高),这也就是在产品开发和飞行器研究中,人们总是把实物仿真作为产品定型和批量生产前的最高级仿真实验的原因。

例如,在三峡水利工程设计中,如图 2-26 所示,人们对其排沙子系统的设计进行了多年的数值模拟,研究人员建立了一系列的数学模型来分析排沙系统的动态性能。那么,如何验证这些数学模型及从中得到的若干结论的正确性和可信性呢?研究者最后还是通过在依山傍水的南京市郊建立一个比例为 1∶100 的实物系统验证了理论分析与设计的正确性和有效性,从而使三峡工程得以顺利开展。

图 2-26　三峡全貌

本章小结

本章介绍了数字孪生的相关理论,主要包括物联网技术、大数据、虚拟现实等,然后对模拟仿真技术进行了详细介绍。最后,对数字孪生的模型建立进行了讲解。掌握数字孪生的关键理论基础,能够帮助读者更好地理解数字孪生相关知识与技术,有利于后续进行学习。

本章习题

1. 单项选择题

(1) 物联网的全球发展形势可能提前推动人类进入"智能时代",也称(　　)。

    A. 计算时代　　　　　　B. 信息时代　　　　　　C. 互联时代　　　　　　D. 物联时代

(2) 三层结构类型的物联网不包括(　　)。

    A. 感知层　　　　　　　B. 传输层　　　　　　　C. 会话层　　　　　　　D. 应用层

(3) 以下关于互联网对物联网发展影响的描述中,错误的是(　　)。

    A. 物联网就是下一代的互联网

    B. 强烈的社会需求也为物理世界与信息世界的融合提供了原动力

    C. 物联网向感知设备的多样化、网络多样化与感控结合多样化的方向发展

    D. 物联网使传统上分离的物理世界与信息世界实现了互联与融合

(4) 以下关于物联网特点的描述中,错误的是(　　)。

    A. 物联网不是互联网概念、技术与应用的简单扩展

    B. 物联网与互联网在基础设施上没有重合

    C. 物联网的主要特征是:全面感知、可靠传输、智能处理

    D. 物联网计算模式可以提高人类的生产力、效率、效益

(5) 以下关于一维条形码特点的描述中,错误的是(　　)。

    A. 一维条形码在垂直方向表示存储的信息

    B. 一维条形码编码规则简单,识读器造价低

    C. 数据容量小,一般只包含字母和数字

    D. 条形码一旦出现损坏将被拒读

(6) 二维码目前不能表示的数据类型是(　　)。

    A. 文字　　　　　　　　B. 数字　　　　　　　　C. 二进制　　　　　　　D. 视频

(7) 迄今为止最经济实用的一种自动识别技术是(　　)。

    A. 条形码识别技术　　　　　　　　　　B. 语音识别技术

    C. IC 卡识别技术　　　　　　　　　　D. 生物识别技术

(8) 射频识别技术属于物联网产业链的(　　)环节。

    A. 标识　　　　　　　　B. 感知　　　　　　　　C. 处理　　　　　　　　D. 信息传送

（9）以下哪一项用于存储被识别物体的标识信息？（　　　）

  A. 天线   B. 电子标签   C. 读写器   D. 计算机

2. 简答题

（1）物联网与互联网的区别主要有哪些方面？

（2）物联网的关键技术有哪些？

（3）传感器的类型有哪些？

（4）简述传感器的选用原则。

（5）什么是智能识别技术？举例说明。

（6）智能识别系统能够完成哪些功能？

（7）简述 RFID 系统的组成。

（8）简述 RFID 技术的基本工作原理。

（9）什么是虚拟现实技术？虚拟现实技术有什么特征？

（10）简述虚拟现实技术的发展历程。

（11）什么是仿真？它所遵循的基本原则是什么？

（12）在系统分析与设计中仿真法与解析法有何区别？各有什么特点？

（13）虚拟现实技术与仿真技术的关系如何？

第3章 数字孪生的实现平台和工具

CHAPTER 3

数字孪生技术已经被广泛地应用于游戏、工业、交通、医疗等多个领域,市场前景广阔。数字孪生体的构建流程主要分为数字孪生体的需求分析、几何属性数字化复刻、内核模型构建及数字孪生模型测试验证4个步骤,根据这4个步骤来逐步搭建数字孪生体,为了使数字孪生体更加贴近真实的世界,数字孪生的实现平台和开发工具起着至关重要的作用。

本章主要从数字孪生的实现工具和实现平台两个方面进行阐述,介绍 Unity 3D、Unreal Engine、WebGL 数字孪生常用实现工具,ThingJS、WDP、木棉树、EasyV 等数字孪生实现平台及达索、ANSYS Twin Builder、西门子、Azure Digital Twins 专用平台。

3.1 数字孪生常用实现工具

▶ 14min

3.1.1 Unity 3D

1. Unity 3D 简介

Unity 3D 简称 Unity,由 Unity Technologies 公司于 2005 年发布,是一款可用于开发桌面、手机等多个平台游戏的商业二维/三维游戏引擎,能够让玩家轻松地创建三维视频游戏、建筑可视化、实时三维动画等类型互动内容的多平台综合型游戏开发工具,此外 Unity 还应用在车辆、建筑、动画、电影、广告、教育、人工智能等多个领域。

Unity 作为一款全面整合的专业游戏引擎,并不是完全免费的,其源代码是非开源的,具有一定的商用性,但 Unity 游戏可以安装部署在 Windows、Linux、macOS、iOS、Android 等多个平台,具有跨平台性;Unity 资源商店拥有丰富的免费或付费的资源以供用户根据需求进行选择;Unity 在场景中组织游戏对象实现所见即所得的可视化编辑;Unity 具有易于使用的包含程序语句的脚本功能,能以组件的形式附加在特定的游戏对象上;Unity 可让用户按需对编辑器功能进行拓展。

2. Unity 产品

Unity 公司根据不同行业的应用场景,根据场景的特点和服务于不同的用户对象,打造出不同的产品系列。

1）Unity 核心平台

Unity 核心平台主要是 Unity 为不同规模的团队及企业提供的具有针对性的订阅方案，主要分为 Unity Pro(专业版)、Unity Plus(加强版)、Unity Personal(个人版)、可视化编程工具(Bolt)、Plastic SCM，见表 3-1。

表 3-1 Unity 核心平台

订阅方案	简　介
Unity Pro	Unity Pro 专业版，专为企业开发和专业开发者打造的 Unity 订阅版本，其在具有 Unity 引擎核心功能的基础上，还包含团队协作工具、高端艺术资源包、高级分析、自定义启动画面、通用管线渲染等功能，提供更多增值服务，更好地协助团队实时制作游戏、工业、电影等各领域的作品，适用于在过去 12 个月公司整体财务规模超过 20 万美元的用户
Unity Plus	Unity Plus 加强版，适合高要求的、过去 12 个月整体财务规模未达到 20 万美元的个人开发者及初步成立的小企业的 Unity 版本
Unity Personal	Unity Personal 属于免费版本，仅供个人学习，适用过去 12 个月整体财务规模未超过 10 万美元的个人用户
Bolt	可视化编程工具，适用于 Unity 的所有订阅方案，通过拖放图创建游戏机制，无须编写代码
Plastic SCM	Plastic SCM 是专为大文件和大型团队设计的版本控制系统，依赖于唯一的真实数据来源

💡注意：Unity Plus 加强版每个席位仅供一名用户使用。

2）游戏服务

Unity 致力于打造一款简单易用、功能强大的游戏引擎，其在游戏商业市场占据着半壁江山，这离不开 Unity 针对游戏推出的众多游戏产品服务，主要有游戏分发平台(Unity Distribution Portal)、游戏托管服务(Multiplay)、云端资源分发平台(Cloud Content Delivery)、游戏语音文本通信(Vivox)、云端分布式算力方案，如表 3-2 所示。

表 3-2 Unity 游戏服务

游戏服务平台	简　介
游戏分发平台	该平台通过一个中心便可将移动游戏发布到多个应用商店，供不同型号手机用户下载游戏，并且该分发平台可免费使用
游戏托管服务	该服务按需实现多云扩展、全球覆盖、不停服更新、精准匹配合适玩家等游戏玩家体验。支持跨平台、跨引擎、跨地域游戏托管服务
云端资源分发平台	该平台借助云端专为游戏开发而打造的内容分发网络和后端即服务，对游戏实时更新
游戏语音文本	Vivox 语音文本通信提供游戏内通信服务，让多人游戏玩家可以便利地进行交流。支持任何引擎、任何地方、任何平台
云端分布式算力方案	该方案实现 Unity 云端分布式资源导入与打包、数据与转换等，通过高并发的计算资源，大幅提升项目开发效率

3）工业应用

Unity 不仅致力于游戏,也扩展到车辆、建筑、动画、电影、广告和人工智能等多个领域,其系列产品主要包括 Unity Reflect、Reflect Accelerator、Unity Forma、Unity Pixyz、Interact、Pacelab WEAVR、VisualLive、Unity Industrial Collection、Unity Manufacturing Tookit。

（1）Unity Reflect：针对工程建设行业的用户,通过沉浸式、协作性实时平台将建筑项目的整个生命周期连接起来：一是能够让行业利益相关者通过虚拟环境与逼真三维模型进行互动,加速项目设计的迭代优化,实现数字化的工程设计过程；二是用户可自定义应用程序,解决建筑周期中的问题。

💡注意：Unity Reflect 产品主要为 Unity Reflect Review 和 Unity Reflect Develop。

（2）Unity Forma：将实时三维模型融入市场营销,销售人员向用户提供三维可视化产品模型及其不同情景的变体模型,在轻松展示产品的同时,让客户沉浸式体验产品。

（3）Unity Pixyz：不同行业的用户涉及不同的设计工具和平台的产品数据,在 Unity 中通过 Pixyz 软件能够快速导入、准备和优化大型的 CAD、网格和点云模型,实现实时可视化。

（4）Interact：能够在任何地方、在所选择的 VR 配置上创建先进的、实时的、以人为中心的模拟,用于培训、可视化和安全教育等。

（5）Pacelab WEAVR：是一个完整的 XR 平台,能够让不同行业的用户根据所需轻松地创建沉浸式培训项目。通过 Pacelab WEAVR 的 WEAVR Creator、WEAVR Player、WEAVR Manager 产品的相互配合使用,实现培训的实施和管理虚拟培训。

（6）VisualLive：能够将大型 BIM 模型导出到 HoloLens 设备和移动设备,并通过增强现实软件将大型 BIM 和 CAD 文件叠加到工作现场,实现设计可视化和实时协作。

（7）Unity Industrial Collection：包含 Pixyz 插件、机电一体化体系模拟和材质文件导入器等,增强了 Unity Pro 实时三维渲染软件,能够实现三维数据和 CAD 数据可视化展示,包括增强现实和虚拟现实在内所需的一切功能。

（8）Unity Manufacturing Toolkit：是 Unity 为快速搭建柔性制造的数字孪生系统而提供的全新解决方案,帮助零基础用户迅速构建智能制造数字孪生系统,上手快,易操作,方便连接物理与真实世界,增强研发、生产、销售能力。

4）创意工具

（1）Unity ArtEngine：可帮助用户使用 AI 辅助的美术效果来创建逼真的世界,并且基于示例的工作流程让用户更易上手。

（2）Unity Mars：能够构建专业智能 AR 应用程序软件,包含专门为 AR 设计的用户界面、引入环境和传感器数据的智能现实世界识别、多平台开发框架 AR Foundation 等,无须退出 Unity 编辑器便可进行测试。

5）优化与变现

（1）Backtrace 游戏崩溃管理平台：可跨平台管理崩溃和异常管理的一切事务，优于玩家发现错误，通过自动响应错误进行快速修复，以此来提供不间断的游戏体验。

（2）Unity Machine Learning Agents：利用 Unity 和 ML-Agents 工具包来创建逼真、复杂的 AI 环境，用来测试和研究新算法；此外使用 ML-Agents 工具包来使开发者创建更多玩法，提升智能游戏体验。

3．Unity 3D 的应用场景

Unity 行业应用前景广泛，在游戏开发、虚拟仿真、动漫、教育、建筑、电影等多行业得到广泛应用。

1）游戏应用

Unity 提供了一个整合了编辑器、跨平台发布、地形编辑、着色器、脚本、网络、物理、版本控制等特性的游戏开发引擎，可以开发桌面版、Web 版、手机版游戏，是一个良好的三维游戏开发平台。

Unity 3D 凭其强大的游戏引擎和专项的游戏服务，已经占领国内游戏市场的半壁江山，包括在线游戏（网游）、手机游戏（手游）和页面游戏（页游）等。目前使用 Unity 3D 游戏引擎开发的手游有《王者荣耀》《神庙逃亡》《炉石传说》等，如图 3-1 所示。此外《仙剑奇侠传 6》《轩辕剑》等单机游戏也是由 Unity 3D 开发的。

(a)《王者荣耀》　　　　　　(b)《神庙逃亡》

(c)《炉石传说》

图 3-1　Unity 游戏案例

2）汽车行业

（1）市场营销：广汽本田第 4 代飞度借助 Unity 云渲染技术给观众提供了精致的虚拟世界、逼真的新车模型和身临其境般的试驾体验，给客户带来沉浸式体验，助力于市场营销。

（2）汽车制造：Unity 在汽车设计、自动驾驶虚拟仿真和培训验证、人体工学检测、产线数字孪生虚拟调试、虚拟培训、产品销售配置器、三维产品展示等板块发展，已经渗透奔驰、宝马、奥迪等汽车厂商。

（3）汽车智能解决方案：Unity 现已有很多不同的解决方案，例如在 2022 年底，Unity 全球首发的 Unity 汽车智能底舱解决方案，结合三维 OS、三维导航、三维车控、三维座舱等创新车载应用，为汽车厂商提供自由流畅的创新平台。

3）电影、动画和影视

Unity 以实时方式进行动画、电影等制作，革新了影视动画领域的瀑布流式制作方式，缩短了制作周期。Unity 动画实时渲染技术被欧美动画制作公司应用，如图 3-2 所示，Unity 联合迪士尼、英国 BBC 等制作的动画、短片、电影等。

(a) 迪士尼电视动画《大白的梦》

(b) 皮克斯出品的VR短片《寻梦环游记》　　(c) 英国BBC发行《超级无敌掌门狗》

图 3-2　Unity 联合制作动画

4）建筑行业

Unity 为建筑行业提供的解决方案被广泛应用。

（1）Unity 建筑可视化技术——办公室环境的实时三维建模，如图 3-3 所示。

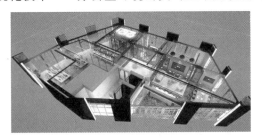

图 3-3 办公室环境三维建模

根据 Unity 所见即所得的特点，通过 Unity 引擎构建的建造模型，可使方案设计前期过程通过 VR/AR、实时语音沟通等技术实现可视化，以便及时对方案的不足进行优化改进。

（2）Unity BIM 工作流：通过快速灵活的导入方式，加速建筑行业的 BIM 工作流。Unity 建筑设计通过设计过程和数据可视化、简单的沉浸式 XR 体验及用于培训的安全环境帮助用户快速配置、迭代和测试，加快建筑和基础设施"设计-建造-营运"周期。基于 Unity 构建和渲染的伦敦办公室演示项目，可以在许多对象中看到设计和构建建筑空间的真实数据，如图 3-4 所示。

图 3-4 Unity 伦敦办公室演示项目

5）智能家居

Unity 家居设计助推智能家居行业发展，探索更多可实现的场景。Unity 家居设计的合成数据生成工具和服务可用于训练模型等，以实现在智能家居、防火防盗、生活辅助等各种应用的多样性和准确性。Unity 家居设计借助程序化方法摆放家具，如图 3-5 所示。

4. Unity 3D 案例

Unity 对游戏开发、建筑设计可视化、智能家居设计、虚拟办公室、施工搭建均有相应的解决方案，通过解决方案解决实际产业中的问题。

图 3-5　Unity 智能家居项目

1) 游戏

Unity 作为简单易用、功能强大的游戏开发平台,在游戏开发市场占据着重要的地位,譬如《龙之谷 2》《新神魔大陆》《战歌竞技场》《风云岛行动》《一人之下》和《非常英雄》是Unity 3D 的优质用户案例,如图 3-6 所示。

(a)《龙之谷2》　　　　　(b)《新神魔大陆》　　　　　(c)《战歌竞技场》

(d)《风云岛行动》　　　　　(e)《一人之下》　　　　　(f)《非常英雄》

图 3-6　Unity 游戏案例

2) 汽车、运输与制造

Unity 在汽车领域也有广泛的应用,对汽车行业有专门的解决方案来解决问题。Unity已经渗透到很多汽车品牌,Daimler 使用 Unity 研发混合现实管线,将其融入奔驰生产与销售;宝马使用 Unity 开发测试自动驾驶技术;全球最大的汽车安全供应商 Autoliv 利用实时三维技术来提高营销效率,如图 3-7 所示。

(a) Daimler戴姆勒　　　　　　(b) BMW宝马　　　　　　(c) Autoliv奥托立夫

图 3-7　Unity 汽车行业案例

3）工程建设与数字城市

Unity 在建筑工程建设与数字城市建设中得到广泛应用,带来可视化的展示,能够及时对建筑方案及数字城市中存在的问题进行检测及调整,避免造成损失。Skanska 通过与创意 VR 和 AR 机构 OutHere 合作,基于 Unity 的 VR 体验实现员工安全培训;Mortenson 通过在交互式三维空间中完美模拟新的医院和手术室设计,保证最佳布局和人体工程学设计;此外 Mortenson 在交互式三维空间中模拟新的建筑设计并展示其他技术,并通过 VR 让客户体验,如图 3-8 所示。

(a) Skanska斯堪雅　　　　(b) Mortenson医院设计　　　(c) Mortenson其他建筑设计

图 3-8　Unity 工程建设与数字城市案例

3.1.2　Unreal Engine

1. 虚幻引擎简介

虚幻引擎(Unreal Engine,UE)是 Epic Games 针对移动处理器开发的一款游戏引擎。UE 主要用于开发第一人称射击游戏,也应用于开发潜行类游戏、格斗游戏、角色扮演游戏等多种不同类型的游戏。

UE 是一套完整的开发工具,从 1996 年发布的 UE1 到 2022 年发布的 UE5,其中经历了版本 2~4 的迭代,从 UE4 到 UE5 历经 10 年。

2022 年发布的 UE5,具有实时渲染海量多边形的 Nanite 和渲染实时全局光照的 Lumen 两大核心技术。Nanite 是一套虚拟化微多边形几何体系统,采用全新的内部网格体格式和渲染技术来渲染像素级别的细节及海量对象,能够直接导入数百万个多边形组合的高品质美术素材,并且不影响游戏的实时帧率;Lumen 是一套完全动态的全局光照解决方案,能够实时模拟光线在场景中的各种散射、反射行为,对场景和光照变化做出实时反映,并且无须专门的光线追踪硬件。UE5 的 Nanite 和 Lumen 两大技术带来的逼真视觉效果,实现了视觉突破,让游戏真正迈入次世代。

此外,UE5 在 PC 端领跑的同时,也为移动端的研发提供了出色的整体解决方案,实现了跨平台体验升级。

2. UE 产品

UE 是一款实时的三维创作工具,延伸出的各类应用产品见表 3-3。

表 3-3 UE 产品

产品系列	简　介
UE	UE 是世界上最开放、最先进的实时三维创作工具,最新版为 UE5。创建者能够使用规模收放自如的内容创建出广阔的世界;Nanite 和 Lumen 两大核心技术可以营造沉浸式逼真互动体验,是颠覆性的高保真技术
MetaHuman	MetaHuman 是一个完整的框架,可创作逼真数字人类角色。它包含一款基于云端的、免费的、可快速创建带有完整绑定的逼真数字人类应用——MetaHuman Creator
Twinmotion	Twinmotion 让设计从数据变成体验,实现实时可视化和轻松制作可视化
Quixel-Bridge	Bridge 包含基于真实世界扫描的世界最大影视级 3A 资源库,是创建者在 UE 中通向三维内容世界的桥梁
RealityScan	RealityScan 是一款可免费下载的移动应用程序,用于随时、随地扫描创建高保真的三维模型

3. UE 的应用场景及案例

UE 除了为全球的优秀游戏提供支持,也被广泛地应用于电影电视、建筑、汽车、制造和模拟等领域。

1) 游戏

UE 是世界最知名、授权最广的顶尖游戏引擎,占有全球商用游戏引擎 80% 的市场份额,是次世代画面标准最高的一款游戏引擎。此外,UE 可供用户免费下载,具备行业领先的图形技术,有"开箱即用"型的客户端/服务器端架构,具有完整的 C++ 源代码访问权限,以及蓝图可视化脚本和高品质的数字人类创建等特性。

《麻布仔大冒险》、《Kena:精神之桥》及《我的世界:地牢》等游戏是由 UE 开发的游戏案例,如图 3-9 所示。

此外由 UE 打造的游戏作品还有《战争机器》、《质量效应》、《无主之地》、《绝对求生大逃杀》、《堡垒之夜》和《和平精英》等。

2) 建筑

UE5 能导入来自三维、CAD 和 BIM 应用的高保真数据,能够让建筑在可视化中包含更多信息和数据,体验沉浸式搭建,并为场景提供极高的视觉保真度,助力房地产营销及建筑展览等。此外 UE5 能够使用像素流将成品级的互动内容交付到远程任何设备上,结合虚拟现实或增强现实,向其他用户可视化展示建筑理念等。

(a)《麻布仔大冒险》

(b)《Kena：精神之桥》

(c)《我的世界：地牢》

图 3-9　UE 游戏案例

UE 与 Twinmotion 结合，使建筑场景搭建更加高效简单，让全流程实时建筑可视化在未来成为可能。

UE 面向房地产行业，提出面向房地产开发和销售的实时解决方案，让房地产在开发、施工、销售等过程中可视化展示房子的布局、采光等。

3）影视

UE 具有实时渲染的特点，能够在制片过程中即时反馈，实现更加自由的制片流程，并且 Epic 与诸多电影人及工作室合作，开发出世界最强大且免费的虚拟制片平台，打造逼真场景，实现虚拟拍摄制片；此外 MutaHuman Creator 可实现直面特写镜头的数字人类，在影视制作、过程拍摄、影视特效等方面均有广泛的应用。

HBO 的《西部世界》借助 UE 实现摄像机内的特效；Netflix 热播影片《胜利号》用虚幻制作视效预览；将二维动画《格林一家进城趣》转换为三维动画等都是 UE 在影视领域中的应用。

4）汽车行业

UE 可以应用于汽车领域，在设计汽车模型时，能够向客户可视化展示，让客户得到沉浸式体验，并能够针对客户意见在高保真的设计上不断迭代优化。MHP 为帮助帕加尼更好地为其高端客户提供顶尖的销售服务，开发了一套实时配置程序，该程序可与全面可配置的汽车销售内容相结合；此外采用混合实时模拟器模拟真实环境以测试无人驾驶车辆。

Lotus Hyper OS 是全球首款基于 UE 实时渲染的座舱操作系统，该系统还搭载了两颗高通 8155 芯片，将赛场、车身、云端数据和动态深度融合，带来前所未有的赛道操控体验。

除了以上的应用场景外，UE 还应用于广播与实况活动、动画、采用逼真环境和逼真任务制片、人机界面等方面。

3.1.3 WebGL

1. OpenGL 简介

OpenGL(Open Graphics Library)是 1992 年由美国硅图公司(SGI)发布的,用于渲染二维/三维向量图形的跨语言、跨平台应用程序编程接口。OpenGL 不是一种语言,本质上是一个三维图片和模型库,具有高度的可移植性和较快的渲染速度,具有跨平台运行特性。可用于 CAD、虚拟现实、科学可视化程序和电子游戏开发等领域,而基于 OpenGL 的 OpenGL ES(OpenGL for Embedded Systems)是 OpenGL 三维图形 API(Application Programming Interface)的子集,主要用于手机、PDA 和游戏主机等嵌入式设备。

2. WebGL 简介

WebGL(Web Graphics Library)是一种三维绘图标准,也是一个 JavaScript 应用编程接口,能在任何兼容的 Web 浏览器中渲染高性能的交互式三维和二维图形,并且允许把 JavaScript 和 OpenGL ES 结合在一起,通过增加 OpenGL ES 的一个 JavaScript 绑定,为 HTML5 Canvas 提供硬件三维加速渲染,这样 Web 开发人员就可以借助系统显卡在浏览器里更流畅地展示三维场景和模型,还能创建复杂的导航,并且可以将数据视觉化。

3. 基于 WebGL 的延伸框架

WebGL 是一项在网页浏览器呈现三维画面的技术,无须安装额外的插件/第三方插件或应用程序。WebGL 可用于游戏、工程、数据分析、地理空间分析、科学和医学可视化与模拟等行业,为了适应不同行业、不同场景和不同应用,基于 WebGL 延伸出多种框架。

1) Three.js

Three.js 是基于原生 WebGL 封装运行的三维引擎,是最著名的三维 WebGL JavaScript 库,具有简单的学习曲线、在线编辑器、丰富的教程库和大型学习交流社区等特性;主要用作许多 WebGL 图形引擎和几个支持浏览器的游戏引擎基础,还可用于物联网三维可视化(如物联网粮仓可视化)、数据可视化(如三维直方图)、H5/微信小游戏(如跳一跳)及科教领域和机械领域等。

2) Babylon.js

Babylon.js 是打包在 JavaScript 框架中的功能强大、简单开放的游戏和渲染引擎,具有在线编辑器、简单易学的曲线、丰富的文档和教程列表、易于设置等特点,可用于构建交互式三维展示/演示、游戏、VR 应用程序和复杂体系结构仿真等。

3) Filament

Filament 是由谷歌开发和发布的,是一种为 Web 构建的开源 WebGL 实时三维渲染器,使用 C++语言编写,旨在成为移动优先的三维平台,能够实现跨平台开发,但以移动为主。

4) KickJS

KickJS 是 Web 的开源图形和游戏引擎,具有丰富的文档、教程及一些游戏示例,提供了着色编辑器、模型工具、扩展查看器等多种工具。

5) ClayGL

ClayGL 是一个 Web 三维图形库,用于构建支持三维 Web 的应用程序,具有易学易用、丰富的示例、详细的材料、高级 Web 查看器等特性,可作为开源项目使用。使用 ClayGL 可以在真实的地理地图上绘制交互式三维街道地图。

6) PlayCanvas

PlayCanvas 是一款轻巧的功能齐全的三维网络游戏和图形引擎,可为游戏开发人员提供构建网络优先的、图形丰富的游戏所需的一切,被许多游戏开发商使用,此外也可用于 AR 和 VR 应用程序。

7) WebGLStudio.js 和 Litescene.js

WebGLStudio.js 和 Litescene.js 均属于开源 Web 三维图形编辑器和创建器。Litescene.js 是一个简单但功能强大的 WebGL 库,提供基于组件的节点层次结构和简单的 JSON 代码,该 JSON 代码能在 WebGLStudio.js 编辑器中使用。同样 WebGLStudio.js 也可将包含所有信息的 JSON 文件导出并在 Litescene 中使用,并且 WebGLStudio.js 可从浏览器创建、编辑交互式三维场景。

8) Luma

Luma 是由 Uber 作为开放源项目发布和维护的一个开源高性能 WebGL2 组件,用于 GPU 驱动的数据可视化和计算,适用于地理空间数据(大型数据集)可视化。

9) A-Frame

A-Frame 是用于构建 VR 应用程序的开源 WebGL 框架。迪士尼、谷歌、三星、索尼等公司在使用。

10) X3DOM

X3DOM 用于为网站和 Web 应用程序构建可嵌入的三维 Web 图形,可在任何 Web 项目中构建和嵌入三维元素,提供了可添加到任何 HTML5 项目中的简单标记代码。

基于 WebGL 衍生出很多架构,以上是基于 WebGL 的开源框架,此外还有 Grimoire.js 用于 Web 开发的 WebGL 框架、用于 HTML5 创建引擎 PixiJS、基于 WebGL 三维可视化编辑器的 Sovit3D 等。这些基于 WebGL 衍生的架构被广泛地应用于工业、交通、汽车、影视等多个领域。

3.2 数字孪生常用开发平台

12min

数字孪生的落地实现需要依托好的工具和好的开发平台,目前很多公司致力于数字孪生的落地实现,研发出不同数字孪生开发平台,以保证其数字孪生技术在相应的应用领域得以应用,这里简单地阐述几款常用的数字孪生开发平台。

3.2.1 ThingJS

1. ThingJS 简介

ThingJS 是 2018 年诞生的、新兴的 JavaScript 三维框架,由优锘科技公司研发,旨在简化三维应用开发,主要针对物联网领域的数字孪生应用。

ThingJS 基于 HTML5 和 WebGL 两大技术,能提供在线三维场景搭建、三维应用开发、物联网数据接入功能,可方便地在主流浏览器进行展示和调试,支持 PC 端和移动设备,同时为广大使用者提供海量三维模型库及有效三维场景搭建工具,只需具有基本的 JavaScript 开发经验便可上手。

2. 森工厂——数字孪生一站式开发平台

森工厂 Thing Studio 是 ThingJS 从无到有实现的一站式构建数字孪生系统,提供了 ThingJS 低代码开发平台和 ThingJS-X 零代码交付平台及森大屏、森数据、森园区、森城市、森拓扑、森展厅等多场景应用,见表 3-4。

表 3-4　森工厂——数字孪生开发平台

开发平台	简　介
低代码开发平台 ThingJS	ThingJS 基于 WebGL 技术,针对有基本网页开发能力的开发者来搭建数字孪生三维可视化应用。该平台基于 JavaScript 脚本开发语言,提供了高效的三维场景开发工具和海量的三维模型库,支持 PC 端和移动设备。适用于想掌握自主软件产权的企业
零代码开发平台 ThingJS-X	ThingJS-X 面向需快速交付项目的开发者,提供交付平台和配套丰富的三维场景模型及设计素材,具有一套从实现模型场景、数据结构、效果设置到数据对接的全流程零代码配置交付的完备工具链。适用无意投入数字孪生研发中的企业
森大屏 ThingJS UI	森大屏提供了丰富的行业模板库和组件库,在大屏编辑器中,可拖曳组件、模型创作可视化应用,提供数据接入和处理,实现数据实时对接,支持在线开发,也支持离线部署
森数据 DIX	森数据内置多种数据集成插件,适配网络中常见集成协议,高效集成 IT 运维场景和 IoT 管理场景数据,解决高并发大吞吐量数据问题。支持系统集成和独立部署
森园区 CampusBuilder	森园区依托 ThingJS 的三维引擎技术,提供了模型库、材质库、特效库等多种三维资源,内置丰富的效果模板,用户也可自定义设置效果模板,能够简单高效地搭建三维园区场景
森城市 CityBuilder	森城市内置了开箱即可用的、丰富的全国城市模板,只需上传 GIS 数据,便可快速生成三维城市模型。森城市具有灵活开发的集成方式,有全面的 JavaScript API 二次开发接口,也支持第三方的快速嵌入
森拓扑 TopoBuilder	森拓扑具有零代码拖曳式的组态编辑器,可灵活自由地布局内置的多种开箱即用的行业图形,可轻量化地接入公网或本地数据,并且具有灵活的集成方式
森展厅 ThingEditor	森展厅以三维的形式直观地展示物联网方案,内置丰富的展厅模板,拖曳交互即可见可得元宇宙展厅,并且 24h 无休,可自动获取客户的虚拟展厅。此外,支持业务数据驱动,实现场景线上线下实时同步,实现真正的数字孪生

森工厂 ThingStudio 配合一套覆盖全流程的工具链和资源库,能够实现从模型场景、数

据结构、效果设置到数据对接全流程低/零代码交付。

3. ThingJS 开发流程

ThingJS 平台开发流程主要分为场景搭建、开发应用、对接真实数据和发布项目这 4 步，如图 3-10 所示。

图 3-10　ThingJS 开发流程

1）场景搭建

ThingJS 提供了森大屏、森数据、森园区、森城市、森拓扑、森展厅等不同场景应用。如森园区可搭建校园区级场景，森城市可搭建城市级场景，森大屏可制作行业中的可视化等。不同的场景搭建平台中均内置了丰富的模板案例供用户使用，以及实际应用案例供用户参考。

2）开发应用

选定某一场景后，基于三维场景使用在线开发或离线开发进行三维可视化应用开发，可通过拖曳式来进行场景布局。注意离线开发需要提前下载好相应的素材文件。

3）对接真实数据

搭建应用模型后，如果想要实现虚实联动，则需对接真实的物理数据，以实现线上线下的实时同步。在所开发的三维可视化应用中，导入物联网或业务数据，实时驱动三维场景动态变化或图表数据更新。

4）发布项目

在项目开发完成后，可选择在线部署到云服务器上，还是离线部署到自己的服务器上，任选其一即可。

3.2.2　WDP

1. WDP 简介

北京五一视界数字孪生科技股份有限公司（简称 51WORLD）是一家数字孪生平台公司，致力于创造一个真实完整恒久的数字孪生世界。该数字孪生世界以原创的全要素场景（All Element Scene，AES）为基础，将物理模拟、工业仿真、人工智能、云计算等技术融合，用于建立数字孪生应用生态，助推不同行业的新一轮数字化升级，并推动数字孪生成为新型基础设施之一。

51WORLD 为了将过去致力于多行业数字孪生领域的经验技术和实际案例开发给相关生态合作伙伴参考应用，研发并打造了 51WDP 数字孪生 PaaS（Platform as a Service，平台即服务）平台（51WDP），以促进不同生产合作伙伴合作，助推不同数字孪生行业发展。

51WDP 数字孪生平台由可编辑的场景、可摆放的模型、可搭建的面板、可交互的 API 及从数字孪生基础建设到实际应用全链路覆盖五大部分组成，主要提供面向智慧产业的一套完整解决方案，具有数字资产按需生成、数字孪生自由构建、应用组件灵活扩展、平台服务多样部署等核心特点，可应用在城市与新区、园区与建筑、车辆与交通、工业与能源等多个领域。

> 💡**注意**：WDP 目前的最新版为 WDP4.9。

2. WDP 应用场景

51WORLD 的数字孪生底座是 51WORLD 原创的可交互三维仿真场景，汇聚了 LBS、AI、5G、云和大数据等领先技术，覆盖了多行业的不同领域，全要素场景持续更新升级，可进行自由构建、海量渲染和二次开发等深度应用，其中 51WORLD 的核心产品——全要素场景，划分为 5 个不同等级：AES1 和 AES2 应用于城市级宏观应用；AES3 应用于园区和楼顶级应用；AES4 和 AES5 应用于道路模拟、无人驾驶仿真和 AI 训练。基于不同的全场景要素，51WORLD 数字孪生技术及平台已被政府和企业单位广泛应用，覆盖智慧城市、园区、汽车与交通、水务、港口、航空、能源、地产等多行业的不同领域。

1）城市与新区

51WORLD 的新一代数字孪生城市信息模型平台——51CIM，从数据和场景使用路径、场景精度与交互深度等出发，推进智慧城市建设的基础设施底座，致力于未来数字化城市的基础设施建设。

2）工业与能源

51WORLD 的新一代行业仿真算法平台——51ISE，集合行业算法、工程系统、自然环境、社会活动等多个仿真于一体，模拟仿真工业生产全生命周期，实现生产设计迭代优化、辅助决策，助力行业的数字化转型。目前已应用在工业、能源、水利、轨道、交通等领域。

3）车辆与交通

51WORLD 推出了已经形成完善的产品生态的国产汽车工业仿真软件——51Sim，具备自主可控数据驱动闭环云仿真落地，实现软硬件深度整合高置信度告知仿真，实现软件硬件一体化全栈仿真，助力中国自动驾驶量产落地。在之前，51WORLD 早已提出车路云协同数字孪生，将多个维度数据信息融合到一起，进而基于实时信息进行全局调度与决策。

此外 51WORLD 不断对推出的其他平台工具、编辑器等迭代升级更新，深入各行各业。WDP 目前开放了城市、园区、楼宇、电力、港口、工厂、地铁等近 20 款场景地板，并持续更新，快速迭代，让相应的合作者或潜在客户等能够及时参考和调研，如图 3-11 所示。

3. 开发流程

WDP 平台提供了低代码开发和高灵活度前端开发两种不同的开发方式，有针对性地分别实现 WDP 交付和前端交付两种形式，但在场景与模型制作流程中这两种方式的流程是相同的。

1）全程 WDP 低代码平台开发

在 WDP 平台按照如图 3-12 所示的流程进行 WDP 低代码平台开发。该开发模式适用于所有用户，基于 51WORLD 的 SuperGUI 产品进行开发，满足高效率、低成本数字孪生业务场景构建的需求。

(a) 智慧城市　　　　　　(b) 智慧港口　　　　　　(c) 智慧地铁

(d) 智慧园区　　　　　　(e) 智慧景区　　　　　　(f) 智慧机场

(g) 智慧社区　　　　　　(h) 智慧交通　　　　　　(i) 智慧水务

图 3-11　WDP 场景应用

图 3-12　WDP 低代码开发流程

2）WDP 高灵活度前端开发

前端开发与 WDP 低代码开发流程的前三步流程是相同的,待导入与摆放模型后,WDP 发布并获取渲染口令,前端开发再利用 SuperAPI 制作面板、交互和数据联动等。该方式适用拥有技术开发能力并需要大量自定义业务功能开发需求的团队进行集成开发,基于 SuperAPI 产品的前端开发在面板制作方面更加灵活。

3.2.3　木棉树

1. 木棉树简介

重庆木棉树软件开发有限公司针对美术师不擅长代码编写和软件工程师不擅长视觉处理两个问题,研发构建了 mms3D 数字孪生开发平台,让工程师无须考虑复杂的三维图形着色器构建及三维仿真视觉特效,只需业务逻辑构建,就能构建数字孪生系统。

mms3D 数字孪生系统是基于 HTML5 的三维图形渲染引擎,由基于云计算的 PaaS 可视化在线编辑平台、基于 WebGL 2.0 的三维图形渲染引擎库 mms3D.js 和基于 JavaScript 的数字孪生功能库 mmsDT.js 组成,提供了丰富的 Web 可视化展现形式和多彩的视觉效果。该系统主要针对工业数字孪生的生产管控、智慧城市的监控运维等可视化应用领域,产品的模块组态化形式能满足全要素智慧场景的构建。

10min

2. 木棉树软件工业大脑集控中心管理平台

木棉树软件工业大脑集控中心管理平台是一款采用云计算技术的 PaaS 三维可视化场景在线编辑平台,具有丰富的动画库、场景模型和基于 JavaScript 的 API 数据接口,能够便捷地绑定物联网设备数据、可视化设置实时的动画效果及全自动化的生成场景文件。木棉树能够通过在线编辑器新建项目,导入场景案例模型,如图 3-13 所示。

图 3-13　木棉树软件工业大脑集控中心管理平台 5.2

💡注意:木棉树提供 mms3D-v5.2 数字孪生系统开发包,可免费下载。

3. 木棉树的全要素场景建模

木棉树的全要素场景(All Element Scene,AES)是 mms3D 的核心,其包含来自显示世界的城市、建筑、工厂、环境、设施、产线等不同行业场景,具有视觉真实、地理信息、物理模拟及自由交互等要素。全场景要素分为 L1~L5 共 5 个等级,场景的真实程度由低到高见表 3-5。

表 3-5　木棉树全要素场景分级特点

等　级	简　介
L1 初精度	AES-L1 初精度基本还原建筑物轮廓、地形地貌特点、城市主要建筑物轮廓,大致显示主要道路及街区、公园划分,展示主要山脉、大致的河流形状,显示机械设备、工厂生产线设备的基本轮廓和粗略贴图,展现基本的太阳光照以及光线明暗基本变化
L2 中精度	AES-L2 正确还原城市建筑外形,包括材质贴图的基本特点,道路及桥梁的基本形状、特征,还原地表的草坪、树木等颜色、贴图,还原机械设备、工厂生产线设备的主要细节轮廓、结构特征、材质,以及光照、反射、粗糙度、阴影等

续表

等　　级	简　　介
L3 高精度	AES-L3 还原建筑物的主要细节结构,材质特性,玻璃特性,粗糙特性。展示树木、灌木的基本形状特点,显示道路标志标线,机械设备、工厂生产线设备的细节、材质特征,材质灯光信息烘焙、光照贴图、法线及阴影贴图等
L4 高拟真	AES-L4 还原建筑物的全部细节,体现材质细节特点,以及树林、草木叶片等细节。机械设备材质做旧仿真。在第一人称漫游的情况下,细节表现优良。支持程序后期光效的动态辉光、衍射等
L5 全拟真	AES-L5 具有影视级视觉特效,以假乱真的 3A 大作,好莱坞影视巨作级视觉。使用高清三维扫描、激光点云扫描,对微观细节还原岁月的旧有痕迹

4. 木棉云工业互联网平台

木棉云工业互联网平台帮助制造企业实现设备、控制及信息系统的互联和数据融合,加强企业间及供应链上下游的互联和数据融合,从而帮助制造企业打造数字化转型的基础设施。木棉云工业互联网平台能够实时检测设备的整体情况,并实时可视化展示,如图 3-14 所示。

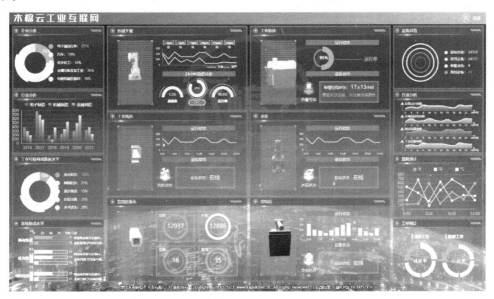

图 3-14　木棉云工业互联网平台

3.2.4　EasyV

1. EasyV 简介

杭州易知微科技有限公司是袋鼠云旗下数字孪生全资子公司,于 2021 年 5 月成立,公司致力于将可视化、低代码和数字孪生技术相融合,将物理世界全方位数字化,实现一个真实的、能实时感知并进行管理的数字增强世界。

EasyV 是杭州易知微科技有限公司自主研发的一款数字孪生可视化平台,该平台结合

WebGL、三维游戏引擎、GIS、BIM 等技术实现数字看板、数字驾驶舱、数字孪生等可视化场景的搭建,帮助企业实现数字化管理与转型。

2. EasyV 数字孪生可视化平台

EasyV 数字孪生可视化平台是一款开箱即用的低代码可视化搭建平台,该平台由可视化编辑器、地理信息引擎、统一数据源管理三部分构成,平台内置了 200 多种自主研发的可视化标准组件素材,允许 ECharts 等第三方开源组件接入,包含大量的行业应用模板,只需简单地进行拖、拉、拽便可完成实时数据、复杂交互、视觉震撼的可视化场景构建,如图 3-15 所示。

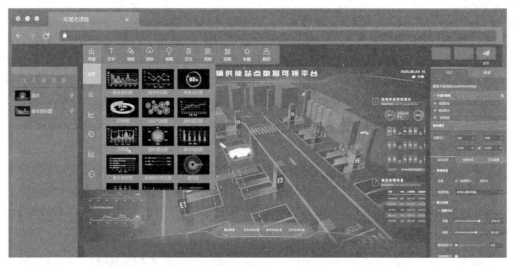

图 3-15　EasyV 数字孪生可视化平台

3. EasyV 应用场景

EasyV 数字孪生可视化系统,支持整合对接城市全方位建筑模型、地理信息、各渠道数据,并利用大数据、数字孪生等及时实现城市运行态势检测、服务效能管理、应急指挥、建设规划展示等多维度功能场景。

1) 城市综合治理

EasyV 以 BIM、GIS 和检测到的物联网数据为基础,构建城市数字孪生体,对城市的环境保护、公共安全、交通运输、基础设施等领域的指标进行分析、可视化,实现真实城市的数据融合,从宏观至微观整合整个城市资源,便于构建城市综合治理体系,提升监管质量及行政效率。

2) 服务效能管理

EasyV 数字孪生可视化系统采用地图的形式对行政服务大厅进行全方位可视化展示,实时显示行政中心的各级大厅服务动态,对行政服务和公共资源等数据进行分析管理,构建政务服务和公共资源数据体系,打造智能化、集成度高的政务大厅服务平台,实现"一屏通览、全域检测"。

3）应急指挥中心

EasyV 数字孪生可视化系统对地震、洪水等自然灾害的历史数据、国土气象等各部门灾情数据及灾情检测、预警和指挥调度体系进行融合,分析预判灾情风险及发展趋势,科学地制定灾害应对方案,提高灾情智慧决策水平,减少灾害带来的人力和财产损失等。

4）重大活动保障

通过易知微对指挥中心检测到的数据进行关联分析,对危险活动进行预警预测,消弭风险,集成地理、视频监控、车辆流动等各系统部门数据,对安保系统、重点区域、重点车辆等进行可视化检测,实现"目标"的全方位检测,并可随时查看"目标"的详细情况,从而全面辅助公安部门掌控整个区域或城市活动的安保态势。

易知微的 4 个应用场景分别致力于城市的服务中心、治理中心和应急中心,为城市管理者提供更加精细化的运营管理平台,实现社会治理体系的智慧化,为广大人民群众提供服务。

3.2.5　数字孪生专用平台

针对不同模型之间的数据格式不同,不能实现互联互通问题,有部分企业针对企业自身产业或应用场景的特点研发了数字孪生平台,以实现企业内部的相关数据的互联互通,并针对企业的相关产业进行应用开发。

1. 达索 3DEXPERIENCE

达索 3DEXPERIENCE 简称为 3DE 或 3DE 云平台。3DE 云平台包含一系列应用程序平台,用户能够打开应用程序进行项目设计、模拟、通知和协作,为用户提供了可持续构想创新产品的虚拟协作环境。通过 3DE 平台和其上的应用程序,能够打造真实世界的"孪生虚拟"体验,拓展创新、学习和生产的边界。

2. ANSYS Twin Builder

ANSYS Twin Builder 是一款多技术平台,通过模拟仿真创建数字孪生,进行现实世界或虚拟传感器数据数字映射。

ANSYS Twin Builder 主要通过一个完整的方法来构建、验证和部署基于云或边缘的数字双胞胎模拟。其中创建用于集合系统级模拟的速度和提高三维物理求解器的准确性,并可通过模型降阶来重构组件,实现快速嵌入性能信息;验证则要结合多领域系统、仿真能力与系统验证和优化;展示用于实时展示及创建更简单、更高度复杂的模型,并结合 ANSYS 模拟和内部数据产生高度准确和有用的结果。

3. 西门子数字孪生体

2017 年底西门子正式发布完整的数字孪生应用模型,该模型包含数字孪生产品(Digital Twin Product)、数字孪生生产(Digital Twin Production)、数字孪生体绩效(Digital Twin Performance)。数字孪生产品指的是使用数字孪生进行有效的新产品设计;数字孪生生产指的是在生产制造规划中使用数字孪生;数字孪生体绩效指的是使用数字孪生捕获、分析和践行操作数据,这样三者便形成了一个完整的解决方案体系。

4. Azure Digital Twins

Azure 数字孪生是一种 PaaS 产品/服务,支持基于建筑物、工厂、农场、能源网络等整个环境的数字模型创建孪生图,即环境中的实体由数字孪生体表示。Azure 数字孪生中的数字孪生可表示由数字模型定义并在 Azure 数字孪生中实例化的任何内容。

本章小结

本章主要介绍了数字孪生的实现平台和工具。首先对数字孪生常用的实现工具 Unity 3D、Unreal Engine、WebGL 从不同方面进行了简要介绍,接着介绍了数字孪生常用开发平台 ThingJS、WDP、木棉树、EasyV 及 3DE、ANSYS Twin Builder、西门子、Azure Digital Twins 专用平台。

本章习题

简答题

(1) 除了本章介绍的数字孪生平台外,同学们还了解哪些数字孪生开发平台?

(2) 打开任意一个数字孪生在线开发平台,尝试搭建一个可视化的项目。

ThingJS基础

本章将重点介绍 ThingJS 数字孪生应用开发的基础部分,包括准备工作、例程编写、场景加载、调试方法、ThingJS 对象、摄像机介绍、环境设置、事件等内容。

4.1 入门

7min

ThingJS 基于 HTML5 和 WebGL 技术,通过浏览器进行预览和调试,主要使用 JavaScript 编程语言来进行开发,因此需要对 JavaScript 编程语言有一定的了解。若不太熟悉 JavaScript 编程语言,也不用担心,按照本章的内容一步一步地学习,也可以逐步掌握 ThingJS 的基础开发方法。

4.1.1 准备工作

准备工作如下:

(1) 在本地磁盘中新建一个文件夹,用于存放项目文件,文件夹的名称为 ThingJS。

(2) 在创建好的文件夹下,新建两个文件夹,一个文件夹取名为 src,用于存放所需的脚本文件,如 thing.js;另一个文件夹取名为 assets,用于存放所需的资源文件,如模型、贴图等资源。为了区分资源类别,需要在 assets 文件夹下分别创建 images、models 和 scenes 文件夹,分别用来存放贴图、模型和场景文件。

可在 ThingJS 官网下载最新的 thing.js 文件。

(3) 在创建好的 ThingJS 文件夹中,新建一个文件夹,取名为 examples,用来存放所有的 ThingJS 例程文件。

为了能够在浏览器中预览运行后的效果,这里介绍下述方法来安装 http-server 并启动本地服务。

http-server 是一个轻量级的基于 Node.js 的 HTTP 服务器,可以将本机目录发布成一个网站。需要先下载并安装 Node.js,然后在命令行窗口中执行下面的命令,全局安装 http-server,命令如下:

```
npm install http - server - g
```

4.1.2 第1个例程

开发工程师说立方体(Box)是最基本的几何体,也是 ThingJS 数字孪生世界的 Hello World,因此,第 1 个例程就从创建一个立方体开始。

在创建好的 examples 文件夹中,添加一个文本文档,命名为 HelloWorld.html,然后选择一个编辑器(如 Visual Studio Code 或记事本)来编写 HelloWorld.html 文件,也就是第 1 个例程。

【例 4-1】 创建 App 来进行程序初始化,使用 ThingJS 提供的立方体(Box)物体类,创建立方体,运行后在浏览器上会渲染出一个边长为 5m 的正方体,代码如下:

```
# 教材源代码/examples/HelloWorld.html
<! DOCTYPE html >
< html lang = "en">
< head >
    < title > THINGJS Project </title >
    < meta charset = "utf - 8">
    < script src = "../src/thing.js"></script >
</head >
< body >
    < div id = "div3d"></div >
</body >
< script >
    //初始化程序
    const app = new THING.App( );
    //创建立方体
    const box = new THING.Box(5, 5, 5);
</script >
</html >
```

需要说明的是,在创建立方体时所设置的 3 个属性值 5,分别为立方体的宽度、高度、深度的值。在不设置宽度、高度、深度值时,宽度、高度、深度的默认值均为 1,即如果省略参数,则将会创建边长为 1m 的正方体。

将代码编写完成后,保存该 HelloWorld.html 文件。在后面的例程中,将只介绍在 < script >标签中的代码内容。

💡注意:需要在 HTML 文件的< body >标签中添加 id 为 div3d 的 DIV 元素,这样,ThingJS 会默认去寻找 id 为 div3d 的 DIV 元素来渲染三维场景。

打开命令行窗口,在 ThingJS 文件夹下执行下面的命令,以此来启动 HTTP 服务。

```
http-server
```

打开浏览器,访问命令行窗口中返回的地址,即本机当前 IP 地址和端口号,例如,http://localhost:8080,打开 examples 文件夹下的 HelloWorld.html 文件,即可在浏览器上看见渲染出的边长为 5m 的立方体,如图 4-1 所示。

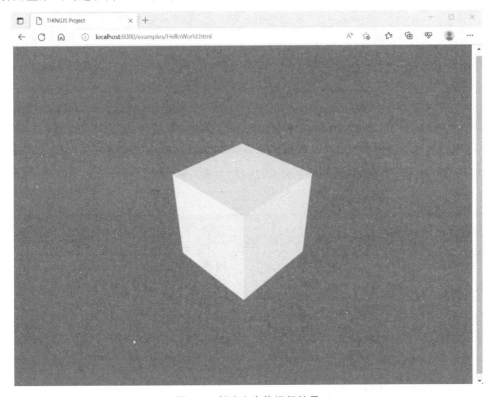

图 4-1　创建立方体运行结果

4.1.3　场景加载

下面开始进行场景(Scene)加载,但在加载场景前,需要先给场景中的物体对象添加自定义属性,以便后续基于此场景进行应用开发,例如,获取场景中的建筑,查询场景中的物体对象等。这里以使用 Blender 导入场景为例来介绍设置对象属性和加载场景的方法。

Blender 是一个免费开源的建模工具,登录 Blender 官方网站,即可下载 Blender。安装 Blender 建模工具后,打开电子课件中的 ThingJSScene.blend 文件,可见已经依次为场景层级目录中的对象设置了自定义属性,例如,给主建筑添加了一个自定义属性 type,属性值为 Building,属性类型为字符串型,如图 4-2 所示。

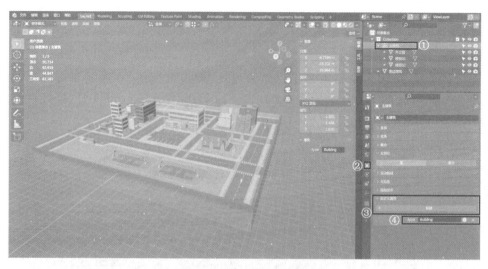

图 4-2　设置自定义属性

当所有对象的自定义属性设置完成后,选择"文件"→"导出"→"glTF 2.0"格式的场景文件,如图 4-3 所示。

图 4-3　选择导出 glTF 2.0 格式的场景

导出时需要设置保存路径,在已经创建好的 scenes 文件夹下,新建一个 scene1 文件夹,将导出的场景文件保存在 scene1 中,导出格式选择"glTF 分离(. glTF ＋ . bin ＋ 纹理)",勾选"包括"下的"数据"的"自定义属性"选项。最后,修改文件名称,单击"导出 glTF 2.0"按钮,如图 4-4 所示。

图 4-4　导出设置

接下来,编写 HTML 文件加载场景。

【例 4-2】　初始化程序并加载场景,代码如下:

```
//初始化程序并加载场景
const app = new THING.App( {url: './assets/scenes/scene1/scene1.gltf'});
```

保存加载场景文件 LoadScene. html。启动 HTTP 服务后,加载场景的效果如图 4-5 所示。加载后,默认开启了场景层级,当将鼠标指针移动到中间的建筑时会显示出黄色勾边效果;使用鼠标左键双击中间的建筑,可以进入建筑内部层级,再次双击便可进入楼层;双击鼠标右键可退出层级。

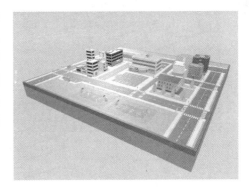

图 4-5　加载场景

4.1.4　程序调试

代码编写完成后,若发现运行效果跟预期不一致,则可以通过程序调试来查看所编写代码的执行情况,帮助定位到代码编写错误的位置。现在结合一个代码示例来说明程序调试的方法。单击浏览器窗口的右上角,选择"更多工具"→"开发者工具",或者直接使用快捷键 F12 调出开发者工具,如图 4-6 所示。

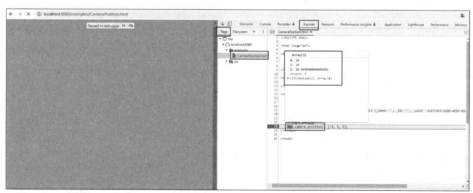

图 4-6　打开 Chrome 浏览器的开发者工具

　　文件运行后,在开发者工具中选择 Sources,在页面中单击 examples 下的 HTML 文件。打开的 HTML 文件将显示在中间的窗口中,单击"左侧"添加断点,按 F5 键刷新页面,这样运行时就会在断点处停止,此时,将鼠标停留在想要查看的对象上,即可显示出此对象当前的信息,添加断点进行程序调试,如图 4-7 所示。

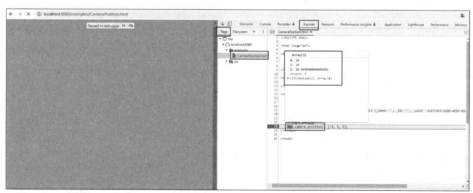

图 4-7　添加断点进行程序调试

4.2　ThingJS 对象

　　在场景中,可被单独创建、销毁和控制的独立个体称为对象(Object)。对象一般具有某些属性和一定的功能,可以与其他对象建立关系,可以接受或触发事件,可以被搜索到。从管理的角度分,可以分为管理对象和非管理对象;从类型上分,可以分为建筑结构对象,如建筑、楼层、房间,以及设备对象,如烟感、喷淋装置、机柜、服务器等。

4.2.1 几何体对象

本节将继续介绍创建多种几何体的方法。除了4.1.2节中介绍的立方体外,还可以直接生成圆柱体、圆环、圆锥体、圆形、胶囊、球体等几何体。通过辅助参数的设置,可以调整几何体的尺寸大小、圆形或球体的分段数量等,下面一起来创建这些几何体。

【例 4-3】 初始化程序后,设置摄像机位置,创建立方体、圆形、圆柱体、圆环、胶囊等形状,运行后在浏览器上渲染出对应的几何体,代码如下:

```
//教材源代码/examples/Geometry.html

//初始化程序
const app = new THING.App( );

//设置摄像机位置
app.camera.position = [0, 0, 20];

//创建正方体
const box = new THING.Box(2, 2, 2, {
        position: [ - 12, 0, 0],
        style: {
            color: '#FF0000'
        }
});

//创建圆柱体
const cylinder = new THING.Cylinder( {
    position: [ - 8, 0, 0],
    style: {
        color: '#FF7F00'
    }
});

//创建圆环
const torus = new THING.Torus( {
    position: [ - 4, 0, 0],
    style: {
        color: '#D8D8BF'
    }
});

//创建圆锥
const cone = new THING.Cylinder( {
    radiusTop: 0,
    position: [0, 0, 0],
```

```
    style: {
        color: '#FF7F00'
    }
});

//创建圆形
const circle = new THING.Circle( {
    position: [4, 0, 0],
    style: {
        color: '#0000FF'
    }
});

//创建胶囊
const capsule = new THING.Capsule( {
    position: [8, 0, 0],
    style: {
        color: '#00FFFF'
    }
});

//创建球体
const sphere = new THING.Sphere(0.5, {
    position: [12, 0, 0],
    style: {
        color: '#4F2F4F'
    }
});
```

　　代码编写完成后,保存为 Geometry.html 文件,启动 HTTP 服务,打开文件即可在浏览器上看见渲染出了多种几何体的运行效果,创建多种几何体的运行结果如图 4-8 所示。

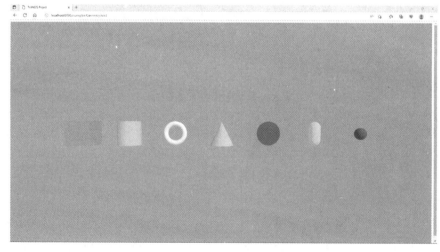

图 4-8　创建多种几何体的运行结果

4.2.2 模型对象

4.2.1节讲解了如何创建基础的几何体,那么要如何加载模型呢?这就需要使用 ThingJS 提供的 Entity 物体类来创建物体,并通过 URL 传入的模型资源地址。在电子课件中的 assets/models 文件夹下,提供了办公椅模型文件,下面一起来编写加载模型的代码。

【例 4-4】 程序初始化后,加载本地模型,等待加载完成后,将摄像机调整到最佳视角,代码如下:

```
//教材源代码/examples/Model.html

//初始化程序
const app = new THING.App( );

//创建模型
const chair = new THING.Entity( {
    url: '../assets/models/chair.gltf'
});
chair.waitForComplete( ).then( ( ) => {
    app.camera.fit(chair)
});
```

代码编写完成后,保存为 Model.html 文件,启动 HTTP 服务后,打开文件,在浏览器上会渲染出模型,运行效果如图 4-9 所示。

图 4-9 加载模型对象的运行效果

4.2.3　对象变换

Object3D 是管理场景物体的基础类型,所有三维世界中的物体都必须从此类派生,例如,之前介绍过的立方体物体类。立方体是 Object3D 的子类,继承了 Object3D 的属性和方法,其中,使用 Object3D 的插值方法 moveTo(),可将物体对象移动到指定位置。

【例 4-5】　程序初始化后,创建立方体,将立方体移动到指定位置上,代码如下:

```
//教材源代码/examples/TransformControl.html

//初始化程序
const app = new THING.App( );

//创建立方体
const box = new THING.Box( 2, 2, 2);
box.moveTo( [5, 2, 1], {
    time: 2000
});
```

编写完成后,保存为 TransformControl. html 文件。启动 HTTP 服务,打开 examples 文件夹下的 TransformControl. html 文件。可以看到,立方体(沿白色指示箭头方向)被移动到指定坐标位置,即[5,2,1],Box 对象变换的运行结果如图 4-10 所示。

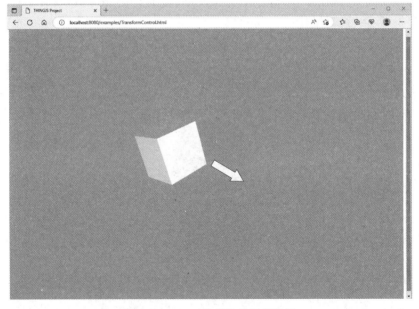

图 4-10　Box 对象变换的运行结果

4.2.4　对象样式

此外,还可以设置物体对象的样式,如颜色、透明度、纹理、发光等一系列变换样式。

除了摄像机物体类和灯光物体类以外,场景中的物体样式都可以使用 object. style 来设置,参照代码如下:

```
obj.style = {
    name: value
};
```

其中,name 为物体样式属性的名称,value 为物体样式属性的值。

【例 4-6】 程序初始化后,给创建好的立方体加上颜色和勾边效果,代码如下:

```
//教材源代码/examples/ObjectStyle.html

//初始化程序
const app = new THING.App( );

//创建立方体
const box = new THING.Box(5, 5, 5);

//设置立方体样式
box.style = {
    color: '#FEF5AC',
    outlineColor: '#25316D'
};
```

这里通过 style 中的 color 和 outlineColor 属性为立方体添加颜色和勾边效果。color 为物体样式属性的名称,表示物体的颜色,其中'#FEF5AC'为该属性的值,即颜色的十六进制值,此值为字符串类型。同理,outlineColor 表示物体边框的颜色。编写完成后,保存为 ObjectStyle.html 文件。启动 HTTP 服务后,立方体对象样式的运行结果如图 4-11 所示。

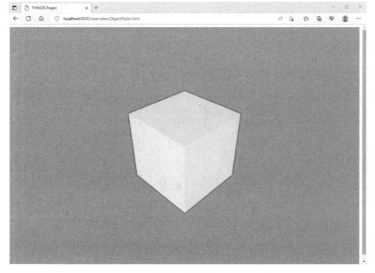

图 4-11　立方体对象样式的运行结果

4.2.5 对象标记

在三维场景中,经常会用到一些标记,例如警告牌、提示牌、定位危险源位置等。在 ThingJS 中的 Marker 标记物体类主要封装了标记物体能力,用于进行对象的标记操作。

【例 4-7】 程序初始化后,先创建一个立方体,再给立方体创建标记并设置一些参数信息,代码如下:

```
//教材源代码/examples/Marker.html

//初始化程序
const app = new THING.App( );

//创建盒子
const box = new THING.Box(3, 3, 3);

//创建标记并设置一些参数信息
const marker = new THING.Marker( {
    name: 'Marker01',
    parent: box,
    localPosition: [0, 2, 0],
    style: {
        image: '../assets/images/alarm_build.png'
    },
});
```

其中,name 表示标记的名称,parent 表示父物体,localPosition 表示相对于父物体的位置坐标,style 表示样式。编写完成后,保存为 Marker.html 文件。

启动 HTTP 服务,在浏览器中的 examples 文件夹下打开 Marker.html 文件,运行效果如图 4-12 所示。

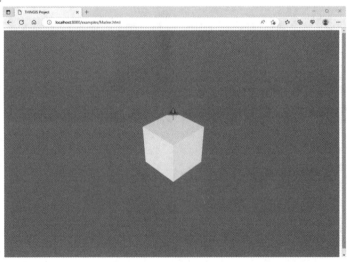

图 4-12 对象标记的运行结果

4.2.6　对象查询

在场景中,若想找到满足某些条件的物体,就需要用到查询。通常情况下,可以使用app.query( )来查询场景中的物体对象。参照代码如下:

```
//查询指定条件下的单个物体
let obj = app.query(value)[index];

//查询指定条件下的 selector 集合
let selector = app.query(value)
```

其中,value 为查询条件,类型为字符串;index 为查询到结果中的物体的索引。另外,还可以通过下面的 id、名字、类型和标签等方法来查询,代码如下:

```
//按照 id 查询
let obj = app.queryById(value)[index];

//按照名字查询
let obj = app.queryByName(value)[index];

//按照类型查询
let obj = app.queryByType(value)[index];

//按照标签查询
let obj = app.queryByTags(value)[index];

//带有 A 标签的
let selector = app.query('tags(A)');

//既有 A 又有 B 标签的
let selector = app.query('tags(A && B)');
let selector = app.query('tags:and(A, B)');

//有 A 或 B 标签的
let selector = app.query('tags(A || B)');
let selector = app.query('tags:or(A, B)');

//没有 A 或 B 标签的
let selector = app.query('tags:not(A, B)');
```

下面通过例题来介绍如何按照指定条件进行查询。

【例 4-8】　初始化程序后,创建 3 个立方体,分别给每个立方体设置一个 id、一个名字和两个标签。添加按钮,分别按 id、名字和标签来查询,给查询到的立方体换一种颜色。最后,添加一个按钮,重置所有立方体的颜色,代码如下:

```
//教材源代码/examples/Query.html

//初始化程序
var app = new THING.App( );

//创建 3 个立方体,并设置 id、name、tags 用于查询
for (let i = 1; i < 4; i++) {
        const box = new THING.Box(1.5, 1.5, 1.5, {
                id: 'box' + i,
                name: '盒子' + i,
                tags: ['myTag', 'myTag' + i],
                position: [i * 4 - 8, 0, 0]
        });
}

//按 id 查询并将对象颜色修改为黄色
new THING.widget.Button('按 id 查询', function ( ) {
        const selector = app.queryById('box1');
        const box1 = selector[0];
        box1.style.color = '#ffff99';
});

//按 name 查询并将对象颜色修改为绿色
new THING.widget.Button('按 name 查询', function ( ) {
        const selector = app.queryByName('盒子 2');
        const box2 = selector[0];
        box2.style.color = '#99ff99';
});

//按 tag 查询并将对象颜色修改为蓝色
new THING.widget.Button('按 tag 查询', function ( ) {
        const selector = app.queryByTags('myTag3');
        const box3 = selector[0];
        box3.style.color = '#80bfff';
});

//按类型查询并重置颜色
new THING.widget.Button('重置', function ( ) {
        const selector = app.queryByType('Box');
        selector.style.color = null;
});
```

在上面的案例代码中,创建了 3 个边长为 1.5m 的立方体,在 x 轴坐标 $[-4,4]$ 的范围内,每间隔 4m 放置一个立方体。立方体 id 分别为 box1、box2、box3;name 分别为盒子 1、盒子 2、盒子 3;这 3 个立方体均添加了 myTag 的标签,另外,还分别添加了 myTag1、myTag2、myTag3 的标签。添加查询按钮,通过 3 种查询方式查询到 3 个立方体,然后更改立方体的颜色。最后,通过查询对象类型 Type(Box 类)来重置所有立方体的颜色。

💡 **注意**：观察 const selector = app.queryById('box1')这行代码,虽然符合 id 为 box1 这个查询条件的对象只有一个,但是实际上得到的查询结果为一个集合,即返回值为 selector 物体选择器,而不是单个物体对象,然后通过索引取值,将 selector 转换为 box 对象。

编写代码完成后,保存为 Query. html 文件。启动 HTTP 服务,在浏览器中的 examples 文件夹下打开 Query. html 文件。分别单击左上角的按钮,运行结果如图 4-13 所示。

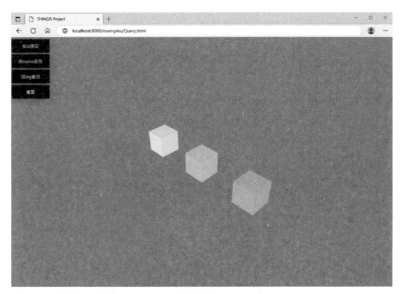

图 4-13 对象查询运行结果

4.2.7 对象销毁

至此,已经学习并掌握了物体对象的创建和基本的控制方法,但如果遇到不需要这个物体对象的情况,则要怎么删除它呢? 这时可以通过 destroy( )方法来销毁创建的物体对象, 代码如下:

```
//销毁对象
obj.destroy()
```

【例 4-9】 创建 App 来进行程序初始化,声明变量 box,值为 null。使用 ThingJS 界面工具 THING. widget. Button 添加创建物体的按钮和销毁物体的按钮。当按下"创建立方体"按钮时,如果 box 等于 null,则创建一条边长为 3m 的正方体;当按下"销毁立方体"按钮时,如果 box 不等于 null,则销毁 box,并将 box 重置为 null,代码如下:

```
//教材源代码/examples/Destroy.html

//初始化程序
const app = new THING.App();

let box = null;

//创建物体的按钮
new THING.widget.Button('创建立方体', function () {
    if (box == null) {
        box = new THING.Box(3, 3, 3);
    }
});

//销毁物体的按钮
new THING.widget.Button('销毁立方体', function () {
    if (box != null) {
        box.destroy();
        box = null;
    }
})
```

这里,在 HTML 文件的< head >标签中通过引用 thing.widget.js 文件来添加界面按钮,代码如下:

```
< script src = "../src/thing.widget.js"></script >
```

编写完代码后,保存为 Destroy.html 文件。

启动 HTTP 服务,打开 examples 文件夹下的 Destroy.html 文件。如果单击"创建立方体"按钮,则创建一个立方体,如图 4-14 所示,如果单击"销毁立方体"按钮,则立方体被销毁。

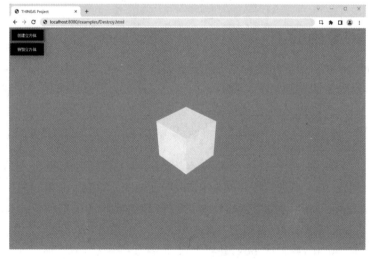

图 4-14　对象销毁的运行结果

4.3 ThingJS 中的摄像机

在前面章节中已经简单地介绍了一些关于摄像机的设置方法,如例 4-3 中设置摄像机位置,例 4-4 中设置最佳视角。本节将继续深入介绍常用的摄像机的其他控制方法。

4.3.1 摄像机介绍

摄像机(Camera)代表了用户视角的对象。当前场景的画面就是以摄像机视角看到的画面,可以理解为手机的摄像头,打开手机的摄像头后,手机屏幕看到的画面就是摄像机看到的场景。

通过修改摄像机的属性,可调整摄像机的位置,以及目标位置等。通过添加摄像机方法,可以控制摄像机飞行、旋转等。

4.3.2 摄像机飞行

【例 4-10】 程序初始化后,创建模型对象,使用 flyTo( )方法,设置摄像机飞行的目的地、朝向和所需的飞行时间,实现摄像机飞向物体的效果,代码如下:

```
//教材源代码/examples/CameraFly.html

//初始化程序
var app = new THING.App( );

//创建一个模型对象,传入 URL
const entity = new THING.Entity( {
    url: '../assets/models/chair.gltf'
});

//设置摄像机位置
app.camera.position = [ -4, 3, 5];

//设置摄像机飞行的目的地、朝向及所需时间
app.camera.flyTo( {
    'position': [2, 2, 2],
    'target': [0, 0.5, 0],
    'time': 1000
});
```

编写完代码后,保存为 CameraFly.html 文件。

启动 HTTP 服务,打开 examples 文件夹下的 CameraFly.html 文件,可以看到飞向办公椅的画面。控制摄像机飞行的运行结果如图 4-15 所示。

图 4-15　控制摄像机飞行的运行结果

4.4　环境设置

本节将介绍三维场景的背景、灯光和后期的环境效果设置,可以让整个场景内容更丰富、更美观。

4.4.1　背景设置

通过 app. background 来给场景加上背景图或者背景颜色,并通过 CubeTexture 立方体图片纹理类创建天空盒图片纹理,给场景添加天空盒背景。

【例 4-11】　程序初始化后,先创建一个立方体,然后创建天空盒,最后设置背景,代码如下:

```
//教材源代码/examples/SkyBackground.html

//初始化程序
const app = new THING.App();

//创建立方体
const box = new THING.Box(2, 2, 2);

//创建天空盒
var imageTexture = new THING.CubeTexture( [
    '../assets/images/BlueSky/posx.jpg',
    '../assets/images/BlueSky/negx.jpg',
```

```
    '../assets/images/BlueSky/posy.jpg',
    '../assets/images/BlueSky/negy.jpg',
    '../assets/images/BlueSky/posz.jpg',
    '../assets/images/BlueSky/negz.jpg'
]);

//设置背景资源贴图资源
app.background = imageTexture;

//设置摄像机位置
app.camera.position = [10, 0, 10];
```

编写完代码后,保存为 SkyBackground.html 文件。在浏览器中的 examples 文件夹下打开 SkyBackground.html 文件。背景设置的运行结果如图 4-16 所示。

图 4-16　背景设置的运行结果

4.4.2　灯光设置

对于灯光,可以调节灯光的整体效果、颜色、强度、角度等,并且可以改变场景的展示效果。在初始化程序时,场景默认存在一个主光源 mainLight 和环境光 ambientLight,主光源有 3 个属性,即强度 intensity、颜色 color 和朝向 target,这 3 个属性的默认值分别为 0.5、'#ffffff'、[0,0,0];环境光强度 intensity 的默认值为 0.5,颜色为[1,1,1]。下面通过一个案例来了解主光源的设置方法。

【例 4-12】 程序初始化后,创建一个天蓝色的球体和一个平面(Plane),添加打开主光源和关闭主光源的按钮,代码如下:

```
//教材源代码/examples/LightsControl.html

//初始化程序
const app = new THING.App();

//创建一个球体
const sphere = new THING.Sphere(5,{
    widthSegments:64,
    heightSegments:64
})
sphere.style.color = 'skyblue';

//创建一个平面
const plane = new THING.Plane(50, 50, {
    position: [0, - 6, 0]
});

//设置摄像机最佳看点
app.camera.fit(plane);

//创建关闭主光源按钮
new THING.widget.Button('关闭主光源', function() {
    app.scene.mainLight.intensity = 0;
});

//创建打开主光源按钮
new THING.widget.Button('打开主光源', function() {
    app.scene.mainLight.intensity = 0.5;
});
```

在上面的代码中,先使用之前学习的知识创建一个天蓝色的球体和一个平面,其中widthSegments 和 heightSegments 为绘制球体的辅助参数,分别表示宽度分段数量和高度分段数量。当然精度越高,得到的球体越精细。这里将这两个参数的值均设置为 64。

其次使用 fit()方法设置一个摄像机的最佳看点,并创建关闭和打开主光源的按钮,通过设置 intensity 的值来控制主光源的强度,就像调节灯光亮度的明暗一样。编写完代码后,保存为 LightsControl.html 文件。

启动 HTTP 服务,打开 examples 文件夹下的 LightsControl.html 文件。单击"关闭主光源"按钮,主光源关闭,效果如图 4-17 所示。

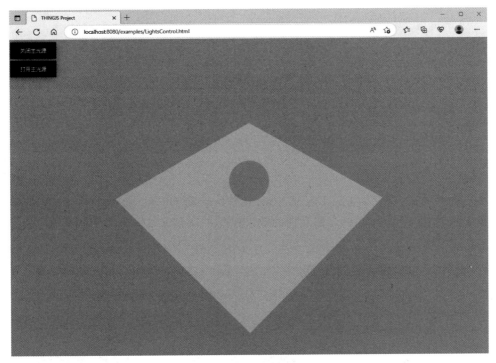

图 4-17　关闭主光源的效果

4.4.3　后期效果

使用摄像机的 postEffect 功能，设置后期效果，如颜色校正、噪点、模糊、红蓝分离等。下面以晕影后期效果为例进行讲解。

【例 4-13】　程序初始化后，创建一个立方体，设置立方体颜色，设置晕影后期效果，代码如下：

```
//初始化程序
const app = new THING.App();

//创建立方体
const box = new THING.Box(5, 5, 5);
box.style.color = '#123456';
app.camera.postEffect.vignetting.enable = true;
app.camera.postEffect.vignetting.offset = 0.5;
```

或通过编写如下代码，实现同样的效果，代码如下：

```
//教材源代码/examples/PostEffect.html

//初始化程序
```

```
const app = new THING.App();

//创建立方体
const box = new THING.Box(5, 5, 5);
box.style.color = '#123456';
app.camera.postEffect.config = {
    vignetting: {
        enable: true,
        offset: 0.5
    }
};
```

编写完代码后,保存为 PostEffect.html 文件。启动 HTTP 服务,打开 examples 文件夹下的 PostEffect.html 文件,晕影后期的效果如图 4-18 所示。

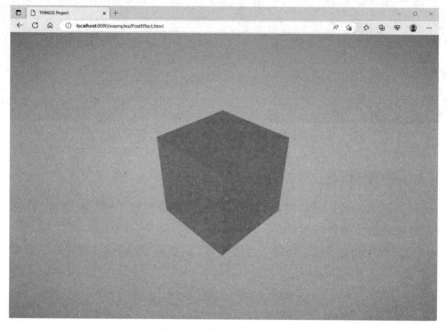

图 4-18　晕影后期的效果

4.5　ThingJS 中的事件

事件是被关注的状态改变后的一种通知方式。ThingJS 提供了注册全局事件 app.on()和注册对象事件 object.on()的方法。下面通过具体的案例进行详细介绍。

4.5.1　全局事件

【例 4-14】　程序初始化后,创建一个平面,设置平面透明度,使用 app.on()注册全局鼠标单击 click 事件,使用 ev. pickedPosition 获取鼠标单击在平面上的点的位置,使用 Sphere 球体类创建小球(ball),使用数学类中的 addVector 方法进行向量相加,将相加后的位置赋值给小球的 position,使用 randomColor 方法随机生成小球的颜色,代码如下:

```
//教材源代码/examples/AppOn.html

//初始化程序
const app = new THING.App();

//初始化拾取平面
const plane = new THING.Plane(100, 100, {style: {opacity: 0.5}});

//添加事件
app.on('click',ev => {
    //获取鼠标按下点在拾取平面上的坐标
    const position = ev.pickedPosition;

    const ball = new THING.Sphere( {
        position: THING.MathUtils.addVector(position,[0,0.5,0]),
        style: {
            color: THING.MathUtils.randomColor(),
        }
    })
});
```

编写完代码后,保存为 AppOn. html 文件。运行后,使用鼠标单击平面上的任意位置,即可创建一个随机颜色的小球,效果如图 4-19 所示。

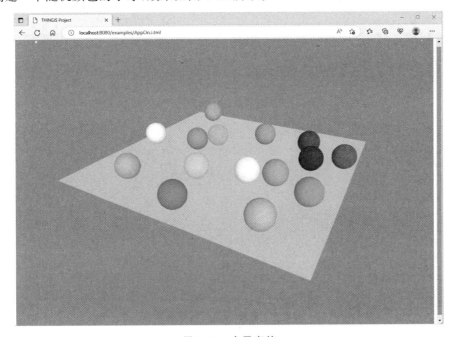

图 4-19　全局事件

4.5.2 对象事件

【例 4-15】 程序初始化后,创建一个立方体,设置立方体样式,通过 box.on( )给立方体注册每帧更新状态 update 事件,使用 rotateY 方法,使立方体沿本地坐标系下的 y 轴进行旋转,每帧旋转 0.5°,代码如下:

```
//教材源代码/examples/ObjectRotate.html

//初始化程序
const app = new THING.App( );

//创建立方体
const box = new THING.Box(5, 5, 5);

//设置立方体样式
box.style = {
    color: '#FEF5AC',
    outlineColor: '#25316D'
};
box.on('update', function( ev ) {
    ev.object.rotateY(0.5);
});
```

编写完代码后,保存为 ObjectRotate.html 文件。可以看到立方体沿 y 轴逆时针旋转。运行结果如图 4-20 所示。

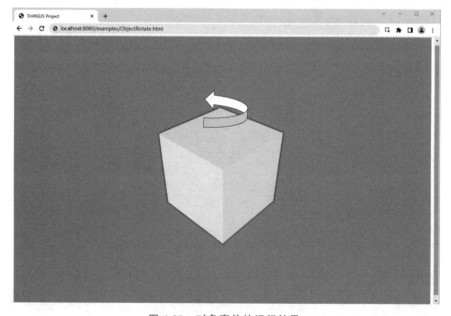

图 4-20 对象事件的运行结果

4.5.3　键盘事件

【例 4-16】　程序初始化后，创建立方体，设置初始角度，添加 KeyPress 键盘事件，按下 Q/W 键，使立方体旋转，代码如下：

```
//教材源代码/examples/KeyCodeEvent.html

//初始化程序
const app = new THING.App();

//创建立方体
const box = new THING.Box(5, 5, 2);

//设置初始角度
let angle = 0;

//添加键盘事件
box.on('KeyPress',function (ev) {
    if (ev.code === 'KeyW') {
        angle -= 10;
        box.angles = [0angle,0];
    } else if (ev.code === 'KeyQ') {
        angle += 10;
        box.angles = [0,angle,0];
    }
});
```

编写完代码后，保存为 KeyCodeEvent.html 文件。

启动 HTTP 服务，打开 examples 文件夹下的 KeyCodeEvent.html 文件。当按下 W 键时，立方体会顺时针旋转；当按下 Q 键时，立方体会逆时针旋转，如图 4-21 所示。

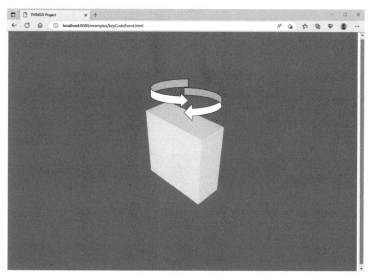

图 4-21　键盘事件

4.5.4 事件管理

前面学习了如何注册全局事件和对象事件,但如果想要注销某个或某类事件,则要如何编写代码呢?下面就通过一个案例来介绍事件标签和事件注销的方法。

【例 4-17】 程序初始化后,创建一个立方体,添加注册事件按钮,给立方体添加事件,让立方体每帧更新绕本地坐标系 y 轴旋转 $0.5°$,事件标签的名称为 rotate,添加注销事件按钮,卸载立方体的标签名称为 rotate 的每帧更新事件,代码如下:

```
//教材源代码/examples/BoxOff.html

//初始化程序
const app = new THING.App();

//创建立方体
const box = new THING.Box(5,5,5);

//添加按钮
new THING.widget.Button('注册事件', function () {
    box.on('update', function( ev) {
    ev.object.rotateY(0.5);
    }, 'rotate')
});
new THING.widget.Button('注销事件', function () {
    box.off('update','rotate');
});
```

编写完代码后,保存为 BoxOff.html 文件。启动 HTTP 服务,打开 examples 文件夹下的 BoxOff.html 文件。当单击"注册事件"按钮时,立方体会逆时针旋转;当单击"注销事件"按钮时,立方体会停止旋转,如图 4-22 所示。

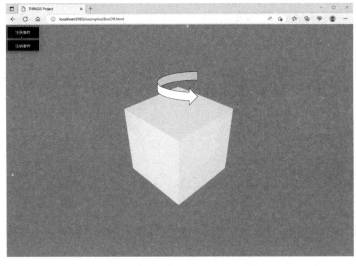

图 4-22　事件管理的运行结果

26min

4.6 建筑监控场景案例

在建筑监控案例中,将通过页面按钮对场景中的建筑和车辆对象的简单交互操作进行介绍,内容包括进入建筑、进入园区、建筑层级的楼层展开和楼层收起、车辆标记的创建和显隐控制、车辆标记的显隐与层级切换之间的交互处理等。

整个案例将分为三维、二三维交互两部分进行介绍。三维部分主要介绍加载园区,并为场景中的对象创建标记;二三维交互部分主要介绍在 index.html 文件里创建页面按钮,通过页面按钮操作三维事件,如进入园区、进入建筑、展开楼层、收起楼层和显示/隐藏车辆标记。

4.6.1 创建项目结构

新建一个项目文件夹,并在项目文件夹内新建下列文件夹来存放对应的资源,如图4-23所示。

(1) campus:存放场景资源文件。

(2) css:存放样式资源。

图 4-23 项目的文件夹结构

(3) images:存放图片资源。

(4) src:存放项目脚本文件。

(5) index.html:项目主页面文件。

在 index.html 文件的< head >标签内引入 thing.js 包、css/index.css、index.js 文件。在< body >标签内创建 id 为 div3d 的 div 标签,用于挂载 App 容器,代码如下:

```
//教材源代码/project - examples/building/index.html

<!DOCTYPE html>
<html lang = "en">
    <head>
        <meta charset = "UTF - 8"/>
        <meta http - equiv = "X - UA - Compatible" content = "IE = edge"/>
        <meta name = "viewport" content = "width = device - width, initial - scale = 1.0" />
        <title>建筑监控</title>
        <link rel = "icon" href = "./images/title.png"/>
        <script src = "./src/thing.umd.min.js"></script>
        <link rel = "stylesheet" href = "./css/index.css"/>
    </head>
    <body>
        <!-- 三维区域 -->
        <div id = "div3d"></div>
    </body>
    <script src = "./src/index.js"></script>
</html>
```

4.6.2 三维场景

1. 加载园区

打开 index.js 文件,在文件顶部创建 App 容器加载 gltf 资源以生成园区,并保存场景里的园区、建筑对象,代码如下:

```
//教材源代码/project-examples/building/src/index.js

//声明全局变量,记录园区及建筑对象
let campus = null;
let building = null;

//1. 加载园区
const app = new THING.App( {
    url: '../campus/ThingJSScene.gltf',
complete: (e) => {
    //2. 保存为全局变量
        campus = e.object;
        building = campus.query('.Building')[0];
    },
});
```

运行 index.html 文件,可以看到园区加载成功,效果如图 4-24 所示。

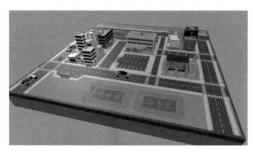

图 4-24　园区加载效果

2. 车辆分布

在本案例所使用的场景中,园区里有一些车辆,所有车辆对象的 tags 属性都设置了 car 属性值。为了更加直观地显示车辆的分布情况,可通过 ThingJS 提供的 app.query 方法收集车辆,以及通过 THING.Marker 方法创建车辆标记。

首先定义一个名为 createMarker 的函数,用于给对象创建标记,代码如下:

```
//教材源代码/project-examples/building/src/index.js

/**
 * @description 给单个物体创建 Marker
 * @param {Object} obj 孪生体对象
```

```
 * @param {String} url 标记用到的图片 URL
 */
function createMarker(obj) {
    //1. 获取标记图片资源
    const markerImg = new THING.ImageTexture('./images/mar_sensor.png');
    //2. 创建 Marker
    new THING.Marker({
        name: 'car_marker',
        parent: obj, //指定 Marker 的父元素
        scale: [12, 12, 12], //缩放值
        localPosition: [0, 3, 0], //相对于父元素的位置
        alwaysOnTop: true, //总是在渲染层顶部
        style: {
            image: markerImg,
        },
        visible: true
    });
}
```

声明一种方法 createMarkerForDevice，通过 app.query('tags:and(car)') 收集车辆，给每个车辆对象创建标记，并在园区加载完毕后调用，代码如下：

```
//教材源代码/project-examples/building/src/index.js

...
const app = new THING.App({
    url: '../campus/ThingJSScene.gltf',
    complete: (e) => {
        ...
        //3. 收集物体，创建标记
        createMarkerForDevice();
    },
});
...


/**
 * @description 收集场景中的物体，创建标记
 */
function createMarkerForDevice() {
    //1. 收集场景中的车辆
    const cars = app.query('tags:and(car)');
    //2. 依次给车辆创建标记
    cars.forEach((device) => createMarker(device));
}
```

刷新页面，可见整个园区中的车辆的顶端都显示了一个蓝色的图标，这时就可以通过图标直观地观察到园区中车辆的分布情况。由于在创建 Marker 时已将 alwaysOnTop 设置为true，因此标记将透过建筑显示在渲染层顶部，效果如图 4-25 所示。

图 4-25　给对象添加标记效果

接下来在二三维交互的部分里,主要实现通过页面按钮来控制车辆标记的显示与隐藏,因此在创建标记的方法 createMarker 里,先做一个小小的改动,即将 visible 设置为 false,代码如下:

```
function createMarker(obj) {
    ...
    //3. 创建 Marker
    return new THING.Marker({
        ...
        visible: false,//初始化时隐藏,通过按钮控制显隐
        complete: (e) => {},
    });
}
```

4.6.3　二三维交互

这里,将创建 5 个页面按钮,分别绑定进入园区、进入建筑、展开楼层、收起楼层、车辆事件。

首先,在 index.html 页面创建页面按钮,分为层级操作与设备操作两部分,代码如下:

```
//教材源代码/project - examples/building/index.html

<!DOCTYPE html >
< html lang = "en">
    ...
    < body >
        <!-- 三维区域 -->
        < div id = "div3d"></div >
        <!-- 层级操作按钮 -->
        < div class = "build - control">
            < h5 class = "name">层级操作</h5 >
            < span onclick = "enterCampus()">进入园区</span >
            < span onclick = "enterBuilding()">进入建筑</span >
            < span onclick = "expand()">展开楼层</span >
            < span onclick = "unexpand()">收起楼层</span >
```

```
        </div>
        <!-- 设备操作按钮 -->
        <div class = "device-control">
            <h5>设备操作</h5>
            <span onclick = "toggleMarker(this)">车辆</span>
        </div>
    </body>
    ...
</html>
```

css/index.css 文件中的样式代码详见电子课件。添加页面按钮的运行效果如图4-26所示。

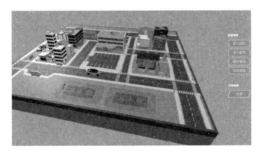

图 4-26 添加页面按钮的运行效果

1. 进入园区

"进入园区"按钮绑定了单击事件 enterCampus。在 index.js 文件中声明该事件,调用层级切换方法 app.levelManager.change,执行进入园区操作,代码如下:

```
//@description 进入园区按钮单击事件
function enterCampus() {
    //将层级切换到园区对象
    app.levelManager.change(campus);
}
```

2. 进入建筑

"进入建筑"按钮绑定了单击事件 enterBuilding。调用 app.levelManager.change 方法进入建筑对象,代码如下:

```
//@description 进入建筑按钮单击事件
function enterBuilding() {
//将层级切换到建筑对象
app.levelManager.change(campus);
}
```

3. 楼层展开

在 ThingJS 中,可以在建筑层级使用建筑对象的 expandFloors 方法展开楼层。"楼层展开"按钮绑定了单击事件 expand,考虑到在单击"楼层展开"按钮时所处的层级不一定是建筑层级,因此还要将层级切换到建筑,最后进行楼层展开操作,代码如下:

```
//教材源代码/project-examples/building/src/index.js

/**
 * @description 展开楼层按钮单击事件
 */
function expand() {
    //1. 如果当前层级不是建筑,则切换层级
    const curlevel = app.levelManager.current;
    if ( curlevel.uuid !== building.uuid){
        app.levelManager.change(building);
    }
    //2. 楼层展开
    building.expandFloors({
        time: 1000,
        distance: 20,
    });
}
```

楼层展开的实现效果如图 4-27 所示。

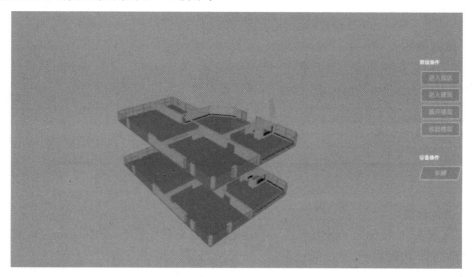

图 4-27 楼层展开的实现效果

4. 楼层收起

在 ThingJS 中,对建筑的楼层执行收起操作,调用的是建筑对象上的 unexpandFloors 方法。"收起楼层"按钮绑定了 unexpand 事件,代码如下:

```
/**
 * @description 收起楼层按钮单击事件
```

```
*/
function unexpand() {
    building.unexpandFloors();
}
```

刷新页面,单击"展开楼层"按钮,楼层便会呈手风琴状展开;单击"楼层收起"按钮,楼层便会收起,建筑恢复原状。

5. 车辆

页面按钮"车辆"表示通过控制标记的方式,用于对园区中车辆的分布情况进行显示或者隐藏。按钮绑定了名为 toggleMarker 的单击事件,并且传入了当前单击的 DOM 元素对象。

当单击"车辆"按钮时,需要处理的逻辑如下。

(1)更新按钮状态:表示显示标记或者取消显示标记。

(2)存储车辆标记的显示状态:当场景中发生层级切换时,保证车辆标记能够跟随切换正确地进行显示。

(3)获取车辆:根据按钮状态显示或者隐藏标记。

首先声明方法 toggleButtonDomActive,切换指定的 DOM 元素的样式,并在单击事件 toggleMarker 里调用。当按钮为活跃状态时,表示显示车辆标记。

接下来在 index.js 文件的顶部声明全局变量 carMarVisible,用于记录该按钮的活跃状态,即车辆标记的显示状态,代码如下:

```
//教材源代码/project-examples/building/src/index.js

//声明全局变量,记录车辆标记的显示状态
let carMarVisible = false;

toggleButtonDomActive(dom) {
const isActive = dom.classList.contains('active');
isActive ? dom.classList.remove('active'):dom.classList.add('active');
}
...
/**
 * @description 车辆按钮单击事件,用于控制车辆标记的显隐
 * @param {HTMLElement} dom 当前单击的 DOM 节点
 * @param {String} deviceType
 */
function toggleMarker(dom) {
    //1. 更新按钮单击状态
    toggleButtonDomActive(dom);
    //2. 获取按钮单击状态,存储车辆标记的显示状态
    carMarVisible = dom.classList.contains('active');
}
```

最后声明函数 showMarker,用于控制每个车辆标记的显示/隐藏状态。这里需要考虑到前面讲解的进入建筑、楼层展开对显示车辆标记的影响。如果在单击"车辆"按钮之前执行了楼层展开操作,则需要先收起楼层,再将层级切换到车辆所在的园区层级,代码如下:

```
//教材源代码/project - examples/building/src/index.js

/**
 * @description 控制物体标记显隐
 * @param {Object} obj 单个孪生体对象
 * @param {Boolean} bol 显示或者隐藏标记
 */
function showMarker(obj,bol) {
    //1. 获取物体标记
    const marker = obj.query('.Marker')[0];
    if ( !marker) return;
    //2. 如果楼层处于展开状态,则先收起
    unexpand();
    //3. 判断当前层级,如果不是在标记所在的园区层级,就先切换到园区层级
    const curlevel = app.levelManager.current;
    if (curlevel.type !== '.Campus') {
        app.levelManager.change(campus);
    }
    //4. 设置标记的显隐
    marker.visible = bol;
}
```

在页面按钮"车辆"的单击事件 toggleMarker 里收集车辆,调用 showMarker 方法,代码如下:

```
//教材源代码/project - examples/building/src/index.js

function toggleMarker( dom) {
    //1. 更新按钮单击状态
    toggleButtonDomActive(dom);
    //2. 获取按钮单击状态,用于存储车辆标记的显示状态
    carMarVisible = dom.classList.contains('active');
    //3. 控制车辆标记的显示状态
    const cars = app.query('tags:and(car)');
    cars.forEach((item) => showMarker(item,carMarVisible));
}
```

刷新页面,当单击"车辆"按钮时,按钮呈现活跃状态,同时园区中的车辆显示对应的标记,当再次单击"车辆"按钮时,活跃状态取消,标记消失,车辆活跃状态的效果如图 4-28 所示。

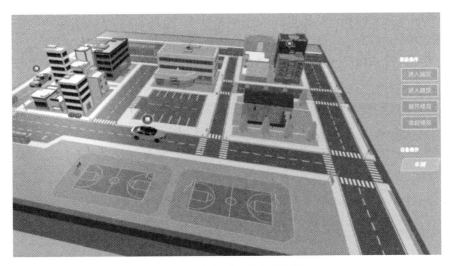

图 4-28　车辆活跃状态效果图

6. 进一步优化

交叉操作以上 5 个按钮会发现两个问题：

（1）先单击"展开楼层"按钮，再单击"进入园区"按钮或者双击右键，那么层级将回到园区，但是建筑楼层仍然呈现展开状态，效果如图 4-29 所示。

图 4-29　楼层展开问题

（2）当单击了"车辆"按钮显示标记之后，进入建筑，再次单击"车辆"按钮取消标记，层级回到了园区，但是按钮状态与标记状态却不一致了，效果如图 4-30 所示。

图 4-30　按钮状态和标记状态不一致

接下来对这两个问题进行修正。

1) 进入园区

第 1 步,在"进入园区"的操作按钮事件里,先收起楼层,再进行层级切换,代码如下:

```
function enterCampus() {
    //1. 先收起建筑楼层
    unexpand();
    //2. 再将层级切换到园区对象
    app.levelManager.change(campus);
}
```

第 2 步,注册右键双击事件,调用楼层收起事件,并在园区加载完毕后调用,代码如下:

```
//教材源代码/project-examples/building/src/index.js

const app = new THING.App({
    url: '../campus/ThingJSUINOScene.gltf',
    complete: (e) => {
        ...
        //4. 注册右键双击事件
        dblclick();
    },
});

/**
 * @description 右键双击事件注册
 */
function dblclick() {
    app.on(THING.EventType.DBLClick, (e) => {
        const {button} = e;
        if (button === 2) {
            unexpand();
        }
    });
}
```

此时在场景中,只要将层级切换到园区,建筑都将处于楼层收起状态。

2) 显隐标记

在本案例中,标记的显示与两个因素有关:一是按钮的状态;二是当前所处的层级。当不在园区层级时隐藏标记,当将层级切换到园区时,标记的显示应该与按钮状态一致。

声明一个函数 setMarkerVisible,用于控制层级切换对标记显隐的影响。本案例只关心园区层级的操作,因此通过 app.on 对 Campus 对象进行注册。

THING.EventType.BeforeEnterLevel 事件表示在进入园区层级之后需要执行哪些操作。在事件的回调函数里,获取所有的车辆对象,将车辆标记的可见性与按钮状态保持一致。最后在场景加载完毕后调用 setMarkerVisible 方法,代码如下:

```
//教材源代码/project - examples/building/src/index.js

const app = new THING.App({
    url: '../campus/ThingJSUINOScene.gltf',
    complete: (e) => {
        ...
        //5. 设置进入园区时车辆标记与按钮状态保持一致
        setMarkerVisible();
    },
});
/**
* @description 车辆随着层级切换时的标记显隐状态
*/
function setMarkerVisible() {
    app.on(
        THING.EventType.BeforeEnterLevel,
        '.Campus',
        (e) => {
            setTimeout(() => {
                const cars = app.query('tags:and(car)');
                cars.forEach(
                    (v) => ( v.query('.Marker')[0].visible = carMarVisible)
                );
            },0);
        },
        'changeLevelToCampus'
    );
}
```

此时，如果单击页面上的“车辆”按钮，则显示标记，进入建筑，当再单击“车辆”按钮时隐藏标记。可以观察到层级从建筑回到了园区，标记可见性与按钮状态保持一致。

本案例对园区及建筑进行了进入层级、展开/收起楼层的操作；创建了车辆标记，演示了在层级切换过程中如何处理标记的可见性。涉及的 ThingJS 内容包括层级切换方法、楼层展开/楼层收起、层级切换的事件注册、物体获取、Marker 类型的标记创建，以及 ThingJS 场景案例中的常用交互处理。

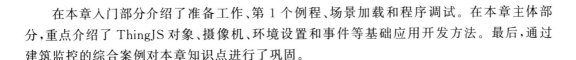

本章小结

在本章入门部分介绍了准备工作、第 1 个例程、场景加载和程序调试。在本章主体部分，重点介绍了 ThingJS 对象、摄像机、环境设置和事件等基础应用开发方法。最后，通过建筑监控的综合案例对本章知识点进行了巩固。

本章习题

编程题

(1) 完成本章的基本代码编写和细节优化工作。

(2) 在场景中加载一个叉车模型并让这个模型移动到指定地点。

(3) 加载一个场景,对背景、灯光、摄像机进行设置,尝试获取和控制场景中的物体对象。

ThingJS进阶

本章将重点介绍 ThingJS 数字孪生应用开发的进阶部分,包括组件、插件、预制件的开发方法,以及场景层级控制、数据对接和界面展示。

5.1 组件

5.1.1 组件的定义

组件(Component)是一种对象功能的扩展方式。组件是对象的组成部分,提供物体的生命周期方法,对象和组件的关系如图 5-1 所示。

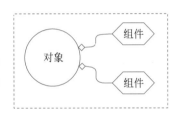

图 5-1 对象和组件的关系

5.1.2 组件的作用和生命周期

使用组件开发,可以大大地减少代码中的重复部分,提高代码的质量和效率。简单地讲,组件的生命周期是指从组件创建到组件销毁的过程,组件生命周期如图 5-2 所示。

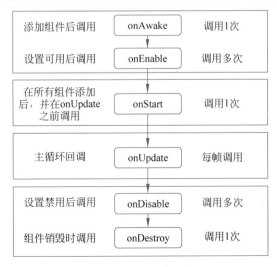

添加组件后调用	onAwake	调用1次
设置可用后调用	onEnable	调用多次
在所有组件添加后,并在onUpdate之前调用	onStart	调用1次
主循环回调	onUpdate	每帧调用
设置禁用后调用	onDisable	调用多次
组件销毁时调用	onDestroy	调用1次

图 5-2 组件生命周期

5.1.3　组件开发

下面通过一个具体案例来介绍如何编写代码,以便实现一个简单的自定义组件。

【例 5-1】　创建一个可以让对象旋转的自定义组件,先将组件添加到立方体上,再通过添加按钮来实现禁用、启用、卸载该组件的功能,代码如下:

```
//教材源代码/examples/component/ComponentRotator.html

//创建自定义组件 MyRotator
class MyRotator extends THING.Component {
    onAwake(params) {
        //获取旋转的速度
        this.speed = params.speed
    }

    onUpdate(deltaTime) {
        //让对象旋转
        this.object.rotateY(this.speed * deltaTime)
    }
}

//初始化程序
const app = new THING.App();

//创建立方体
const box = new THING.Box(3, 3, 3);

//给立方体添加组件
box.addComponent(MyRotator, 'rotator', {speed: 10 })

//添加禁用组件按钮
new THING.widget.Button('禁用组件', function () {
    box.rotator.enable = false
});
//添加启用组件按钮
new THING.widget.Button('启用组件', function () {
    if( !box.rotator){
        console.log('The Rotator Component has been removed.')
        return
    }
    box.rotator.enable = true
});
//添加卸载组件按钮
new THING.widget.Button('卸载组件', function () {
    box.removeComponent('rotator')
});
```

💡注意：deltaTime 是当前帧距上一帧之间的时间，可用于设置动画播放在时间上的准确性。

编写完代码后，保存为 ComponentRotator.html 文件。启动 HTTP 服务，预览运行效果，如图 5-3 所示。可以看到立方体可以逆时针旋转，当单击禁用组件按钮时，立方体停止旋转；当单击启用组件按钮时，立方体恢复旋转；当单击卸载组件按钮时，立方体停止旋转。卸载组件后，单击启用组件无效。

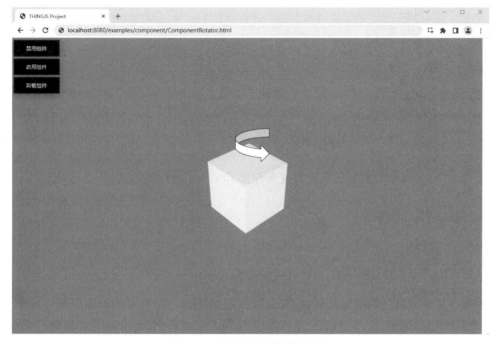

图 5-3　自定义组件的运行效果

在上面的例子中，当使用 addComponent 给立方体添加了自定义组件时，需要传入参数，这里传入的参数分别为自定义组件类名 MyRotator、自定义组件的名字 rotator、自定义组件的参数（旋转速度 speed）等，代码如下：

```
obj.addComponent(MyRotator,'rotator',{speed: 10 });
```

如果需要给查询到的所有对象添加组件，则可以通过下面的方法实现，代码如下：

```
var objs = app.query( * );
objs.addComponent(MyRotator,{speed: 10 });
```

另外，还可以导出自定义的组件的常用属性或方法，并将其直接作用在对象上，代码如下：

```
class MyRotator extends THING.Component {
    //需要导出的属性
    static exportProperties = [
        'speed'
    ]
    //需要导出的方法
    static exportFunctions = [
        'setSpeed'
    ]

    speed = 10;
    setSpeed(value) {
        this.speed = value;
    }
}

const box = new THING.Box();
box.addComponent(MyRotator);
box.speed = 50;                //直接访问成员
box.setSpeed(100);             //直接调用方法
```

通过这个例子,让大家对组件的开发和使用有了一定的认识。

 ## ▞▚ 5.2　预制件　◆

5.2.1　预制件介绍

预制件是一个预先制定好的资源,是具有一定属性、行为、效果的对象模板。预制件被用于创建大量重复的对象,例如在一个场景中有多个叉车对象,每个叉车对象都有移动、搬运、装载等行为,那么就可以制作一个叉车预制件以供重复使用。如果只创建一个对象,也可以使用预制件。

5.2.2　预制件开发

在 4.1.3 节中,介绍了用 Blender 导出场景文件(.gltf 格式的文件),在预制件开发中,同样需要用到场景文件。首先打开 Blender,在场景中添加一个立方体,然后给立方体添加自定义属性。

先添加一个 type 属性,属性类型选择字符串型,属性值为 Box。再添加一个 components 属性,属性类型选择 Python,属性值为[{"type"："PrefabRotator","name"："rotator"}],此时立方体就具有了 Box 类型和 PrefabRotator 预制件属性,如图 5-4 所示。

接着选择场景,新建一个自定义属性 type,属性类型选择字符串型,属性值为 prefab,添加预制件属性的过程如图 5-5 所示。

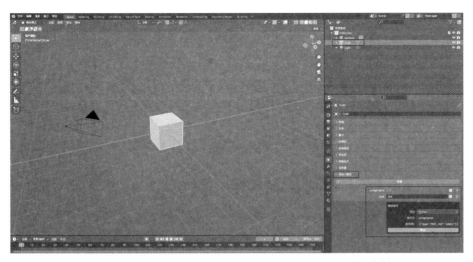

图 5-4　给立方体添加属性

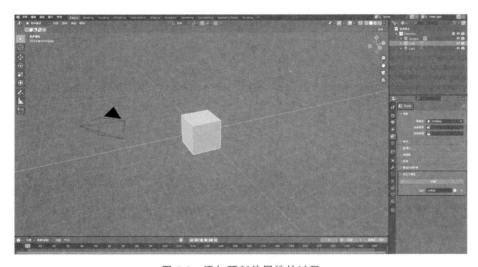

图 5-5　添加预制件属性的过程

按前面介绍的方法导出.gltf文件,导出时记得要勾选自定义属性,将导出的文件命名为 prefab.gltf,然后打开 prefab.gltf 文件,加入 extensionsUsed 和 extensions 两个配置项,代码如下:

```
"extensionsUsed": [
    "TJS_component"
],
"extensions": {
    "TJS_component": {
        "files": [
            "./PrefabRotator.js"
```

```
            ]
        }
    },
```

extensionsUsed 是指额外的拓展引用,类型为数组,这里只需填写 TJS_component,此名称不可更改。extensions 是指具体的拓展文件配置,类型为对象。这里填写和上面一致的 TJS_component 即可,然后添加 files,类型为数组,将所需拓展的文件路径填写在此。那么这里使用的 PrefabRotator.js 文件应该如何编写呢? 下面通过一个案例来介绍如何编写 PrefabRotator.js。

【例 5-2】 编写一个让对象旋转的预制件.js 文件,代码如下:

```javascript
//教材源代码/examples/prefab/PrefabRotator.js

class PrefabRotator extends THING.Component {
    constructor() {
        super()

        //定义 props 属性
        this.props = {
            speed: {
                type: 'number',
                value: 10
            }
        }
    }

    //添加一个 setter 来设置这个值
    set speed(value) {
        this.props.speed.value = value
    }
    //添加一个 getter 来获取这个值
    get speed(){
        return this.props.speed.value;
    }

    onUpdate(deltaTime) {
        this.object.rotateY(this.props.speed.value * deltaTime)
    }

    //除了可以用 setter 设置组件中的值外,还可以使用一个函数来修改值,从而修改对象的行为
    rotateSpeed(speed) {
        this.props.speed.value = speed
    }
}

//将组件注册到 ThingJS
THING.Utils.registerClass( 'PrefabRotator', PrefabRotator);
```

编写完代码后,保存为 PrefabRotator.js 文件,预制件就完成了。

【例 5-3】　预制件完成后应如何加载预制件呢? 下面通过编写 HTML 文件来加载预制件,新建一个 PrefabRotator.html 文件,在＜script＞标签中编写加载预制件的代码,代码如下:

```
//教材源代码/examples/prefab/PrefabRotator.html

//初始化程序
const app = new THING.App();

//加载预制件
const prefab = new THING.Entity({url:'./prefab.gltf'});

//加载完成时,获取类型为 Box 的对象,在控制台打印旋转速度
prefab.waitForComplete().then(() => {
    const box = prefab.query(".Box")[0];
    console.log(box.rotator.speed);
})
```

保存 PrefabRotator.html 文件,启动 HTTP 服务,预览预制件的运行效果,如图 5-6 所示。

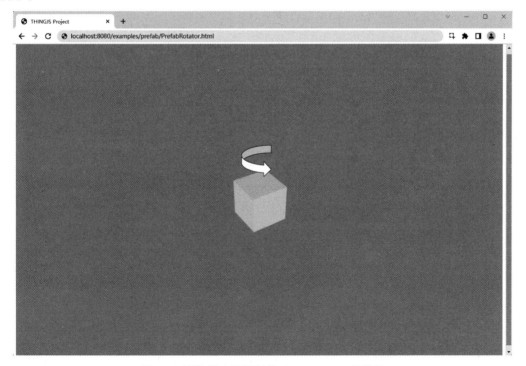

图 5-6　预览创建的预制件 PrefabRotator 的效果

6min

5.3 插件

5.3.1 插件介绍

插件是一种系统功能的扩展方式,可以在插件中开发自定义脚本、使用组件、引用模型、图片等资源,对一个综合的业务功能进行封装和复用。插件有生命周期,插件的生命周期如图 5-7 所示。需要重点关注以下生命周期方法。

(1) onInstall():插件安装时执行的函数,一些参数的命名和注册与赋值都应该在此周期内执行。

(2) onUpdate():插件更新时执行的函数,这时可以修改一些参数,例如对象的大小和颜色等。

(3) onUninstall():插件卸载时执行的函数,可以用来清理一些不再使用的数据,以便保证程序高效运作。

图 5-7 插件的生命周期

5.3.2 插件开发

【例 5-4】 编写一个让立方体旋转的插件,代码如下:

```
//教材源代码/examples/plugin/PluginRotator.html

class MyRotator extends THING.BasePlugin{
    constructor() {
        super()
        this.box = null
    }

    //自定义函数,用来让对象旋转
    rotate(speed) {
        this.box.rotateTo([0,360,0],{
            loopType: THING.LoopType.Repeat,
            time: speed * 1000
        })
    }

    //插件的生命周期函数,在插件安装时被调用
    onInstall() {
        this.box = new THING.Box(2, 2, 2)
    }

    //插件的生命周期函数,在插件卸载时被调用
    onUninstall() {
        this.box.destroy()
    }
}
//注册 ThingJS App
const app = new THING.App();

app.install(new MyRotator(),'MyRotator')

//获取插件并调用插件的自定义函数
const plugin = app.plugins['MyRotator']
plugin.rotate( 10)
```

编写完代码后,保存为 PluginRotator.html 文件。启动 HTTP 服务,预览插件的运行效果,如图 5-8 所示。

当不需要插件时,可以通过 uninstall 卸载插件,代码如下:

```
//卸载插件
app.uninstall('MyRotator')
```

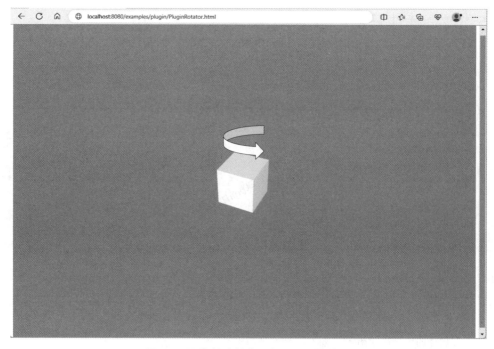

图 5-8   预览创建插件 MyRotator 的效果

5.4   场景和层级

5.4.1   场景的概念和加载的意义

场景(Scene)是具有一定关系的对象组成的集合,一般指三维场景,场景空间承载的对象既可以是室外的山体地形、建筑、道路、各种植被、景观,室内的楼层、房间、设备等,又可以是一些对象组成的一个园区场景,通常通过三维建模软件实现,例如 Blender、3ds Max、Maya 等软件工具。

加载场景是对场景文件中的数据按照空间结构进行对象化处理的过程。在开发过程中,加载场景后,就可以相应地去获取和控制场景中的对象了。

5.4.2   层级和层级切换

场景层级(Scene Level),简称层级,指系统当前正在关注的对象,也被称为这个场景所处的层级,例如楼层层级是指视角处在建筑的某个楼层内,此时,建筑的其他楼层及其他建筑都被隐藏或虚化,只关注当前楼层内的对象。下面通过一个案例来介绍如何实现层级的切换。

【例 5-5】   编写代码实现层级的切换。初始化程序并加载场景,通过 app.on 注册全局加载事件 THING. EventType. Load，添加按钮，使用 queryByTag 查询到建筑，并且通过 app. levelManager. change 切换到建筑内部；添加按钮，通过 app. levelManager. back 退出建筑，代码如下：

```
//教材源代码/examples/SceneLevel.html

//初始化程序并加载场景
const app = new THING.App({
    url: '../assets/scenes/scene1/scene1.gltf',
})
app.on( THING.EventType.Load, (ev) => {
    new THING.widget.Button('进入建筑',() => {
        const building = app.queryByTags('Building')[0];
        app.levelManager.change( building);
    });
    new THING.widget.Button('退出建筑',() => {
        app.levelManager.back();
    });
})
```

保存 SceneLevel. html 文件，启动 HTTP 服务后预览运行效果，当单击"进入建筑"按钮时，摄像头拉近，展示建筑内部楼层，如图 5-9 所示。当单击"退出建筑"按钮时，回到初始视角。

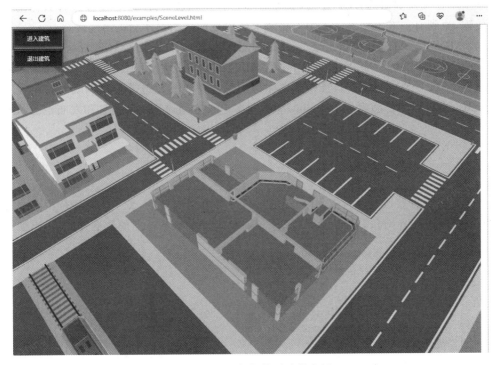

图 5-9 将层级切换到建筑内部

5.5 数据对接

本节主要介绍与第三方物联网系统进行通信(数据传输)的 4 种常用对接方式及其数据交换原理,它们分别为 AJAX、JSONP、WebSocket 和 MQTT。

5.5.1 数据对接介绍

(1) AJAX(Asynchronous JavaScript and XML):是一种异步的 JavaScript 与 XML 技术,使用 AJAX 技术网页应用能够快速地将增量更新呈现在用户界面上,而不需要重载整个页面,但是 AJAX 会受到同源策略限制,需要注意跨域问题。数据交换流程为浏览器使用 JavaScript 借助 XMLHttpRequest 对象以非阻塞的方式向服务器发送 HTTP 请求;在得到服务器返回的数据后对页面部分区域进行刷新。

(2) JSONP(JSON with Padding):是 JSON 的一种使用模式,可以让网页从别的域名(网站)获取资料,即跨域读取数据。JSONP 的基本原理就是利用< script >标签没有跨域限制的特点,创建一个包含回调函数的< script >标签,通过< script >标签向服务器请求数据;服务器收到请求后,将数据放在指定回调函数的参数中返回浏览器。

(3) WebSocket:是 HTML5 提供的一种在单个 TCP 连接上进行全双工通信的协议(双向通信协议),同时 WebSocket 允许跨域,其本质是先通过 HTTP/HTTPS 进行握手后创建一个用于交换数据的 TCP 连接,服务器端与客户端通过此 TCP 连接进行数据的双向实时传输,直到有一方主动发送关闭连接请求或出现网络错误才会关闭连接。

(4) MQTT(Message Queuing Telemetry Transport):是一个轻量级协议,该协议构建于 TCP/IP 上,提供有序、无损、双向连接,MQTT 允许跨域。MQTT 协议采用的是典型的发布者/订阅者模式,MQTT 服务器也称为消息代理(Broker)。客户端既可以为发布者(Publish),也可以为订阅者(Subscribe)。不同客户端之间通过订阅消息和发布消息进行数据交互。

5.5.2 数据对接接口

1. AJAX

AJAX 的数据获取是通过 XMLHttpRequest 对象来实现的,XMLHttpRequest 是浏览器提供的 JavaScript 对象,浏览器可以基于该对象请求到服务器上的数据资源,代码如下:

```
var xhr = new XMLHttpRequest()
xhr.open('GET','https://3dmmd.cn/getMonitorDataById?id=1605')
xhr.send(null)
xhr.onreadystatechange = function () {
    if ( xhr.readyState === 4 && xhr.status === 200) {
        console.log( xhr.responseText)
    }
}
```

（1）open(type,url,async)：初始化请求接口，该接口用于初始化请求所需的信息，不会真正发送该请求。第1个参数为请求的类型，可以为 GET、POST 等；第2个参数为请求的URL，如果需要参数，则可以直接增加到 URL 后面；第3个参数为是否需要发送异步请求，默认值为 true。

（2）send(data)：发送请求接口，该接口用于执行真正的发送请求指令。参数 data 表示发送的请求主体数据，如果不需要主体数据，则可填写 null。

（3）onreadystatechange：readystate 变更事件，当 readystate 变化时会触发该事件的回调。

（4）readystate：readystate 属性表明当前请求的处理状态，请求状态有 UNSENT：XMLHttpRequest 对象已经被创建，但是尚未调用 open 方法；OPENED：open 方法已经被调用；HEADERS_RECEIVED：send 方法已经被调用；LOADING：数据接收中；DONE：请求结束。

（5）status：status 属性可以理解为请求在某个处理状态下的状态；status 的种类比较多，其中 200 表示此次请求成功。

在开发环境中通常会引入 jQuery 库，jQuery 库封装了很多前端的实用接口，因此可以直接使用 JQuery 封装的 AJAX 方法进行数据对接，对接的封装格式的代码如下：

```
$.ajax( {
    type: "get",
    url: "https://3dmmd.cn/getMonitorDataById",
    data: {"id":1605 },
    dataType: "json",
    success: function (d) {
        console.log(d.data)
    }
});
```

其中，type 属性是 HTTP 请求的方法，通常使用 GET 方法请求，url 是数据来源的 URL，data 是请求所需的参数；dataType 是返回的数据类型，success 则是数据返回后的回调函数。

2. JSONP

JSONP 是通过< script >标签及其 src 属性上带有的回调函数的 URL 来实现的，服务器在接收到请求后，将数据放到回调函数 callback 的参数中返回浏览器，返回格式的代码如下：

```
function callback(result)
{
    console.log(result);
}
< script type = "text/javascript"
src = "http://www.yiwuku.com/myService.aspx?jsonp = callback">
</script >
```

JQuery 的 AJAX 请求对 JSONP 也进行了封装,因此可以直接使用相关方法请求 JSONP 数据,请求格式的代码如下:

```
$.ajax({
    type: "get",
    url: "https://3dmmd.cn/monitoringData",
    data: {"id": 1605 },
    dataType: "jsonp",
    jsonpCallback: "callback",
    success: function (d) {
        console.log(d.data)
    }
});
```

dataType:返回的数据类型,注意这里必须设置为 JSONP 方式;jsonpCallback:返回数据中的回调函数名,其他参数同 AJAX 数据对接方式。

3. WebSocket

由于并非所有浏览器都支持 WebSocket,所以在使用 WebSocket 之前,需要通过 window.WebSocket 来判断当前浏览器的支持情况。当 window.WebSocket == true 时,可使用如下接口,进行数据对接。

1) WebSocket(url,[protocol])

WebSocket 的构造函数,用于创建一个 WebSocket 实例。第 1 个参数 url 用于指定连接的 URL。第 2 个参数 protocol 是可选的,用于指定可接受的子协议。

2) send(msg)

WebSocket 发送消息的接口,该接口用于主动关闭连接。该接口只有一个参数,该参数为一个 String、ArrayBuffer 或者 Blob 类型的数据,用于表示发送的信息,该信息会被发送到服务器端。

3) close(code)

WebSocket 的关闭连接接口,参数为一个可选的关闭状态号,常见的关闭状态号如下。

(1) 1000:表示正常关闭(默认值)。

(2) 1001:表示离开,例如服务器出现故障,浏览器离开了打开连接的页面。

(3) 1002:表示协议错误。

(4) 1003:表示由于接收到不允许的数据类型而断开连接。

4) onXXX 事件

WebSocket 的监听事件接口,可以设置为一个回调函数来处理相关业务逻辑;具体支持为 onopen、onmessage、onerror、onclose 等,分别对应连接打开、收到消息、建立与连接过程中发生错误和连接关闭事件。

4. MQTT

目前支持 MQTT 协议的 JS 有很多,比较推荐的是 mqtt.js,其功能完善,并且支持的平台较多。mqtt.js 的相关 API 如下。

（1）mqtt.connect([url],options)：MQTT 连接接口，连接到指定的 MQTT Broker，并返回一个 Client 对象。第 1 个参数用于传入一个 URL 值，该 URL 指向 Broker 代理。第 2 个参数为一个连接的可选配置信息，具体支持的参数有 keepalive、clientId、connectTimeout 等。

（2）Client.publish(topic,message,[options],[callback])：Client 对象发布消息接口，用于 Client 对象向某个 topic 发布消息。第 1 个参数为发送的 topic；第 2 个参数为发送的消息；第 3 个参数为发布消息的可选配置信息，具体支持 Qos、Remain 等；第 4 个参数为发布消息后的回调函数，当发布成功时函数无参数，当发布失败时回调函数有 error 参数。

（3）Client.subscribe(topic/topic array/topic object,[options],[callback])：Client 对象订阅消息接口，用于 Client 对象向某个或者某些 topic 订阅消息。第 1 个参数为订阅的 topic 或 topic 数组；第 2 个参数为订阅消息的可选配置信息；第 3 个参数为订阅消息后的回调函数，当订阅成功时函数无参数，当订阅失败时回调函数有 error 参数。

（4）Client.unsubscribe(topic/topic array,[options],[callback])：Client 对象取消订阅消息接口，用于 Client 对象取消某个或者某些 topic 的订阅消息。第 1 个参数为取消订阅的 topic 或 topic 数组；第 2 个参数为取消订阅的可选配置信息；第 3 个参数为取消订阅消息后的回调函数，当取消成功时函数无参数，当取消失败时回调函数有 error 参数。

（5）Client.end([force],[options],[callback])：Client 对象关闭接口，用于关闭当前客户端。第 1 个参数为是否立即关闭客户端，true 表示立即关闭，false 表示需要等待断开链接的消息被接收后关闭客户端；第 2 个参数为关闭客户端时的可选配置信息，具体支持 ReasonCode 等；第 3 个参数为关闭客户端时的回调函数。

（6）Client.on(key,callback)：Client 对象的监听事件接口，用于监听一个或多个常用的事件。第 1 个参数为字符串类型的事件类型，具体支持 connect、disconnect、reconnect、message、error、end 等。

5.5.3　数据对接案例

【例 5-6】　使用 WebSocket 进行数据对接，实现当按下开启按钮时，每隔 5s 读取信息，并在控制台打印消息；当按下"关闭"按钮时，返回"WebSocket 关闭"，实现代码如下：

```
//教材源代码/examples/DataWebSocket.html

let webSocket = null;
let startReading = function () {
    if (!webSocket) {
        webSocket = new WebSocket('wss://3dmmd.cn/wss');
        webSocket.onopen = function () {
            console.log("WebSocket 服务器连接成功");
        };
        webSocket.onmessage = function(evt) {
```

```
                    var data = evt.data;
                    console.log(data);
                };
                webSocket.onclose = function (evt) {
                    console.log("WebSocket 关闭");
                    webSocket = null;
                };
        }
    }
    //关闭连接
    let stopReading = function () {
        if(webSocket) {
            webSocket.close();
            webSocket = null;
        }
    }


    //初始化程序
    const app = new THING.App();
    //创建立方体
    const box = new THING.Box(5, 5, 5);

    new THING.widget.Button('开启读取', function () {
        startReading();
    });

    new THING.widget.Button('关闭读取', function () {
        stopReading();
    });
```

在给出的 WebSocket 对接案例中,提供了两个按钮,分别是"开启读取"按钮和"关闭读取"按钮。

当单击"开启读取"按钮时会触发执行 updateData 函数,该函数会判断 webSocket 是否存在,若不存在,则客户端通过构造 WebSocket 对象打开一个 URL 为 wss://3dmmd.cn/wss 的链接,同时定义 webSocket 对象的 onopen、onmessage 和 onclose 事件响应函数。

当连接建立时,webSocket 对象会触发 Open 事件,调用 onopen 函数,在浏览器的控制台打印"WebSocket 服务器连接成功"连接消息。该连接设定每隔 5s 向客户端推送一次数据,因此连接建立之后,webSocket 对象会每隔 5s 触发一次 Message 事件,同时每隔 5s 调用一次 onmessage 函数,在浏览器的控制台每隔 5s 打印一次 data 内容。

当单击"关闭读取"按钮时会触发执行 stopUpdate 函数,webSocket 对象调用 close 函数关闭链接并置空。当链接关闭时,webSocket 对象触发 Close 事件,调用 onclose 函数,在浏览器的控制台打印"WebSocket 关闭"消息。

启动 HTTP 服务后预览运行效果,按 F12 键调出开发者工具,选择控制台,当按下"开启读取"按钮时,控制台打印消息,每隔 5s 读取信息;当按下"关闭读取"按钮时,返回

"WebSocket 关闭",如图 5-10 所示。

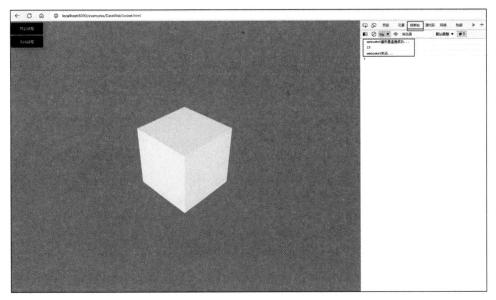

图 5-10　WebSocket 数据对接

5.6　界面展示 ◆

5.6.1　Marker

第 4 章介绍了对象标记,给立方体添加了 Marker 对象。添加 Marker 也是一种常用的界面展示方式。将 Marker 作为子对象添加到指定对象上,设置 Marker 的相对位置,使其随对象一同移动。Marker 默认为受距离远近影响,呈现近大远小的三维效果,也会在三维空间中实现前后遮挡。这里,介绍一种绘制 canvas 并添加 Marker 的方法。

【例 5-7】　绘制 canvas,将绘制完成的 canvas 转换为图片对象并添加到 Marker 上,代码如下:

```
//教材源代码/examples/MarkerCanvas.html

//初始化程序
let app = new THING.App();

//创建立方体
let box = new THING.Box();

//将 canvas 转换为图片对象
let image = new THING.ImageTexture( {resource: createTextCanvas('88') })
```

```
let marker = new THING.Marker({
    name: "marker",
    parent: box,
    localPosition: [0, 3, 0],
    scale: [2, 2, 2],
    style: {
        image: image
    }
})

//绘制 canvas
function createTextCanvas(text) {
    const canvas = document.createElement("canvas");
    canvas.width = 64;
    canvas.height = 64;

    const ctx = canvas.getContext("2d");
    ctx.clearRect(0, 0, canvas.width, canvas.height);
    ctx.fillStyle = "rgb(32, 32, 256)";
    ctx.beginPath();
    ctx.arc(32, 32, 30, 0, Math.PI * 2);
    ctx.fill();

    ctx.strokeStyle = "rgb(255, 255, 255)";
    ctx.lineWidth = 4;
    ctx.beginPath();
    ctx.arc(32, 32, 30, 0, Math.PI * 2);
    ctx.stroke();

    ctx.fillStyle = "rgb(255, 255, 255)";
    ctx.font = "32px sans-serif";
    ctx.textAlign = "center";
    ctx.textBaseline = "middle";
    ctx.fillText(text, 33, 36);
    return canvas;
}
```

绘制 canvas 并转换为图片 Marker 对象的运行效果如图 5-11 所示。

图 5-11　绘制 canvas 并转换为图片 Marker 对象

5.6.2　WebView

【例 5-8】　创建 WebView 对象，将 ThingJS 网页加载到三维场景中，设置页面属性，设置摄像头位置和目标位置，代码如下：

```
//教材源代码/examples/WebView.html

//初始化程序
let app = new THING.App();

//创建页面
let webView = new THING.WebView({
    type: 'WebView',
    url: 'https://www.thingjs.com',
    position: [0, 0.5, 5],
    domScale:0.01, //网页缩放系数
    domWidth: 1920, //页面高度,单位为 px
    domHeight: 1080 //页面高度,单位为 px
});

//设置页面不可拾取交互
webView.pickable = false;

//设置摄像头
app.camera.position = [0,0,20];
app.camera.target = [0,0,0];
```

运行效果如图 5-12 所示。

图 5-12　加载页面

5.6.3 ECharts

ECharts 是一个使用 JavaScript 实现的开源可视化库,提供了常规的折线图、柱状图、散点图、饼图等多种图表,并且支持图表与图表之间进行混合使用。提供交互丰富,可高度个性化定制的数据可视化图表。通过 ECharts 图表可以更直观地查看场景中的数据情况。在 HTML 页面中通过< script >标签引用 echarts.js 文件,代码如下:

```
< script src = "../src/echarts.min.js"></script>
```

【例 5-9】 使用 ECharts 创建全年平均温度、降水量、蒸发量变化图表,代码如下:

```
//教材源代码/examples/Echarts.html

const app = new THING.App();
//创建需要的 DOM 节点,DOM 节点为需要在场景中显示的节点
//背景颜色
let bottomBackground = document.createElement('div');
//标题
let bottomFont = document.createElement('div');
//图表
let bottomDom = document.createElement('div');
//背景样式左上角对齐
let backgroundStyle = 'top: 0px; position: absolute; left: 0px; height: 400px; width: 600px;
background: rgba(41,57,75,0.74);';
//字体样式
let fontStyle = 'position: absolute;top:0px;right:0px;color:rgba( 113,252,244,1);height:
78px;width:600px;line-height: 45px;text-align: center;top: 20px;';
//图表 DIV 样式
let chartsStyle = 'position: absolute;top:80px;right:0px;width:600px;height:300px;';


//设置样式
bottomBackground.setAttribute('style', backgroundStyle);
bottomFont.setAttribute('style', fontStyle);
bottomDom.setAttribute('style', chartsStyle);
//标题文字
bottomFont.innerHTML = '温度降水量平均变化图';
//通过调用 window.echarts 获取 ECharts 对象.通过 init 方法创建图表实例,传入的参数为需要
//ECharts 图表的 DOM 节点,返回的是图表实例
let bottomCharts = window.echarts.init(bottomDom)
//配置图表的属性,图表的各项属性 options 代表的含义可以在 ECharts 官网中查询
let echartOptions = {
"tooltip": {
  "trigger": "axis",
  "axisPointer": {
      "type": "cross",
      "crossStyle": {
          "color": "#999"
```

```
                }
            }
        },
        "legend": {
            "textStyle": {
                "color": "auto"
            },
            "data": [
                "蒸发量",
                "降水量",
                "平均温度"
            ]
        },
        "xAxis": [
            {
                "axisLabel": {
                    "textStyle": {
                        "color": "#fff"
                    }
                },
                "type": "category",
                "data": [
                    "1 月",
                    "2 月",
                    "3 月",
                    "4 月",
                    "5 月",
                    "6 月",
                    "7 月",
                    "8 月",
                    "9 月",
                    "10 月",
                    "11 月",
                    "12 月"
                ],
                "axisPointer": {
                    "type": "shadow"
                }
            }
        ],
        "yAxis": [
            {
                "type": "value",
                "name": "水量",
                "min": 0,
                "max": 250,
                "interval": 50,
                "splitLine": {
                    "lineStyle": {
```

```
                "type": "dotted"
            },
            "show": true
        },
        "nameTextStyle": {
            "color": "#fff"
        },
        "axisLabel": {
            "textStyle": {
                "color": "#fff"
            },
            "formatter": "{value} ml"
        }
    },
    {
        "splitLine": {
            "lineStyle": {
                "type": "dotted"
            },
            "show": true
        },
        "type": "value",
        "name": "温度",
        "min": 0,
        "max": 25,
        "interval": 5,
        "nameTextStyle": {
            "color": "#fff"
        },
        "axisLabel": {
            "textStyle": {
                "color": "#fff"
            },
            "formatter": "{value} ℃"
        }
    }
],
"series": [
    {
        "name": "蒸发量",
        "type": "bar",
        "data": [
            2,
            4.9,
            7,
            23.2,
            25.6,
            76.7,
            135.6,
```

```
                162.2,
                32.6,
                20,
                6.4,
                3.3
            ]
        },
        {
            "name": "降水量",
            "type": "bar",
            "data": [
                2.6,
                5.9,
                9,
                26.4,
                28.7,
                70.7,
                175.6,
                182.2,
                48.7,
                18.8,
                6,
                2.3
            ]
        },
        {
            "name": "平均温度",
            "type": "line",
            "yAxisIndex": 1,
            "data": [
                2,
                2.2,
                3.3,
                4.5,
                6.3,
                10.2,
                20.3,
                23.4,
                23,
                16.5,
                12,
                6.2
            ]
        }
    ],
    "color": [
        "＃2b908f",
        "＃90ee7e",
        "＃f45b5b",
```

```
    "#7798BF",
    "#aaeeee",
    "#ff0066",
    "#eeaaee",
    "#55BF3B",
    "#DF5353",
    "#7798BF",
    "#aaeeee"
  ]
}
//调用 setOptions 方法将配置好的 options 传入图表
bottomCharts.setOption(echartOptions);
//将节点放到页面根节点下
bottomBackground.appendChild(bottomFont);
bottomBackground.appendChild(bottomDom);
document.querySelector('#div3d').appendChild( bottomBackground);
```

创建 ECharts 图表,运行效果如图 5-13 所示。

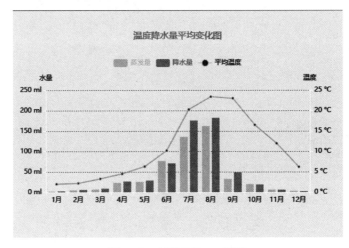

图 5-13　创建 ECharts 图表

5.6.4　Widget

Widget 是一个支持动态数据绑定的轻量级界面库。可以通过 THING.widget 界面库创建 Button 按钮、Banner 通栏及 Panel 面板,其中 Panel 面板中可以添加滑动条、双向按钮、单选框、复选框、文字框等其他组件,通过修改组件值来达到动态修改场景中的对象属性的效果。HTML 页面中通过< script >标签引用 widget.js 文件,代码如下:

```
< script src = "../src/thing.widget.min.js"></script>
```

【例 5-10】　使用 Widget 库创建按钮,代码如下:

```
//教材源代码/examples/WidgetButton.html

let app = new THING.App();
//创建按钮
new THING.widget.Button('WidgetButton',() = >{
  //单击按钮执行回调方法
  console.log('WidgetButton')
})
```

运行后会在浏览器窗口的左上角添加按钮，如图 5-14 所示。

【例 5-11】 使用 Widget 库创建面板，代码如下：

图 5-14 创建按钮

```
//教材源代码/examples/WidgetPanel.html

const app = new THING.App();
//创建 Panel 面板
let panel = new THING.widget.Panel( {
    //设置面板样式
    template: 'default',
    //角标样式
    cornerType: "none",
    //设置面板宽度
    width: "300px",
    //是否有标题
    hasTitle: true,
    //设置标题名称
    titleText: "我是标题",
    //面板是否允许有关闭按钮
    closeIcon: true,
    //面板是否支持拖曳功能
    dragable: true,
    //面板是否支持收起功能
    retractable: true,
    //设置透明度
    opacity: 0.9,
    //设置层级
    zIndex: 99
});
//定义面板数据
let dataObj = {
    pressure: "0.14MPa",
    temperature: "21°C",
    checkbox: { 设备 1: false, 设备 2: false, 设备 3: true, 设备 4: true },
    radio: "摄像机 01",
    open1: true,
    height: 10,
    maxSize: 1.0,
```

```
        iframe: "https://www.thingjs.com",
        progress: 1,
        img: "https://www.thingjs.com/guide/image/new/logo2x.png",
        button1: false,
        button2:true
};
//向 Panel 面板中添加组件
let press = panel.addString(dataObj, 'pressure').caption('水压').isChangeValue(true);
let height = panel.addNumberSlider(dataObj, 'height').caption('高度').step(10).min(0).max
(100).isChangeValue(true).on('change',function(value){
        dataObj.height = value;
});
let open1 = panel.addBoolean(dataObj, 'open1').caption('开关 01');
let radio = panel.addRadio(dataObj, 'radio', ['摄像机 01', '摄像机 02']);
let check = panel.addCheckbox(dataObj, 'checkbox').caption( { "设备 2": "设备 2( rename)" });
let iframe = panel.addIframe(dataObj, 'iframe').caption('视屏');
let img = panel.addIframe(dataObj, 'img').caption('图片');

let button1 = panel.addImageBoolean(dataObj, 'button1').caption('仓库编号').url('https://
www.thingjs.com/static/images/sliohouse/warehouse_code.png');
//可以通过 font 标签设置 caption 颜色
let button2 = panel.addImageBoolean(dataObj, 'button2').caption( '< font color = "red">温度检
测</font >').url('https://www.thingjs.com/static/images/sliohouse/temperature.png');
```

创建面板,运行效果如图 5-15 所示。

图 5-15　创建面板

【例 5-12】 使用 Widget 库创建 Tab 面板,代码如下:

```
//教材源代码/examples/WidgetTable.html

const app = new THING.App();
let panel = THING.widget.Panel( {
    template: "default",
    hasTitle: true,
    titleText: "粮仓信息",
    closeIcon: true,
    dragable: true,
    retractable: true,
    width: "380px"
});

//定义面板数据
let dataObj = {
    '基本信息': {
        '品种': "小麦",
        '库存数量': "6100",
        '保管员': "张三",
        '入库时间': "19:02",
        '用电量': "100",
        '单仓核算': "无"
    },
    '粮情信息': {
        '仓房温度': "26",
        '粮食温度': "22"
    },
    '报警信息': {
        '温度': "22",
        '火灾': "无",
        '虫害': "无"
    },
};
panel.addTab(dataObj);
```

创建 Tab 面板,运行效果如图 5-16 所示。

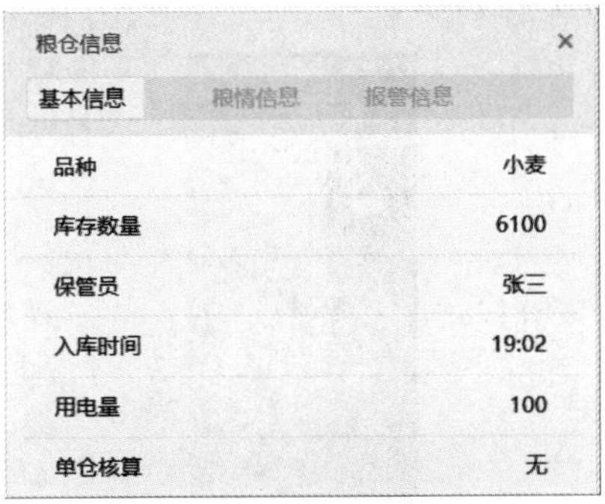

图 5-16　创建 Tab 面板

【例 5-13】 通过 Widget 库中的 Banner 组件创建一个通栏,代码如下:

```
//教材源代码/examples/WidgetBanner.html

const app = new THING.App();
let banner_left = new THING.widget.Banner( {
    //通栏类型: top 为上通栏(默认), left 为左通栏
    column: 'left'
});

//引入图片文件
let baseURL = "https://www.thingjs.com/static/images/sliohouse/";
//数据对象,用于为通栏中的按钮绑定数据
let dataObj = {
    orientation: false,
    cerealsReserve: false,
    video: true,
    cloud: true
};

//向左侧通栏中添加按钮
let img5 = banner_left.addImageBoolean(dataObj, 'orientation').caption('人车定位').imgUrl
(baseURL + 'orientation.png');
let img6 = banner_left.addImageBoolean(dataObj, 'cerealsReserve').caption('粮食储存').
imgUrl( baseURL + 'cereals_reserves.png');
let img7 = banner_left.addImageBoolean(dataObj,'video').caption('视频监控').imgUrl(baseURL +
'video.png');
let img8 = banner_left.addImageBoolean(dataObj,'cloud').caption('温度云图').imgUrl(baseURL +
'cloud.png');

//为按钮绑定事件
img5.on('change', function (value) {
    //当按钮值改变时触发
    console.log(value)
})

//根据页面调整布局
$('.ThingJS_wrap').css('position','absolute').css('top','0px')
```

创建通栏,运行效果如图 5-17 所示。

图 5-17   创建通栏

May all your wishes
come true

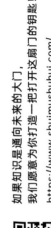

下笔如有神

May all your wishes come true

清华大学出版社
TSINGHUA UNIVERSITY PRESS

如果知识是通向未来的大门，
我们愿意为你打造一把打开这扇门的钥匙！

https://www.shuimushuhui.com/

图书详情 | 配套资源 | 课程视频 | 会议资讯 | 图书出版

6min

5.6.5　CSS 组件

CSS 组件提供了将 HTML/CSS 元素添加到三维场景的能力，包括 CSS2DComponent 和 CSS3DComponent。

在渲染方式上，CSS3DComponent 支持设置界面的渲染类型包括精灵渲染方式和平面渲染方式，CSS2DComponent 只支持精灵渲染方式。在性能方面上，CSS2DComponent 的性能更高。

【例 5-14】　使用 CSS2DComponent 组件给立方体添加一个 HTML 界面，代码如下：

```
//教材源代码/examples/CSS2D.html

//创建 HTML 面板
const sign =
    '< div class = "sign" id = "board" style = "width: 162px; position: absolute">
        < img src = '../assets/images/camera.png' />
    </div>';

//初始化程序
const app = new THING.App();

//将 HTML 面板添加到 div3d 标签中
$( '#div3d').append( $(sign));

//创建立方体
const box = new THING.Box();

//创建 CSS2D 组件
let component = new THING.DOM.CSS2DComponent();

//给立方体注册 CSS2D 组件
box.addComponent(component,'cameraSign');

//设置 DOM 元素
box.cameraSign.domElement = document.getElementById( 'board');

//设置偏移量
box.cameraSign.offset = [0, 3, 0];
```

这里，在 HTML 文件的< head >标签中，通过引用 jquery.min.js 文件来添加 JQuery 库，代码如下：

```
< script src = "../src/jquery.min.js"></script>
```

保存 CSS2D.html 文件，启动服务后预览效果如图 5-18 所示。

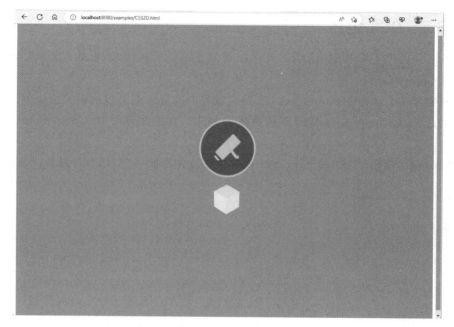

图 5-18　使用 CSS2D 创建 HTML 界面

【例 5-15】　使用 CSS3DComponent 组件给立方体添加一个 HTML 界面,代码如下:

```
//教材源代码/examples/CSS3D.html

//创建 HTML 面板
const htmlElementStr = `
    < style >
        .video_monitor_camera {
            font - size: 12px;
            color: #fff;
            position: relative;
            width: 162px;
            height: 162px
        }
        .video_monitor_camera .bottom {
            position: absolute;
            top: 160px;
            left: 27px;
        }
    </style >
    < div class = "video_monitor_camera" id = "board">
        < img class = "camera" src = '../assets/images/camera.png'/>
        < img class = "bottom" src = '../assets/images/bottom.png'/>
    </div>`;

//初始化程序
```

```
const app = new THING.App();

//将 HTML 面板添加到 div3d 标签中
$('#div3d').append($( htmlElementStr));

//设置摄像头位置和目标位置
app.camera.target = [0, 6, -3];
app.camera.position = [10, 10, 40];

//创建立方体
let box = new THING.Box(3, 3, 3);

//给立方体添加 CSS3D 组件
box.addComponent(THING.DOM.CSS3DComponent, 'cameraSign');

//设置 DOM 元素
box.cameraSign.domElement = document.getElementById( 'board');

//设置轴心点
box.cameraSign.pivot = [0.5, -0.5];

//设置渲染类型
box.cameraSign.renderType = THING.RenderType.Plane;
```

保存 CSS3D. html 文件,启动服务后,使用 CSS3D 创建 HTML 界面,预览效果如图 5-19
所示。

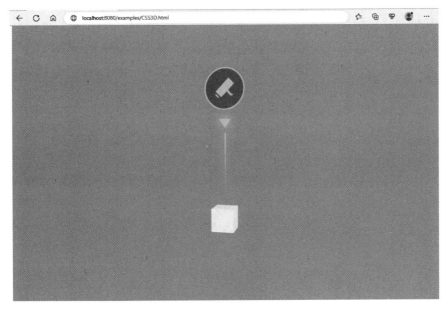

图 5-19 使用 CSS3D 创建 HTML 界面

27min

5.7　人员定位场景案例

5.7.1　创建项目结构

新建一个文件夹,在文件夹内新建以下目录,用于存放对应资源。

（1）assets：存放场景及模型资源。

（2）css：存放样式资源。

（3）images：存放图片资源。

（4）src：存放 ThingJS 文件,以及项目入口 index.js 等项目脚本文件。

（5）index.html：项目主页面文件。

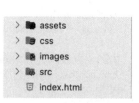

图 5-20　项目的目录结构

项目的目录结构如图 5-20 所示。

在 index.html 文件的< head >标签内引入 thing.js、css/index.css、src/index.js 文件。在< body >标签内创建 id 为 div3d 的 div 标签,用于挂载 App 容器。完整的 index.html 文件的代码如下：

```
//教材源代码/project-examples/personControl/index.html

<!DOCTYPE html>
<html lang = "en">

<head>
    <meta charset = "UTF-8" />
    <meta http-equiv = "X-UA-Compatible" content = "IE=edge" />
    <meta name = "viewport" content = "width=device-width, initial-scale=1.0" />
    <title>人员定位</title>
    <link rel = "icon" href = "./images/title.png" />
    <script src = "./src/thing.js"></script>
    <link rel = "stylesheet" href = "./css/index.css" />
</head>

<body>
    <div id = "div3d"></div>
</body>
<script src = "./src/index.js"></script>

</html>
```

5.7.2　加载场景

接下来开始在 src/index.js 文件里编写本案例的主要代码。

使用 THING.App()初始化三维 App 容器,并加载园区场景。声明全局变量 campus

来记录园区对象,代码如下:

```
//教材源代码/project-examples/personControl/src/index.js

let campus = null;

const app = new THING.App( {
    url: '../assets/campus/ThingJSUINOScene.gltf',
    complete: (e) => {
        //1.记录园区对象
        campus = e.object;
    },
});
```

5.7.3　创建人员对象

场景加载成功后,根据人员名称、所在位置、人物模型地址,通过 THING.Entity 创建人物孪生体对象。

第1步,首先设置人员数据、人员数据格式及内容,代码如下:

```
//教材源代码/project-examples/personControl/src/index.js

//注意:每个人物数据里的位置信息 position 来源于点位采集.点位采集方法:在场景的控制台打
//印:app.on('click',e => console.info(e.pickedPosition))

//人员数据
const personData = [
    {
        name: '悠悠',
        modelUrl: '../assets/man/普通男性.gltf',
        position: [6.213384959090007, 0.1, -177.5293234032834],
    },
    {
        name: '小白',
        modelUrl: '../assets/man/普通男性.gltf',
        position: [-189.44220394798003, 0.1, 12.000833392713702],
    },
    {
        name: '伊斯',
        modelUrl: '../assets/woman/实施工程师女.gltf',
        position: [54.04290252443742, 0.1, -87.88724099236363],
    },
];
```

第2步,接下来声明一个函数,命名为 createPerson。在此方法中通过 THING.Entity 创建人物孪生体对象实例。在创建时,设置人物 userData 下的 type 类型,以便对人员执行批量获取操作,代码如下:

```
//教材源代码/project-examples/personControl/src/index.js

/**
 * @description 创建人员孪生体对象
 * @param {String} item.name 人员姓名
 * @param {String} item.modelUrl 人员模型地址
 * @param {Array<Number>} item.position 人员位置
 */
function createPerson(item) {
    const {name, modelUrl, position } = item;
    return new THING.Entity( {
        name,
        url: modelUrl,
        position,
        scale: [5, 5, 5],
        parent: campus,
        userData: {
            type: '人物',
        },
        complete: (e) => {},
    });
}
```

第3步,在场景加载完毕后根据数据 personData 创建人员对象,代码如下:

```
//教材源代码/project-examples/personControl/src/index.js

...
const app = new THING.App({
    url: '../assets/campus/ThingJSUINOScene.gltf',
    complete: (e) => {
        ...
        //2. 创建人员模型
        personData.forEach((item) => createPerson(item));
    },
});
...
```

运行 index.html 文件,打开浏览器页面,拉近视角可以看到场景中出现了人员对象,运行效果如图 5-21 所示。

图 5-21　创建人员对象

5.7.4　创建人员标记

为了更直观地显示人员分布情况,可以给人员顶部创建标记,在标记中显示人员名称。这里使用 THING.DOM.CSS3DComponent 组件,给人员注册图文类型标记。

第 1 步,首先声明一个函数,命名为 createMarkerDom,创建标记当中使用的 DOM 元素,代码如下:

```
//教材源代码/project-examples/personControl/src/index.js

/**
 * @description 创建人员标记 DOM 元素
 * @param {String} name 人员姓名
 */
function createMarkerDom(name) {
    const div = document.createElement('div');
    div.className = 'person-marker';
    div.innerHTML = `< div style = 'cursor:pointer'>< span > $ {name}</ span ></ div >`;
    return div;
}
```

第 2 步,接下来声明函数 createCssMarker,将上述 DOM 元素添加到 App 容器中,在使用孪生体对象的 addComponent 方法注册 CSS3DComponent 组件之后,将 DOM 元素挂载到该组件上,代码如下:

```
//教材源代码/project-examples/personControl/src/index.js

/**
 * @description 给孪生体对象创建 CSS3D 类型标记
 * @param {Object} obj 孪生体对象
 */
function createCssMarker(obj) {
    //1. 获取 DOM 元素,添加到 App 容器中
    const domElement = createMarkerDom( obj.name);
app.container.append(domElement);

    //2. 通过注册 css3d 组件添加 obj 的标记,并命名为 person_marker
    obj.addComponent(THING.DOM.CSS3DComponent, 'person_marker');
const css = obj.person_marker;

    //3. 设置标记的位置,绑定 DOM 元素
    css.pivot = [0.5, -1.3];
    css.domElement = domElement;
}
```

第 3 步,在人员创建函数 createPerson 的回调函数里进行调用,代码如下:

```
//教材源代码/project – examples/personControl/src/index.js

function createPerson(item) {
    const { name, modelUrl, position } = item;
    return new THING.Entity({
        ...
        complete: (e) => {
            //1. 获取创建完成的人员对象
            const person = e.object;
            //2. 给人员创建标记
            createCssMarker(person);
        },
    });
}
```

运行 index.html 文件,打开浏览器页面,可以看到场景中的人员顶部都生成了一个标记,标记中包含图片及人员名称,创建人员标记的效果如图 5-22 所示。

图 5-22　创建人员标记的效果

5.7.5　定位事件

接下来对人员及其标记绑定定位事件,当使用左键单击人员、人员标记时,执行摄影机飞行将视角拉近;当双击右键时,取消定位,视角还原为场景的默认视角。

1. 人员定位

首先声明一个摄像机飞行事件,代码如下:

```
//教材源代码/project – examples/personControl/src/index.js

/**
 * @description 摄像机飞行
 * @param {Object} target 目标孪生体对象
 * @param {Function} cb 飞行结束后的回调事件
 */
function cameraFly(target, cb) {
    app.camera.flyTo({
        target,
```

```
        time: 1000,
        distance: 20,
        complete: () = > {
            cb && cb();
        },
    });
}
```

　　声明函数 bindSingleClick,给对象绑定左键单击事件并在人员创建完毕后调用。当单击人员对象时,执行摄像机飞行事件,代码如下:

```
//教材源代码/project - examples/personControl/src/index.js

/ **
 * @description 对象绑定左键单击事件
 * @param {Object} obj 孪生体对象
 * /
function bindSingleClick(obj) {
    obj.on(THING.EventType.Click,(e) = > {
        if (e.button === 0) {
            cameraFly(obj);
        }
    });
}

//在人员创建完毕的回调函数里调用 bindSingleClick 方法
function createPerson(item) {
    const {name, modelUrl, position} = item;
    return new THING.Entity({
        ...
        complete: (e) = > {
            //1. 获取创建完成的人员对象
            const person = e.object;
            //2. 给人员创建标记
            createCssMarker(person);
            //3. 人员绑定左键单击事件
            bindSingleClick(person);
        },
    });
}
```

　　运行 index.html 文件,打开浏览器页面,单击一个人员对象,可以观察到视角切换到了该人员对象附近。

2. 标记定位

　　在创建人员标记时,创建了一个与标记绑定的 DOM 元素。现在给这个 DOM 元素绑定单击事件,实现标记的定位事件,代码如下:

```
function createCssMarker(obj) {
    ...
    css.domElement = domElement;
    //4. 给 DOM 元素绑定单击事件
    domElement.onclick = () => cameraFly(obj);
}
```

刷新页面之后单击其中的一个人员标记,视角切换到该人员附近,操作效果与左键单击人员模型一致。

3. 视角还原

首先,在场景加载完毕时,将园区调整到一个满意的视角,在浏览器控制台通过 app. camera. target 及 app. camera. position 获取摄影机的默认视角并保存,运行效果如图 5-23 所示。

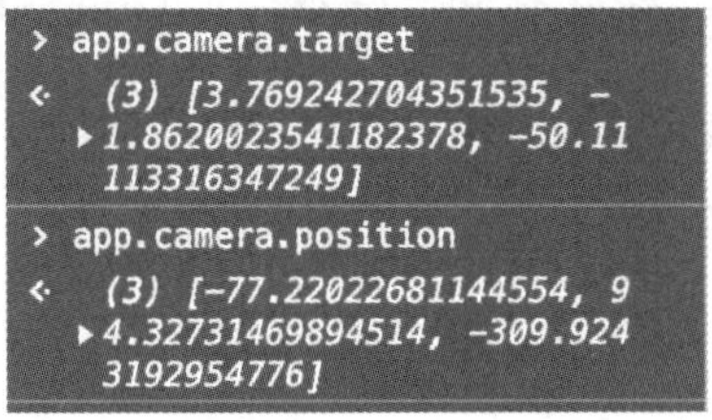

图 5-23　控制台打印摄像机视角

在 src/index. js 文件的顶部声明变量 defaultView,保存以上数据,代码如下:

```
//设置场景默认视角
const defaultView = {
    target: [ - 6.609600761047991, 0.39999018625129523, - 93.9594556614312],
    position: [ - 38.074039116635944, 102.11487831643213, - 314.7837660292081],
};
```

声明函数 backToDefaultView,用于执行回到园区默认视角的操作,代码如下:

```
//教材源代码/project - examples/personControl/src/index. js

/**
 * @description 回到园区默认视角
 * @param {Function} cb 回到默认视角之后的回调事件
 */
function backToDefaultView(cb) {
    app.camera.flyTo( {
        ...defaultView,
        complete: () => cb && cb(),
    });
}
```

接下来注册一个右键双击事件,并在场景加载完毕后调用。当在场景中执行鼠标右键

双击时,回到园区默认视角,代码如下:

```
...
const app = new THING.App( {
    url: '../assets/campus/ThingJSUINOScene.gltf',
    complete: (e) => {
        ...
        //3. 右键双击事件注册
        dblclick();
    },
});
...

/**
 * @description 注册鼠标右键双击事件
 */
function dblclick( ) {
    app.on( THING.EventType.DBLClick, (e) => {
        if ( e.button === 2) {
            backToDefaultView();
        }
    });
}
```

刷新页面,当使用鼠标左键单击人员对象或者人员标记时,视角切换到被单击的人员附近;当在场景中执行鼠标右键双击时,视角回到园区默认视角。

5.7.6 人员行走

为了使场景更加丰富,可以让人员根据路径点位进行移动。在本案例中给每个人员提供了一些路径点位,通过定时随机推送点位数据,让人员行走起来。

1. 设置数据

首先声明一个全局变量 routeDatas,保存每个人员的点位数据,代码如下:

```
//教材源代码/project-examples/personControl/src/index.js

//人员路径点位数据
const routeDatas = {
    悠悠: [
        [6.213384959090007, 0.1, -177.5293234032834],
        [-21.2088889321722, 0.1, -177.04905444624734],
        [-48.0122922044485, 0.1, -181.5357741614862],
        [-80.50517022882623, 0.1, -178.748029345187],
        [-104.18977999523601, 0.1, -180.0202804955114],
    ],
    小白: [
        [-189.44220394798003, 0.1, 12.000833392713702],
```

```
            [ - 158.1897925428529, 0.1, 12.187102614381331],
            [ - 117.99871799845272, 0.1, 12.832986204660415],
            [ - 69.24975074784928, 0.1, 12.248780539643946],
            [ - 48.7666450450301, 0.1, 12.519957234189548],
        ],
        伊斯: [
            [54.04290252443742, 0.1, - 87.88724099236363],
            [53.13752963890114, 0.1, - 28.47973963860879],
            [52.88835514710519, 0.1, - 5.994313014155281],
            [52.810582253523265, 0.1, 24.556240243422266],
            [53.061559269011994, 0.1, 50.18269783789641],
        ],
};
```

接下来声明一种方法 setData,随机获取每个人员的点位,代码如下:

```
//教材源代码/project - examples/personControl/src/index.js

/ **
 * @description 获取每个人员的随机点位
 */
function setData() {
    return Object.keys(routeDatas).reduce( (prev, name) = > {
        const routes = routeDatas[name];
        const index = Math.floor(Math.random() * 8);
        const targetPosition = routes[index];
        prev[name] = targetPosition || routes[0];
        return prev;
    }, {});
}
```

获取人员的随机点位,声明全局变量,targetPoint 用于存储每个人员的下一个点位数据,historyData 用于存储每个人员的历史路径数据,代码如下:

```
//教材源代码/project - examples/personControl/src/index.js

let historyData = new Map();      //存储每个人员的历史点位数据
let targetPoint = null;           //存储每个人员的下一个位置数据
/ **
 * @description 获取人员的随机点位,存储在全局变量里
 */
function setRandomData() {
    //1. 获取每个人员的随机点位
    targetPoint = setData();
    Object.keys(targetPoint).forEach((name) = > {
        //2. 获取每个人员对应的点位历史数据
        const posDatas = historyData.get(name);
```

```
//3. 某个人员对应的历史点位数据如果存在,则继续存储;如果不存在,则先新建一个集
//合,再存储
const historyPathData = posDatas ? posDatas : new Set();
historyPathData.add(targetPoint[name]);
historyData.set(name, historyPathData);
  });
}
```

2. 路径移动

声明函数 walkByRoute,用于执行对象沿路径行走的相关逻辑。在 ThingJS 中,通过调用孪生体对象的 movePath 方法,可以让对象沿着路径移动。在本案例中要让人员行走起来,还需要调用人员的行走动画。完整的 walkByRoute 函数的代码如下:

```
//教材源代码/project - examples/personControl/src/index.js

/**
 * @description 对象沿着路径行走
 * @param {Object} obj 孪生体对象
 * @param {Array < Array >} path 路径数据
 */
function walkByRoute(obj,path) {
    //1. 计算从当前点位走到目标点位的用时
    const distance = calculateDistance(path);
    const time = ((distance/1) * 1000) / 5;
    //2. 调用人员行走动画
    obj.playAnimation({name: '走', loopType: THING.LoopType.Repeat});
    //3. 执行人员沿着路径行走
    obj.movePath(path, {
        time,
        next: (ev) => {
            //获取相对下一个目标点位的旋转值
            const quaternion = THING.Math.getQuatFromTarget(
                ev.from,
                ev.to,
                [0,1,0]
            );
            //在 1s 内将物体转向到目标点位
            ev.object.lerp.to( {
                to: {
                    quaternion,
                },
                time: 1000,
            });
        },
        complete: (e) => {
            obj.stopAnimation('走');
        },
```

```
    });
}

/**
 * @description 计算空间两点之间的距离
 * @param {Array<Array>} 长度为 2 的点位数组
 */
function calculateDistance(path) {
    const [x, y, z] = path[0];
    const [x1, y1, z1] = path[1];
    return Math.trunc(Math.hypot(x - x1, y - y1, z - z1));
}
```

声明函数 execWalk,先对获取的人员点位数据进行处理,然后调用 walkByRoute 方法,控制场景中的所有人员从其当前所在位置走到下一个位置,代码如下:

```
//教材源代码/project-examples/personControl/src/index.js

/**
 * @description 人员行走至下一个点位
 */
function execWalk() {
    Object.keys(targetPoint).forEach((personName) => {
        //1. 根据人员名称获取人员孪生体对象
        const person = app.query(personName)[0];
        //2. 获取开始点位:当前人员的位置
        const startPoint = person.position;
        //3. 获取结束点位:定时器随机推送的人员位置
        const endPoint = targetPoint[personName];
        //4. 组成路径数据
        const path = [startPoint, endPoint];
        //5. 执行人员沿路径行走
        walkByRoute(person, path);
    });
}
```

3. 数据推送

最后声明函数 pushData,每隔 10s 进行一次数据推送,执行人员从当前点位行走至下一个点位,并在场景加载完毕后调用,代码如下:

```
//教材源代码/project-examples/personControl/src/index.js

...
const app = new THING.App({
    url: '../assets/campus/ThingJSUINOScene.gltf',
    complete: (e) => {
        ...
```

```
        //4. 定时推送数据
        pushData();
    },
});

let timer = null //定时器

/**
 * @description 定时推送人员点位数据
 */
function pushData() {
    setRandomData();
    execWalk();
    timer && clearInterval(timer);
    timer = setInterval(() => {
        setRandomData();
        execWalk();
    }, 10000);
}
```

刷新页面,可以观察到场景中的人员对象行走起来了,运行效果如图 5-24 所示。

图 5-24　人员在场景里行走

5.7.7　视角跟随

在人员定位结束后,将摄影机锁定在当前人员对象上,可以实现视角跟随的效果。

1. 跟随/停止跟随

在 ThingJS 中,可以通过 app.on 给孪生体对象注册 update 事件,在每帧更新时执行事件回调方法,实现视角跟随,可以通过 app.off 卸载停止视角跟随,代码如下:

```
//教材源代码/project-examples/personControl/src/index.js

/**
 * @description 视角跟随
 * @param {Object} person 人员孪生体对象
 */
function followPerson(person) {
```

```
//1. 给对象注册 update 事件
app.on(
    'update',
    () => {
        //2. 在事件回调函数里更改摄影机观察对象、观察位置并绑定观察目标
        app.camera.position = person.selfToWorld( [0, 5, -10]);
        app.camera.target = person.position;
        app.camera.object = person;
    },
    //3. 指定事件 tag,以便对该事件进行卸载
    'camerafollowPerson'
);
}


/**
 * @description 停止视角跟随事件
 */
function stopFollow() {
    app.off( 'update', 'camerafollowPerson');
}
```

💡 注意：在 ThingJS 中只有在注册事件时指定了 tag,才能通过 app.off 卸载。

---

2. 优化定位

在 5.7.5 节里,在鼠标单击孪生体对象和标记之后,执行 cameraFly 事件进行定位飞行。

现在引入视角跟随事件,对定位过程进行优化。首先,声明 locate 方法,在定位飞行结束时调用视角跟随功能,并替换掉 bindSingleClick 和 createCssMarker 里对 cameraFly 的调用。在对不同人员切换定位时,先回到园区默认视角,再执行定位操作,代码如下：

```
//教材源代码/project - examples/personControl/src/index.js

/**
 * @description 定位及视角跟随
 * @param {String} name 人员名称
 */
function locate(name) {
    const person = app.query(name)[0];
    //1. 如果当前摄像机被锁定,则先解锁
    stopFollow();
    //2. 先回到园区默认视角再定位
    backToDefaultView(() => {
        cameraFly(person,() => followPerson(person));
    });
}
```

```
function bindSingleClick(obj) {
    obj.on(THING.EventType.Click, (e) => {
        if (e.button === 0) {
            //cameraFly(obj);
            locate(obj.name);
        }
    });
}

function createCssMarker(obj) {
...

    //domElement.onclick = () => cameraFly(obj);
    domElement.onclick = () => locate(obj.name);
}
```

3. 结束跟随

右击,停止定位操作,退出视角跟随,再回到园区默认视角,代码如下:

```
function dblclick() {
    app.on( THING.EventType.DBLClick,(e) => {
        if (e.button === 2) {
            stopFollow();
            backToDefaultView();
        }
    });
}
```

刷新页面,可实现单击页面中的任意一个人员进行定位;当视角被拉近到目标附近之后,摄影机被锁定在目标对象上;如果目标正在行走,则视角将一路跟随,直到右击后退出跟随。

5.7.8 二三维交互

要实现二三维交互,首先需要在页面上创建一个简单的列表,通过列表对场景中的人员进行定位,并可以查看人员的历史轨迹数据,下面介绍它的实现过程。

第1步,创建人员定位列表。首先在 index. html 文件中添加创建人员定位列表,代码如下:

```
//教材源代码/project - examples/personControl/index.html

<!DOCTYPE html >
< html lang = "en">

< head >
    ...
```

```
</head>

<body>
    <div id = "div3d"></div>
    <div class = "list - wrap">
        <div class = "title - info">
            <span class = "name">姓名</span>
            <span class = "locate">定位</span>
            <span class = "history">历史轨迹</span>
        </div>
        <div class = "person - info">
            <span class = "name">悠悠</span>
            <span onclick = "locate( '悠悠')">
                    <img alt = " locate" src = " https://static. 3dmomoda. com/textures/
21110314gabslfaadqbtrv2fumzllnro.png"></img>
            </span>
            <span class = "history" onclick = "checkHistory(this,'悠悠')">查看</span>
        </div>
        <div class = "person - info">
            <span class = "name">小白</span>
            <span onclick = "locate('小白')">
                    <img alt = " locate" src = " https://static. 3dmomoda. com/textures/
21110314gabslfaadqbtrv2fumzllnro.png"></img>
            </span>
            <span class = "history" onclick = "checkHistory( this,'小白')">查看</span>
        </div>
        <div class = "person - info">
            <span class = "name">伊斯</span>
            <span onclick = "locate('伊斯')">
                    <img alt = " locate" src = " https://static. 3dmomoda. com/textures/
21110314gabslfaadqbtrv2fumzllnro.png"></img>
            </span>

            <span class = "history" onclick = "checkHistory( this, '伊斯')">查看</span>
        </div>
    </div>
</body>
<script src = "./src/index. js"></script>

</html>
```

人员定位列表的效果如图 5-25 所示。

第 2 步,创建轨迹。在 5.7.6 节里,声明了全局变量 historyData,用于存储每个人员的历史轨迹数据。根据这些数据,可以通过 ThingJS 提供的 THING. RouteLine 方法创建轨迹路线,代码如下:

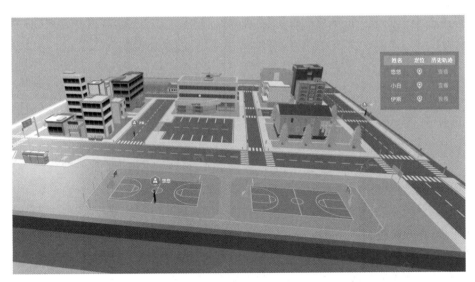

图 5-25　人员定位列表

```javascript
//教材源代码/project-examples/personControl/src/index.js

/**
 * @description 创建轨迹线
 * @param {String} name 人员名称
 * @param {Array<Array>} 路径数据
 */
function createRoute(name, data) {
    //1. 判断数据是否合法
    if ( !data || data.length < 2 ) return;
    //2. 如果名为`${name}_route`的轨迹线已经存在,则先销毁,避免重复创建
    const route = app.query(`${name}_route`)[0];
    if (route) route.destroy();
    //3. 获取轨迹线的图片资源
    const routeImage = new THING.ImageTexture(
        'https://static.3dmomoda.com/textures/diy_offline_260560_1629883386732.png'
    );
    //4. 创建 RouteLine 类型路径轨迹线
    return new THING.RouteLine( {
        name: `${name}_route`,
        selfPoints: data,
        parent: campus,
        width: 2,
        arrow: false,
        cornerRadius: 3,
        cornerSplit: 4,
        style: {
            image: routeImage,
```

```
        },
    });
}


/**
 * @description 销毁指定轨迹线
 * @param {String} name 人员名称
 */
function destroyRoute(name) {
    const route = app.query(`${name}_route`)[0];
    route?.destroy();
}
```

第 3 步,查看轨迹。在 index.html 文件里,历史轨迹的"查看"一项绑定了单击事件
checkHistory,在单击事件内部执行查看轨迹的逻辑。首先从存储的全局变量 historyPath
里,根据人员名称获取当前人员的历史点位数据,根据页面操作将"查看轨迹"一栏的文本更
新为"查看"或者"取消",同时对应创建或者销毁轨迹线,代码如下:

```
//教材源代码/project - examples/personControl/src/index.js

/**
 * @description 查看历史轨迹
 * @param {HTMLElement} dom 单击的 DOM 节点
 * @param {String} name 人员名称
 */
function checkHistory(dom, name) {
    //1. 获取存储的历史路径数据
    const historyPath = [...historyData.get(name)];
    //2. 根据面板操作选择创建或者销毁历史路径
    const text = dom.innerHTML;
    text === '查看' ? createRoute(name, historyPath) : destroyRoute(name);
    //3. 更新面板数据
    dom.innerHTML = text === '查看' ? '取消' : '查看';
}
```

本章小结 ◆

本章首先介绍了组件、插件、预制件的概念,以及开发方法和使用方法,然后对场景和场
景层级控制进行了讲解。接着介绍了数据对接的基本概念、数据对接的接口和对接方法,此
外还介绍了几种界面的开发方法。最后,通过人员定位的综合案例对本章知识点进行了
巩固。

本章习题

编程题

（1）编写一个预制件，让小叉车按既定路线行驶。

（2）在查看轨迹线的状态下，如果推送的数据发生变化，则自动刷新轨迹线。

（3）结合"建筑监控案例"一节的内容，在建筑内部创建一个人员，实现本节内容所示的人员定位流程。

第 6 章

物联网设备对接

11min

6.1　物联网通信技术

在物联网的实际应用中人与物体之间和物体与物体之间的信息交换,主要依靠各种通信技术。在通信的过程中,如果交换的信息是以字节或字为单位的,并且各位同时进行传送,则称为并行通信方式。并行通信传送速率高,但系统成本也高,一般应用在芯片级或板级通信中。如果通信双方交换的信息是以位为单位的,每次传送一位且各位数据依次按一定格式逐位传送,则称为串行通信方式。

串行通信方式所占用的系统资源少,通过有线或无线方式非常适于远距离通信。在物联网工程应用中串行通信得到了广泛使用。本章主要介绍在物联网中常用的有线串行通信方式和无线串行通信方式。

6.1.1　标准串行通信接口

在串行通信中需要将传输的数据分解成二进制位,然后采用一条信号线将多个二进制数据位按一定的时间和顺序,逐位地由信息发送端传到信息接收端。根据数据的传送方向和发送/接收是否能同时进行,将数据传送的工作方式分为单工方式、半双工方式和全双工方式。

单工通信是指消息只能单方向传输的工作方式,发送端和接收端的身份是固定的。数据信号仅从一端传送到另一端,即信息的传输是单向的。例如,数据只能从 A 方传送到 B 方,而不能从 B 方传送到 A 方,但 B 方可以把监控信息传送到 A 方。单工通信方式的连接线路一般采用两线制,其中的一条线路用于传送数据,另一条线路用于传递监控信息。

半双工通信方式可以实现设备双向通信,但不能在两个方向上同时进行工作。可以轮流交替地进行通信,即通信信道的任意端既可以是发送端也可以是接收端,但是在同一时刻信息只能在一个传输方向通信,半双工方式的通信线路一般也采用两线制。

全双工通信方式是指在通信的任意时刻允许数据同时在两个方向上传输,即通信双方可以同时发送和接收数据。全双工既可采用四线制,也可采用两线制。一般在用四线制时,收、发的双方都要使用一根数据线和一根监控线,但是当一条线路上用两种不同的频率范围代替两个信道时,全双工的 4 条线也可以用双条线代替,例如调制解调器就是用两条线提供的双全工的通信信道。

在数据的串行通信中,通信双方为了保证串行通信顺利进行,在数据传送方式、编码方式、同步方式、差错检验方式及信息的格式和数据传送速率等方面做出的规定称为通信规程,也称为通信协议。通信双方必须遵从统一的通信协议,否则无法进行正常通信。

根据串行通信的时钟控制的不同方式,可以分为同步和异步两种通信类型,因而通信协议也分为异步串行通信协议和同步串行通信协议两类。

串行通信方式虽可使设备之间的连线减少,但也随之带来串-并转换、并-串转换和位计数等相关问题,这使串行通信硬件部分的构成变得复杂一些。实现串行通信的方法是采用硬件接口方式,同时辅之以必要的软件驱动程序。

在串行通信接口中,为了确保不同设备之间能够顺利地进行串行通信,还要求对它们之间连接的若干信号线的机械、电气、功能特性做统一的规定,使通信双方共同遵守统一的接口标准。

物联网设备中经常应用的标准串行接口如下:

(1) 通用异步收发器 UART。

(2) RS-232C 标准串行通信。

(3) 通用串行总线 USB。

(4) 内部集成电路串行通信。

(5) 串行外围设备接口。

(6) CAN 总线接口。

6.1.2 无线通信技术

智能设备或物体之间的数据交换除了利用总线和联网方式完成外,还可以采用无线通信技术。具备标准特性的无线通信方式通常以功能独立的模块形式存在,其包含编码和解码功能、射频信号发送和接收功能,它们均可内置和外置在其设备或终端电路中,然后通过 SPI 接口、I^2C 接口、RS-232 串口或 USB 接口等与嵌入式系统相连接,或者通过总线的专用适配卡接入系统。下面介绍常用的通信标准硬件设备及相关通信技术。

1. 蓝牙无线通信技术

蓝牙协议是一个新的无线连接全球标准,建立在低成本、短距离的无线射频连接上。蓝牙协议所使用的频带是全球通用的,如果配备蓝牙协议的两个设备之间的距离在 10m 以内,则可以建立连接。由于蓝牙协议使用基于无线射频的连接,所以不需要电缆连接就能通信。例如,掌上计算机可以向隔壁房间的打印机发送数据,微波炉也可以向无绳电话发送一条信息,告诉用户饭已准备好。蓝牙协议成为移动电话、掌上计算机及其他种类繁多的电子设备的通信标准。蓝牙无线通信技术主要有以下特点:

(1) 蓝牙技术最大的优点是使众多电信和计算机设备无需电缆就能连接通信。

（2）工作在 2.4GHz ISM 频段,该频段用户不必经过任何组织机构允许,在世界范围内都可以自由地使用。

（3）蓝牙技术规范中采用了一种 Plonk and Play 的技术,该技术类似于计算机系统的即插即用。在使用蓝牙时,用户不必再学习如何安装和设置。凡是嵌入蓝牙技术的设备一旦搜寻到另一个蓝牙设备,在允许的情况下就可以立刻建立联系,利用相关的控制软件无须用户干预即可传输数据。

（4）安全加密,抗干扰能力强。

（5）由于蓝牙技术独立于操作系统,所以在各种操作系统中均有良好的兼容性。

（6）尺寸小,功耗低。

（7）多路方向连接。蓝牙无线收发器的连接距离可达 10m,不限制在直线范围内。

（8）蓝牙芯片是蓝牙系统的关键技术。

2. ZigBee 无线通信技术

ZigBee 是 IEEE 802.15.4 协议的代名词。这个协议规定的技术是一种短距离、低功耗的无线通信技术。ZigBee 主要适合用于自动控制和远程控制领域,可以嵌入各种设备。ZigBee 一词源自蜜蜂通过跳 ZigZag 形状的舞蹈来通知其他蜜蜂有关花粉位置等信息,以此达到彼此传递信息的目的。

ZigBee 技术作为一种双向无线通信技术的商业化命名,具备近距离、低复杂度、自组织、低功耗、低数据速率、低成本等优点,是目前嵌入式系统应用的一大热点。

3. 无线保真技术

WiFi 是一种允许电子设备连接到一个无线局域网（WLAN）的技术,通常使用 2.4GHz UHF 或 5GHz SHF ISM 射频频段。连接到无线局域网通常是有密码保护的,但也可以是开放的,这样就允许任何在 WLAN 范围内的设备可以连接上。WiFi 是一个无线网络通信技术的品牌,由 WiFi 联盟所持有,其目的是改善基于 IEEE 802.11 标准的无线网路产品之间的互通性。有人把使用 IEEE 802.11 系列协议的局域网称为无线保真,甚至把 WiFi 等同于无线网际网路。

6.1.3　无线传感器网络

无线传感器网络是当前在国际上备受关注的、涉及多学科高度交叉、知识高度集成的前沿热点研究领域。它综合了传感器、嵌入式系统、现代网络及无线通信和分布式信息处理等技术,能够通过各类集成化的微型传感器协同完成对各种环境或监测对象信息的实时监测、感知和采集。这些信息以无线方式发送并以自组多跳的网络方式传送到用户终端,从而实现物理世界、计算世界及人类社会这三元世界的连通。

在对物体的感知和检测应用中,有时一个传感器是不能满足实际需要的,通常需要多个传感器共同采集数据,这样才能完成对研究对象的特征提取。无线传感器网络就是由部署在监测区域内大量的廉价微型传感器节点组成的,是通过无线通信方式形成的一个多跳的自组织的网络系统,其目的是协作地感知、采集和处理网络覆盖区域中感知对象的信息,并发送给观察者,所以传感器、感知对象和观察者构成了传感器网络的3个要素。如果说互联网构成了逻辑上的信息世界,改变了人与人之间的沟通方式,那么无线传感器网络就是将逻辑上的信息世界与客观上的物理世界融合在一起,改变人类与自然界的交互方式。人们可以通过传感网络直接感知客观世界,从而极大地扩展现有网络的功能和人类认识世界的能力。无线传感器网络通常具有以下几个基本特点:

(1) 节点数量多、网络密度高,节点具有可移动性和通信的断接性。无线传感器网络通常被密集地部署在大范围无人的监测区域中,通过网络中大量冗余节点协同工作来提高系统的工作质量,但是相对维护起来很困难。由于传感网的自组网和自动路由的特性,无线传感器网常常用于一些可以移动的领域。另外,可移动的特性、采集数据的间隔性等会导致网络节点在通信时并不需要进行连续的数据传输。

(2) 自组织、动态性网络。在传感器网络应用中节点通常被放置在没有基础结构的地方。传感器节点的位置不能预先精确设定,节点之间的相互邻居关系预先也不知道,而是通过随机布撒的方式,这就要求传感器节点具有自组织能力,能够自动进行配置和管理,通过拓扑控制机制和网络协议自动形成转发监控数据的多跳无线网络系统。同时,由于部分传感器节点能量耗尽或环境因素造成失效,以及经常有新的节点加入,或者网络中的传感器、感知对象和观察者这三要素都可能具有移动性,这就要求传感器网络必须具有很强的动态性,以适应网络拓扑结构的动态变化。

(3) 多跳路由、分布式的拓扑结构。固定网络的多跳路由使用网关和路由器来实现,而无线传感器网络中的多跳路由是由普通网络节点完成的,没有专门的路由设备。这样每个节点既可是信息的发起者,也可是信息的转发者。无线传感器网络总没有固定的网络基础设施,所有节点的地位平等,通过分布式协议协调各个节点以协作完成特定任务。节点可以随时加入或离开网络,而不会影响网络的正常运行,具有很强的抗毁性。

(4) 节点计算能力有限,网络感知数据流巨大。嵌入式处理器和存储器的能力和容量有限,智能传感器本身的计算能力也是有限的。传感器网络中的每个传感器通常会产生一定数量的流式数据,并具有实时性。由于节点数量巨大,在汇聚时会成倍地增加数据量,因此,在后期处理时需要投入大量的技术和人力。

(5) 节点硬件资源有限,通信能力有限。节点由于受价格、体积和功耗的限制,其计算能力、程序空间和内存空间比普通的计算机功能要弱很多。这一点决定了在节点操作系统设计中,协议层次不能太复杂。传感器网络节点的通信带宽窄而且经常变化,通信覆盖范围只有几十到几百米。传感器之间的通信断接频繁,经常会导致通信失败。此外,传感器网络更多地受到高山、建筑物、障碍物等地势地貌及风雨雷电等自然环境的影响,传感器可能会长时间脱离网络,离线工作。如何在有限通信能力的条件下高质量地完成感知信息的处理与传输是设计无线传感器节点的重要问题。

(6) 节点电源能量有限。传感器电源能量极其有限,所以网络中的传感器节点由于电源能量原因经常失效或废弃。传感器节点出现故障的可能性较大。由于WSN中的节点数目庞大,而且所处环境可能会十分恶劣,所以出现故障的可能性会很大。有些节点可能是一次性使用而无法修复,所以要求其有一定的容错率。

6.1.4　定位技术与卫星定位系统

位置信息是物联网信息的重要属性之一,缺少位置的感知信息是没有使用价值的。位置服务采用定位技术,确定智能物体当前的地理位置,并利用地理信息技术与移动通信技术,向物联网中的智能物体提供位置信息服务。

目前,物联网中关于定位技术的研究主要有基于全球卫星定位技术、基于移动通信网的定位技术、基于无线局域网的定位技术,以及无线传感器网络中的定位技术。

移动互联网、智能手机与卫星定位技术的应用带动了位置服务的发展。位置服务是通过电信移动运营商的多种网络或全球定位系统获取移动数据终端设备的位置信息,在地理信息系统平台的支持下为用户提供一种增值服务。位置服务的两大功能是确定位置提供适合用户的服务。

全球定位系统(GPS)是目前世界上最常用的卫星导航系统之一。GPS 计划开始于 1973 年,由美国国防部领导下的卫星导航定位联合计划局主导进行研究。经过数十年的研究和实验,1989 年正式开始发射 GPS 工作卫星,1994 年第 24 颗工作卫星的发射标志着第 1 代 GPS 卫星星座组网的完成,从此正式投入使用。

GPS 最初被设计为军用,2000 年美国总统比尔·克林顿命令取消 GPS 的这种区别对待,从此民用 GPS 信号也可以达到 20m 的精度,极大地拓展了 GPS 在民用工业方面的应用。随着 GPS 的不断完善与发展,目前的军用 GPS 精度可达 0.3m,民用 GPS 精度也已达到 3m。

由于 GPS 在军事及民用方面的应用效果显著,其他国家也陆续展开了卫星导航系统的研究和部署。目前已经投入使用的有俄罗斯的 GLONASS 全球卫星导航系统,欧盟的伽利略定位系统和中国的北斗卫星导航系统。

GPS 由以下三大部分组成。

(1) 宇宙空间部分:系统的宇宙空间部分由 24 颗工作卫星构成,采用 6 轨道平面,每平面 4 颗卫星的设计。GPS 的卫星布局保证在地表绝大多数位置,任一时刻都有至少 6 颗卫星在视线之内,可以进行定位。

(2) 地面监控部分:GPS 的地面监控部分包括 1 个位于美国科罗拉多州空军基地的控制中心,4 个专用的地面天线及 6 个专用的监视站。

(3) 用户设备部分:要使用 GPS,用户端必须具备一个 GPS 专用接收机。通常包括一个卫星通信的专用天线和用于位置计算的处理器,以及一个高精度的时钟。随着技术的发展,GPS 接收机变得越来越小型和廉价,已经可以集成到大多数日用电子设备中。目前应用的手机基本上配备有 GPS 接收机。

定位的基本运作原理很简单,首先测得接收机与 3 个卫星之间的距离,然后通过 3 点定位方式确定接收机的位置。

如何测得接收机与 GPS 卫星间的距离?每颗工作卫星都在不断地向外发送信息,每条信息中都包含信息发出的时刻,以及卫星在该时刻的坐标。接收机会接收这些信息,同时根据自己的时钟记录下接收到信息的时刻。这样用接收到信息的时刻,减去信息发出的时刻就可得到信息在空间中传播所用的时间。将这段时间乘以信息传播的速度(信息通过电磁波传递的速度为光速)就得到了接收机到信息发出时的卫星坐标之间的距离。

根据工作原理可以看出时钟的精确度对定位的精度有着极大的影响。目前 GPS 工作卫星上搭载的是铯原子钟,精度极高,140 万年才会出现 1s 的误差,然而受限于成本接收机上面的时钟不可能拥有和星载时钟同样的精度,而即使是微小的计时误差乘以光速之后也会变得不容忽视,因此尽管理论上 3 颗卫星就已足够进行定位,但是实际中定位需要借助至少 4 颗卫星,即所处的位置必须至少能接收到 4 颗卫星的信号方可应用 GPS 来进行定位,这极大地制约了 GPS 的适用范围。当处于室内环境时,由于电磁屏蔽的效应,往往难以接收到 GPS 的信号,因此 GPS 这种定位方式主要在室外场景施展拳脚,其中最典型的应用就是汽车导航。

6.2　人机交互技术

11min

目前嵌入式系统已经被广泛地应用于人们的日常生活和生产过程中,例如工业控制、家用电器、通信设备、医疗仪器、军事设备等。在物联网中的智能传感器、网关、无线传感网络和物联网感知与识别层次结构中也同样需要应用嵌入式系统。可以预见嵌入式系统将越来越深入地影响人们的生活、学习和工作。

嵌入式微处理器(Embedded MPU)是嵌入式系统的核心部件,其内部一般由运算器、控制器、寄存器组和部分存储器组成。与通用微处理器不同的是,在实际嵌入式应用中,其内部只保留和嵌入式应用紧密相关的功能硬件。去除其他的冗余功能部分,这样就能够以最低的功耗和资源满足嵌入式应用的特殊要求。

人机交互技术提供了人与物联网系统进行信息交互的手段。通过人与机器接口(键盘、鼠标和触摸屏等设备)操作者可以向物联网设备发送操作指令,系统运行结果也可以通过显示器显示等方式将信息传递给人。

6.2.1　嵌入式系统简介

嵌入式系统的广义定义是“以应用为中心,以计算机技术为基础,软件、硬件可裁剪,功能、可靠性、成本、体积、功耗严格要求的专用计算机系统”。例如,一台包含微处理器的打印机、数码相机、数字音频播放器、数字机顶盒、游戏机、手机和便携式仪器设备等都可以称为嵌入式系统。嵌入式系统的结构组成如图 6-1 所示。

嵌入式系统是将先进的计算机技术、半导体技术和电子技术与各个行业的具体应用相结合后的产物。这一点就决定了它必然是一个技术密集、资金密集、高度分散且不断创新的知识集成系统。嵌入式系统的特点如图 6-2 所示。

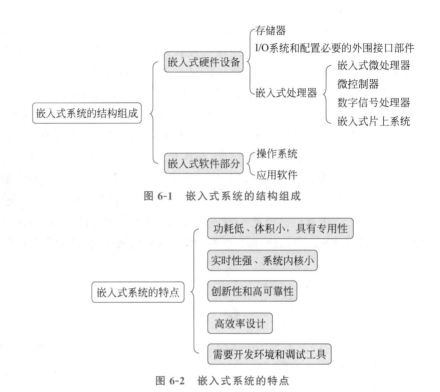

图 6-1　嵌入式系统的结构组成

图 6-2　嵌入式系统的特点

6.2.2　键盘接口技术

键盘是最常用的人机输入设备。嵌入式系统中所需按键个数及功能通常是根据具体应用来确定的。因此,在进行嵌入式系统的键盘接口设计时,通常要根据应用的具体要求来设计键盘接口的硬件电路,同时还需要完成识别按键动作、生成按键键码和按键具体功能的程序设计。

嵌入式系统键盘中的按键通常采用机械开关,通过机械开关中的簧片是否接触来接通或断开电路。在嵌入式系统的键盘设计中不仅需要键盘的接口电路,还需要编制相应的键盘输入程序。为了能够可靠地实现对键盘输入内容的识别,对于由机械开关组成的键盘,其接口程序必须处理去抖动、防串键和产生键值 3 个问题。键盘输入程序一般包括以下部分内容。

(1) 判断是否有按键被按下：可以采取程序控制方式、定时方式对键盘进行扫描,或采用中断方式判断是否有按键被按下。在采用程序扫描方式中,系统首先判断有无按键被按下,如果有按键被按下,则延时 20ms 消除抖动,再查询是哪一个键被按下并执行相应的处理程序。在采用定时扫描方式下,需要利用定时器产生定时中断,响应中断后对键盘进行扫描。定时扫描方式的硬件电路与程序控制扫描方式相同。在采用中断扫描方式时,当有键被按下时,引起外部中断后,微处理器会立即响应中断,对键盘进行扫描处理。

(2) 按键去抖动：开关抖动是指当键被按下时,开关在外力的作用下,开关簧片的闭合有一个从断开到不稳定接触,最后到可靠接触的过程,即按键开关在达到稳定闭合前会反复闭合、断开几次。同样的现象在按键释放时也存在。开关这种抖动的影响若不设法消除,则会使系统误认为键盘被按下若干次。键的抖动时间一般为 10～20ms。为了保证正确识别,需要去抖动处理。按键去抖动既可以采用软件方法,也可以使用硬件去抖动。软件方法是当得知键盘上有键被按下后延时一段时间再判断键盘的状态,若仍闭合,则确认为有键被按下,否则为抖动干扰。

(3) 确定按键的位置,获得键值:对于独立式结构,采用逐条 I/O 接口查询方式确定按键位置;对于矩阵扫描式结构,采用扫描方式来确定按键的位置。根据闭合键位置的编号规律,计算按键的键值。在嵌入式系统中,由于对键盘的要求不同,所以产生键值的方法也有所不同,但不管何种方法,产生的键值必须与键盘上的键一一对应。

(4) 确保对按键的一次闭合只做一次处理:如果同时有一个以上的按键被按下,则系统应能识别并做相应的处理。串键是指多个键同时被按下时产生的问题,解决的方法也有软件方法和硬件方法两种。软件方法是用软件进行扫描键盘,从键盘读取代码是在只有一个键被按下时进行的。若有多键被按下,则采用等待或出错处理。硬件方法则采用硬件电路确保第 1 个被按下的键或者最后一个被释放的键被响应,其他的键即使被按下也不会产生键码而被响应。

在实际应用中键盘的接口电路有多种形式,一般采用由微处理器芯片的 I/O 引脚直接连接按键的方式,再由微处理器来识别按键动作并生成键值。

采用引脚直接连接按键方法,通常也会根据应用的要求,接口电路有所不同,在嵌入式系统所需的键盘中,如果按键个数较少,一般指 4 个以下的按键,则通常会将每个按键分别连接到一个输入引脚上。这种连接方式被称为独立式按键方式。若需要键盘中按键的个数较多,则这时通常会把按键排成阵列形式,在每行和每列的交叉点放置一个按键。这种连接方式被称为矩阵编码键盘或称为行列式按键方式。

6.2.3 显示器接口技术

为了使嵌入式系统具有友好的人机接口,需要给嵌入式系统配置显示装置,如 LCD、LED 等。物联网系统的人机交互接口在显示器连接方面一般有两种方式,其一是本地显示方式,这也是最常用的方式,即配以图形点阵形式的液晶显示器及必要的声音提示方式;其二是通过串口或者网口连接一个显示终端。

1. 液晶显示器

液晶显示器(Liquid Crystal Display,LCD)主要用于显示文本及图形信息,它具有轻薄、体积小、耗电量低、无辐射危险和平面直角显示等特点。在许多电子应用系统中常使用 LCD 作为人机界面。

LCD 从选型角度来看,分为段式和图形点阵式两种类型。常见的段式液晶的每字由 8 段组成,一般只能显示数字和部分字母。

根据 LCD 的颜色一般分为单色与彩色两种类型显示器。在单色液晶显示屏中一个液晶就是一像素。在彩色液晶屏中则每一像素由 R、G 和 B 这 3 个液晶共同组成。同时也可以认为每一像素背后都有一个 8 位的属性寄存器,寄存器的值决定着 3 个液晶单元各自的亮度,有些情况下寄存器的值并不直接驱动 R、G、B 这 3 个液晶单元的亮度,而是通过调色板技术来访问,以达到真彩色的效果。

LCD 显示器的核心结构是两块玻璃基板中间充斥着运动的液晶分子。信号电压可以直接控制薄膜晶体的开关状态,再利用晶体管控制液晶分子,液晶分子具有明显的光学各向异性,能够调制来自背光灯管发射的光线,实现图像的显示,而一个完整的显示屏则由众多像素构成,每一像素好像一个可以开关的晶体管,这样就可以控制显示屏的分辨率。如果显示屏的分辨率可以达到 320×240,则表示它有 320×240 像素可供显示,所以说一台正在显示图像的 LCD,其液晶分子一直处在开关的工作状态。当然,液晶分子的开关次数也是有寿命的,到了使用寿命 LCD 就会出现老化现象。

2. LED 显示器

发光二极管(LED)显示器也是智能装置和设备中常用的输出设备。LED 作为一种简单、经济的显示形式在显示信息量不大的应用场合得到了广泛应用。

LED 是一种由某些特殊的半导体材料制作成的 pn 结。当正向偏置时,由于大量的电子-空穴复合,LED 释放出热量而发光。LED 的正向工作压降一般为 1.2~2V 不等,发光工作电流一般为 1~20mA,发光强度与正向电流成正比。LED 显示器具有工作电压低、体积小、寿命长,其寿命约为 10 万 h,并且响应速度快,一般小于 1μs,此外还具有颜色丰富等特点,是智能设备中常使用的显示器。

目前,LED 显示器的形式主要有单个 LED 显示器、7 段或 8 段 LED 显示器、点阵式 LED 显示器 3 种形式。

单个 LED 显示器实际上就是一个发光二极管,可以由一个二进制数来表示其亮或灭,如信号的有或者无,电源的通或者断,信号幅值是否超过等。在实际应用中,可以通过微处理器 I/O 接口的某一位来控制 LED 的亮与灭。目前常用的 LED 显示器分为有数码管显示器和点阵式显示器两种类型。

6.2.4 触摸屏接口技术

触摸屏是一种新型的智能输入设备,它也是目前最简单、最方便的一种人机交互方式。使用者不必事先接受专业训练,仅需以手指触摸计算机显示屏上的图形或文字就能实现对主机进行操作,大大地简化了智能设备的操作模式。触摸屏的界面直观、自然,给操作人员带来了极大方便,免除了对键盘不熟悉所造成的苦恼,有效地提高了人机对话的效率。目前它已经被广泛地应用在自助取款机、PDA 设备、媒体播放器、汽车导航器、手机和医疗电子设备等方面。

触摸屏是一种透明的绝对定位系统,而计算机中的鼠标是相对定位系统。绝对坐标系统的特点是每次定位的坐标与上一次定位的坐标没有关系,每次触摸的信息通过校准转换为屏幕上的坐标。目前,触摸屏有 4 种由不同技术构成的类型。在实际应用中应该采用基

于何种技术的触摸屏,关键要看应用环境的要求。总之,对触摸屏的要求主要有以下几点:

(1)触摸屏在恶劣环境中能够长期正常工作,工作稳定性是对触摸屏的一项基本要求。

(2)作为一种方便的输入设备,触摸屏能够对手写文字和图像等信息进行识别和处理,这样才能在更大程度上方便使用。

(3)触摸屏是一种主要应用于以个人、家庭为消费对象的产品,必须在价格上具有足够的吸引力。

(4)触摸屏用于便携和手持产品时需要保证极低的功耗。

触摸屏和 LCD 不是同一种物理设备,触摸屏是覆盖在表面的输入设备。它可以记录触摸的位置,检测用户单击的位置。这样,使用者可对其位置的信息做出反应。根据触摸屏的构成形式有电阻式触摸屏、电容式触摸屏、红外式触摸屏和表面声波触摸屏 4 种类型。目前使用较多的是电阻式触摸屏、电容式触摸屏和大屏幕红外式触摸屏。

6.2.5 物联网 API

物联网应用程序接口(Application Programming Interface,API)开发是指通过 API 来实现物联网设备之间的通信和数据交换。API 是一组预先定义的函数、方法或命令,允许开发者更轻松地访问和使用特定服务或功能。在物联网领域,API 开发可以帮助设备之间实现互操作和数据共享,从而提高效率和扩展性。

物联网 API 开发的优势很多,主要有以下几种。

(1)提高开发效率:API 可以减少开发者编写重复代码的时间,提高开发效率。

(2)促进数据共享:API 可以方便地实现不同设备之间的数据交换,促进数据共享。

(3)提高系统可扩展性:API 可以方便地实现新功能的添加和旧功能的升级,提高系统的可扩展性。

(4)降低维护成本:API 可以方便地实现不同设备之间的兼容性,降低维护成本。

物联网 API 开发的应用场景也非常广泛,常见的应用场景如下。

(1)智能家居:通过 API 实现家庭设备之间的通信和控制,例如智能灯光、智能门锁等。

(2)工业物联网:通过 API 实现工业设备之间的数据交换,例如传感器、机器人等。

(3)智能城市:通过 API 实现城市设施之间的数据交换,例如交通、能源、环境监测等。

不同的厂商或者产品可以自己定义与物联网的 API 对接的格式,不同的软件控制系统,其接口也不同。需要通过相关的接口文档去对接。以下是其中一种 API 的格式,主要包含请求 URL 和请求的参数,代码如下:

```
http - server

云台控制接口
请求地址:wss://10.100.42.246:5000
请求参数
```

```
{
    type: "CreateLive",
    platform_id: platform_id,
    device_id: device_id, //设备 id
    param: {
    ud: 0, //上下仰角
    lr: 1, //左右旋转
    io: 0, //焦距
    }
}
```

45min

6.3　物联网设备对接

6.3.1　物联网在数字孪生中的重要意义

物联网的发展是数字孪生发展的必要条件,物联网的发展使数字孪生可以实时仿真物理对象的动作,例如门禁的开关、设备的告警、空调的开关等。使在数字孪生中可以实时监控物理设备的状态,例如汽车运行状态、环境温湿度等状态、机房服务器的运行状态等。

也就是说,通过物联网传输的数据,可以在数字孪生的环境中模拟出现实环境中发生但不可见的事情,使观察者能够更直观地理解目前发生的事情并做出反应,例如天然气的泄漏模拟、温度升高时的热力图模拟等。

物联网可以为数字孪生提供数据输入,是数字孪生系统进行数据分析的来源,并实时更新,让设计者看到产品实际上是如何运行的,对超标数据发出预警,并通过孪生系统快速地做出调整策略,提前干预,避免或者减少危险和风险的发生。

可以通过对物联网历史数据的分析,推演一些业务流程和更改业务流程,还可以降低成本,如生产车间的生产流程的监控和管理等业务。

总之,数字孪生可以充分地利用物理模型、传感器更新、运行历史等数据,集成多学科、多物理量、多尺度、多概率的仿真过程,从而反映对应的实体装备的全生命周期过程。

6.3.2　物联网设备对接流程

数字孪生应用系统一般可以对接各种物联网设备,以获取所需的物联网数据,控制对应的物联网设备。一般在对接过程中应用系统都不会直接对接物联网设备,而是对接控制和管理物联网设备的集中控制软件系统。集中控制软件系统有很多种,不同的厂商拥有不同的软件控制系统,在对接的过程中无须关心物理设备的接口问题,而只需对接集中控制软件系统。

在物联网设备的对接流程中通常应用系统通过云平台集中控制软件系统对物联网设备进行控制,对接流程如图 6-3 所示。

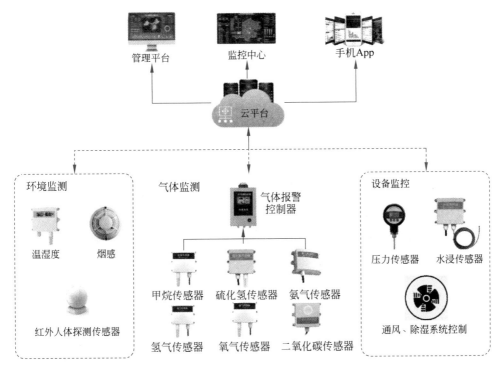

图 6-3 物联网设备的对接

6.4 物联网设备对接场景案例

在 ThingJS 的三维场景中,孪生出现实生活中的摄像头、传感器等物理设备,通过对接物理设备的控制平台接口,可以在三维场景中,获得摄像头的实时视频、温度、湿度等物理设备的状态,也可以通过接口去驱动物理设备,如控制摄像头的旋转、聚焦等。这里通过一个设备管理场景案例来进行详细介绍。

6.4.1 设备管理场景解决方案

首先根据客户需求,确定设备管理场景解决方案,准备好的环境如下:

(1) 已经联网的门禁、摄像头等物联网设备。

(2) 云台控制系统,并提供对应的接口。

可设计解决方案如下:

(1) 根据物理设备所处的环境,通过建模,孪生出物理设备所在环境的三维场景。

(2) 采集物理设备的位置信息,并在三维场景的相对应位置上创建出物理设备的孪生体。

(3) 根据设备 ID 在孪生体与物理设备之间建立映射关系。

（4）根据设备 ID 对接云台控制系统的接口，并根据相应的接口去获取物理设备的数据或者驱动物理设备。

（5）根据具体的业务需求对项目中的样式进行设计，并与接口数据信息结合，从而进行显示和交互。

6.4.2　设备管理场景的实现

在场景实现时，首先需要做好以下准备工作：

（1）已经联网的物联网设备，如门禁、摄像头。

（2）云台控制系统，并提供对应的接口。

（3）初始化 ThingJS 场景，HTML 代码如下：

```
//教材源代码/project-examples/internetOfThings/src/init.js

<div id="div3d"></div>
const app = new THING.App({
  url: './scene/scene1.gltf',
  complete: (e) => {
    createCamera()
  },
});
```

创建的场景效果如图 6-4 所示。

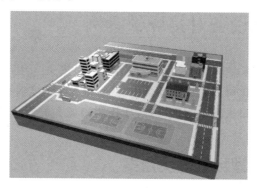

图 6-4　场景效果

场景实现的具体过程主要包含创建对象、建立映射关系、绑定事件、创建面板、获取视频和通过面板操作对象等步骤，具体的实现步骤如下。

第 1 步，创建孪生体摄像头对象并根据设备 ID 建立映射关系，代码如下：

```
//教材源代码/project-examples/internetOfThings/src/init.js
<div id="div3d"></div>
const app = new THING.App({
  url: './scene/scene1.gltf',
```

```
  complete: (e) => {
    createCamera()
  },
});
```

创建孪生体摄像头对象的效果如图 6-5 所示。

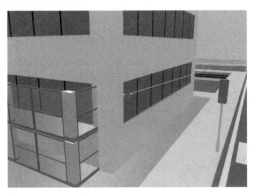

图 6-5 孪生体摄像头

第 2 步,给孪生体绑定单击事件,通过单击孪生体对象,显示孪生体的信息面板,代码如下:

```
//教材源代码/project-examples/internetOfThings/src/init.js
const entity = new THING.Entity({
  name: 'cloudCamera', //名称
  //参数传入模型的 URL
    url:'https://model.3dmomoda.com/models/247d7f4dde914a06ae5abc4eef1b910e/0/gltf',
  position: [-50.307, 8.214, -34.834], //物理位置信息
  angles: [0, 180, 0], //旋转角度
  scale: [2, 2, 2], //尺寸
  userData: {
    device_id: '34020000001310000002', //对应的设备 ID
  }
});
```

第 3 步,创建孪生体面板,包含标题、摄像头的实时视频画面、操作按钮,代码如下:

```
//教材源代码/project-examples/internetOfThings/index.html

//HTML 摄像头面板
<div class = "videoBox">
  <h4>摄像头面板</h4>
<video id = "VideoElement" muted = "muted" autoplay = "autoplay" playsinline = "" style =
"width: 400px;" src = ""></video>
  <!-- 控制按钮 -->
  <div class = "controls">
```

```
    < button class = "btn" id = "turnleft">向左</button>
    < button class = "btn" id = "turnright">向右</button>
    < button class = "btn" id = "scaledown">缩小</button>
    < button class = "btn" id = "magnify">放大</button>
    < button class = "btn" id = "turnTop">向上</button>
    < button class = "btn" id = "turndown">向下</button>
  </div>
</div>
```

面板样式如图 6-6 所示。

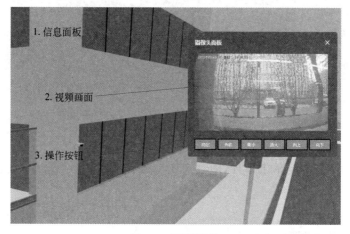

图 6-6　面板样式

第 4 步,面板显示后,根据设备 ID,使用 flv.js 获取摄像头的实时视频画面,代码如下:

```
//教材源代码/project - examples/internetOfThings/src/player.js

function CreatePlayer(uri, element, error) {
  if ( !flvjs.isSupported()) return null;
  //创建一个播放实例
  var player = flvjs.createPlayer( {
    type: 'flv',
    isLive: true,
    hasAudio: true,
    hasVideo: true,
    url: uri
    },{
    autoCleanupSourceBuffer: true,
        enableWorker: true,
    enableStashBuffer: false,
    stashInitialSize: 128,
    autoCleanupMaxBackwardDuration: 20,
    autoCleanupMinBackwardDuration: 10
    );
```

```
player.attachMediaElement(element); //将播放实例注册到 video 节点
player.load();                      //加载
player.play();                      //播放实时视频
return player;
}
```

获取摄像头的实时视频画面,效果如图 6-6 中的视频画面所示。

第 5 步,单击面板的操作按钮,通过接口发送指令,并在摄像头的实时画面中显示结果,从而使三维场景中的孪生体同时进行联动,代码如下:

```
//教材源代码/project-examples/internetOfThings/src/index.js
//单击信息面板中的"向右"转动按钮
turnright.addEventListener('click',() => {
  MoveRight();
})
//转动的方法
function MoveRight() {
  SendCommand({
    ud: 0,
    lr: 2,
    io: 0
  });
}
function SendCommand(param) {
    const {platform_id, device_id} = getPlayId();
    ws.send(JSON.stringify({
    type: "DeviceControl",
    platform_id,
    device_id,
    param,
}));
}
```

操作效果如图 6-7 所示。

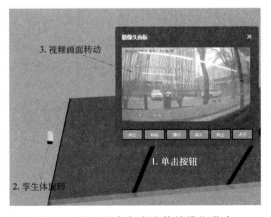

图 6-7 物理设备与孪生体的操作联动

本章小结

本章首先介绍了物联网通信技术的内容和嵌入式系统、键盘接口技术、显示器接口技术、触摸屏接口技术等人机交互技术。随后介绍了数字孪生应用系统和物联网设备对接的大概流程,并通过 ThingJS 实现了一个简单的 ThingJS 应用平台与物联网设备对接的场景案例,详细地展示了数字孪生应用平台与物理设备的联动和交互过程。

本章习题

简答题

(1) 串行通信按照传送信息的方向可分为哪 3 种方式? 各自的特点是什么?

(2) 简述无线传感网络的特点。

(3) 简述 GPS 系统的组成及工作原理。

(4) 嵌入式系统的特点是什么?

(5) LED 显示器的形式有哪些?

(6) 如何对物联网设备进行控制?

综合案例：汽车换电

本章将介绍利用 ThingJS 开发汽车换电的可视化案例，按照软件开发的基本过程进行开发，首先需要对案例进行需求分析，在此基础上对案例进行方案设计，最后根据方案设计进行编码实现。案例需求包含泊车检查、电池拆卸、电池仓调度电池流程、新电池安装流程等不同的业务。

7.1 汽车换电案例需求

21min

一直以来，电动汽车的充电桩、换电桩服务网络铺设是电动车市场开拓的一大痛点，让加电比加油更方便是电动车市场增量成败的关键。初代换电站整体过程还需人工介入，并且运维成本较高，而国内目前已经掌握了新一代无人值守换电站的解决方案。车辆在待停区就开始进入全自动换电流程的可视化管理，整个换电场景半透明化，换电过程将实时展示。

无人值守汽车换电案例包含泊车检查、电池拆卸、电池调度、电池安装、车辆驶离等可视化流程。

7.2 汽车换电解决方案设计

根据无人值守汽车换电需求包含泊车检查、电池拆卸、电池调度、电池安装、车辆驶离等可视化业务流程，对案例进行解决方案设计。

1. 泊车检查

首先车辆进入换电站等待区，然后自动泊车进入换电站，车辆停靠后需要与换电站进行安全认证，认证通过后，车辆下方的开合门打开，车辆熄火，完成泊车检查，整个过程通过数字孪生可视化场景展示和操作。

2. 电池拆卸

开合门下方的加解锁平台升至车辆底部进行电池解锁，给平台添加解锁效果，同时需要在页面中显示车辆信息，拆卸完成后，加解锁平台携进站电池下降至初始位置，换下的进站电池移动到缓存位暂存,完成电池拆卸,整个过程通过数字孪生可视化场景进行展示和操作。

3. 电池调度

出站电池从电池仓移动到电池提升机,通过电池提升机移动到加解锁平台上,完成电池调度,整个过程通过数字孪生可视化场景展示和操作。

4. 电池安装

加解锁平台将出站电池提升到车辆底部进行电池安装,当电池安装完成后,加解锁平台再次下降至初始位置,将进站电池移动到电池提升机上,进仓充电,完成电池安装,整个过程通过数字孪生可视化场景进行展示和操作。

5. 车辆驶离

换电完成后,开合门关闭,车辆驶离换电站。换电流程开始后,每进行到一个步骤时,页面底部会对详细步骤进行文字提示。

7.3　开发准备

本章实现的是汽车换电数字孪生可视化的整个流程,首先需要做好项目开发的准备工作。新建一个 CAR-DEMO 文件夹,并在其中新建两个文件夹,一个文件夹名为 src,用于存放所需的脚本文件,如 thing.js;另一个文件夹名为 assets,用于存放所需的资源文件,如场景文件、模型、场景贴图等资源。在此基础上,需要再创建另外两个文件夹,一个文件夹取名为 images,用于存放案例所需的图片资源;另一个文件夹取名为 css,用于存放案例所需的页面样式资源。可使用 Visual Studio Code 编辑器作为开发工具,打开工程,得到的完整的案例工程目录如图 7-1 所示。

图 7-1　完整的案例工程目录

将准备好的项目资源放到对应的目录下,即可开始准备编码工作了。

7.4　功能实现

根据本案例的解决方案进行设计,实现泊车检查、电池拆卸等功能,需要实现包含具体的页面编写、模型加载、组件加载、摄影机操作、插值动画、模型动画操作、二维界面、三维界面、创建线、对象更新、uv 动画等功能。

7.4.1　全局设置

首先,对根目录下的 index.html 文件中的内容进行修改,在 src 文件夹下新建 main.js 文件作为主程序的入口脚本,代码如下:

```
//教材源代码/project-examples/carPowerChange/index.html

<!DOCTYPE html>

<html lang = "en">

<head>
    <meta charset = "UTF-8" />
    <meta http-equiv = "X-UA-Compatible" content = "IE=edge" />
    <meta name = "viewport" content = "width=device-width, initial-scale=1.0" />
    <title>汽车换电案例</title>
    <script src = "./src/thing.js"></script>
</head>

<body>
    <div id = "div3d"></div>
    <!-- 入口文件 -->
    <script type = "module" src = "./src/main.js"></script>
</body>

</html>
```

💡注意: 因为 main.js 文件中用到了 ES6 中的 await 关键字, 所以需要在引用 script 标签时, 加入 type 属性, 属性值为 module, 表示以模块化的方式加载 JS 文件。

在 main.js 文件中编写脚本代码, 首先需要初始化 ThingJS 的 app 实例, 然后将实例对象存放到全局变量中, 方便浏览器调试和文件之间的调用, 代码如下:

```
//初始化 app 实例
const app = new THING.App();
//创建立方体
window.app = app;
```

有了 app 实例以后, 就可以创建对应换电站需要的模型了, 这里将换电站的场景拆分为 6 个模型, 分别为地面(ground)、换电站外壳(facade)、加解锁升降台(elevator)、电池架(shelf)、电池(battery)、汽车(car), 这些模型存放在 assets 目录下。

先把不需要移动位置的模型创建出来, 因为汽车有移动需求, 所以在后续的功能里创建, 代码如下:

```
//教材源代码/project-examples/carPowerChange/src/main.js

//创建地面模型
window.groundObject = new THING.Entity({
  url: '/assets/gltf/ground/ground.gltf',
  name: 'ground'
```

```
});
//创建换电站外立面模型
window.facadeObject = new THING.Entity( {
  url: '/assets/gltf/facade/facade.gltf',
  name: 'facade'
});
//创建加解锁升降机模型
window.elevatorObject = new THING.Entity( {
  url: '/assets/gltf/elevator/elevator.gltf',
  name: 'elevator'
});
//创建电池架模型
window.shelfObject = new THING.Entity( {
  url: '/assets/gltf/shelf/shelf.gltf',
  name: 'shelf'
});
//在电池架的位置创建 16 块电池
for(let i = 0; i < 16; i++){
  new THING.Entity( {
    url: '/assets/gltf/battery/battery.gltf',
    name: 'battery',
    name: 'batteryObject' + i,
    position: [i < 8 ? - 3.15 : - 7, 2.64 - ( i % 8) * 0.35, 0]
  });
}
```

创建完后加载模型,效果如图 7-2 所示。

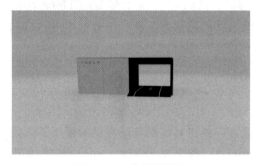

图 7-2　加载模型效果

通过模型加载效果可以看出场景后面的背景是默认的灰色,而且模型也没有很好的
光照反射效果,为了让三维场景更加有质感,可以给场景增加天空盒和反射效果,代码
如下:

```
//教材源代码/project - examples/carPowerChange/src/main.js

//添加天空盒效果
const image = new THING.ImageTexture( [
```

```
    '/assets/skybox/posx.jpg',
    '/assets/skybox/negx.jpg',
    '/assets/skybox/posy.jpg',
    '/assets/skybox/negy.jpg',
    '/assets/skybox/posz.jpg',
    '/assets/skybox/negz.jpg',
]);
//设置场景的背景图
app.background = image;
//设置场景的反射图
app.envMap = image;
```

给场景增加天空盒和反射效果后的实现效果如图 7-3 所示。

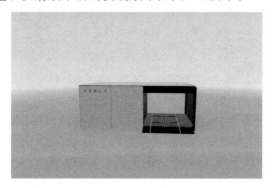

图 7-3 添加背景和反射图后的效果

7.4.2 模型动画

如果要实现换电池的可视化需求,则会用到一些比较精细的模型结构和模型动画,模型加载完以后需要知道模型都有哪些动画,效果是什么样子的。这里以换电站的电池架为例,介绍如何查看模型动画。

为了方便查看,首先注释掉其他模型的创建代码,只保留创建电池架的代码,再次运行项目,打开浏览器,按 F12 键打开浏览器的调试窗口,切换到 Console 选项卡,在命令行中输入的代码如下:

```
shelfObject.animationNames
```

此时,控制台会打印出当前模型对象所有的动画名称,然后就可以通过播放动画名称来预览效果,例如播放升降机的动画代码如下:

```
shelfObject.playAnimation('升降机1')
```

通过上述操作,即可对模型的动画效果进行预览,预览效果如图 7-4 所示。

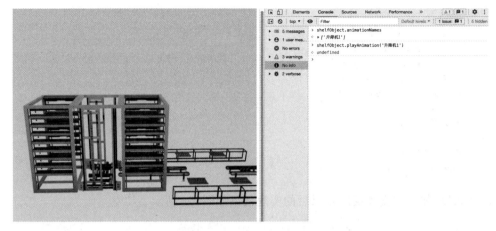

图 7-4　模型动画预览效果

7.4.3　泊车检查

在泊车检查开始之前,主要需要做好以下准备工作:

(1) 为了让代码更加有逻辑,通常不在 main.js 文件的内部存放全部的代码逻辑,只将其作为入口文件即可,其他的代码需要按功能进行划分和存放,方便查看和修改。在 src 目录下创建一个 utils.js 脚本文件,用来存放通用的工具和方法。

(2) ThingJS API 的创建模型的过程是异步过程,如果希望整个换电流程的代码是按照现实情况同步执行的,处理异步的回调,就需要等待模型加载完成,添加的代码如下:

```
//等待模型加载完成
const objs = app.query( '.Entity');
await objs.waitForComplete( );
```

这里使用 await 关键字处理异步的回调,下面的代码即可按照顺序执行。

(3) 在 utils.js 文件中添加动态加载 script 标签的代码,代码如下:

```
//教材源代码/project - examples/carPowerChange/src/utils.js

/**
 * @description: 动态加载 JS 文件
 * @param {string} url 文件地址
 * @param {function} callback 加载完成后回调
 */
function loadJS(url,callback) {
  var head = document.getElementsByTagName('head')[0],
    script = document.createElement('script');
  script.src = url;
  script.type = 'module';
  head.appendChild(script);
```

```
script.onload = script.onreadystatechange = function() {
  //script 标签,IE 下有 onreadystatechange 事件, W3C 标准有 onload 事件
  //这些 readyState 是针对 IE8 及以下版本的,W3C 标准因为 script 标签没有这个
  //onreadystatechange,所以也不会有 this.readyState
  //好在如果文件加载不成功,则 onload 不会被执行,(!this.readyState) 是针对 W3C 标准的
  if (
    !this.readyState ||
    this.readyState == 'complete' ||
    this.readyState == 'loaded'
  ) {
    if (callback) callback();
  } else {
    alert('can not load the js file');
  }
};
};
```

（4）在 src 目录下新建 parkingCheck.js 文件,用来存放泊车检查模块的代码,然后通过动态引入的方式插入 script 标签中。

（5）在 main.js 文件中加载 parkingCheck.js,添加的代码如下:

```
//教材源代码/project - examples/carPowerChange/src/main.js

//加载泊车检查代码
loadJS( './src/parkingCheck.js');
```

完成这几个开发准备工作后,接下来就可以对具体的各项功能进行开发了。

第 1 步,在 parkingCheck.js 文件中创建车辆模型,代码如下:

```
//教材源代码/project - examples/carPowerChange/src/parkingCheck.js

//创建汽车模型
window.carObject = new THING.Entity( {
  url: '/assets/gltf/car/car.gltf',
  name: 'car',
  position: [0, - 0.321, 6.4884]
});
await carObject.waitForComplete();
```

第 2 步,需要在页面中给出文字提示,对详细步骤以文字的形式进行介绍。在 index.html 文件中添加 HTML 元素,并在 CSS 文件下新增 main.css 文件,完整的主页面代码如下:

```
//教材源代码/project - examples/carPowerChange/index.html

<!-- index.html -->

<!DOCTYPE html >
```

```html
< html lang = "en">
  < head >
    < meta charset = "UTF - 8" />
    < meta http - equiv = "X - UA - Compatible" content = "IE = edge" />
    < meta name = "viewport" content = "width = device - width, initial - scale = 1.0" />
    < title >汽车换电案例</title>
    < link rel = "stylesheet" href = "./css/main.css">
    < script src = "./src/thing.js"></script >
    < script src = "./src/utils.js"></script >
  </head >

  < body >
    < div id = "div3d"></div >
    < div id = "message"></div >
    <!-- 入口文件 -->
    < script type = "module" src = "./src/main.js"></script >
  </body >
</html >
```

然后在 main.css 文件中编写 id 为 message 容器的样式,代码如下:

```css
//教材源代码/project - examples/carPowerChange/css/main.css

/ * css/main.css * /

# message{
  position: absolute;
  background: linear - gradient( 90deg,rgba( 255,255,255,0),rgba( 255, 255, 255, 0.6), rgba
(255,255,255,0));
  bottom: 8 % ;
  left: 50 % ;
  transform: translateX( - 50 % );
  padding: 5px 30px;
  display: none;
  font - size: 12px;
}
```

message 容器默认为隐藏状态,可以通过 JS 代码按步骤进行填充文字和修改显隐状态,这里把更新文字内容和状态的代码做成通用的方法,在 utils.js 文件中添加的代码如下:

```javascript
//教材源代码/project - examples/carPowerChange/src/utils.js

/ **
 * @description: 更新提示文字信息
 * @param {string} text 文字内容
 * /
function updateMessage(text) {
```

```
  const msgDom = document.getElementById('message');
  msgDom.style.display = text.length > 0 ? 'block' : 'none';
  msgDom.innerHTML = text;
}
```

继续接上第 2 步的内容，创建完模型以后在 parkingCheck.js 文件中更新文字提示"开始泊车"，代码如下：

```
//教材源代码/project-examples/carPowerChange/src/parkingCheck.js

//更新文字提示
updateMessage('开始泊车');
```

第 3 步，对泊车动画和视角进行设置。泊车动画需要让车辆的轮子旋转，查看车辆模型的动画名称为"轮子旋转"，然后旋转场景，以便找到一个合适的角度执行摄影机的切换动作，使整个流程更加连贯，实现代码如下：

```
//教材源代码/project-examples/carPowerChange/src/parkingCheck.js

//泊车动画和视角设置
const parking = new Promise( (resolve) => {
  carObject.movePath( [carObject.position, [0, 0, 0]], {
    time: 3000,
    orientToPath: false,
    start: function (ev) {
      ev.object.playAnimation( {
        name: '轮子旋转',
        reverse: true,
        loopType: THING.LoopType.Repeat,
      });
    },
    stop: function (ev) {
      ev.object.stopAnimation( '轮子旋转');
    },
    complete: function (ev) {
      ev.object.stopAnimation( '轮子旋转');
    }
  });
  app.camera.flyToAsync( {
    position: [-1.1866551871128372, 1.7390452605940618, 14.366166159912627],
    target: [-1.4902347739606618, 0.49276276294609017, 2.4611427363975995],
    time: 3000,
    delayTime: 100,
    complete: function () {
      resolve()
    }
  });
```

```
})
await parking;
```

💡 **注意**: 摄影机的视角可以在鼠标调整完后,按 F12 键打开开发者工具,在 Console 页里输入 app. camera. position 和 app. camera. target,以便获取飞行所需的 position 和 target 参数。

完成这一步后,汽车换电池的流程就正式开始了,可以开始正常泊车,泊车效果如图 7-5 所示。

图 7-5　开始泊车效果

第 4 步,泊车检查。先更新文字提示"检查车辆泊车是否已经到位",然后等待 2s,这时需要在 utils. js 文件中添加间隔时长的处理步骤脚本,代码如下:

```
//教材源代码/project-examples/carPowerChange/src/utils.js

/**
 * @description: 处理步骤的间隔时长
 * @param {number} ms 等待时长(毫秒)
 * @return {object} Promise
 */
function waitTime(ms) {
  return new Promise( ( resolve, reject) => {
      setTimeout(() => {
          resolve(ms)
      }, ms)
  })
}
```

然后在 parkingCheck. js 文件中继续编写代码,代码如下:

```
//教材源代码/project-examples/carPowerChange/src/parkingCheck.js

//更新文字提示
```

```
updateMessage('检查车辆泊车是否已经到位');
await waitTime(2000);
```

第5步，进行车辆安全认证，打开开合门。在具体实现中先更新文字提示"车辆与换电站互相进行安全认证"，摄影机切换到车辆左前方，车辆熄火后打开开合门，在parkingCheck.js文件中编写代码，代码如下：

```
//教材源代码/project-examples/carPowerChange/src/parkingCheck.js

//安全认证
updateMessage('车辆与换电站互相进行安全认证')
const flyToCar = new Promise( (resolve) => {
  app.camera.flyToAsync( {
    position: [2.4529192829811413, 0.6628302539047974, 3.6374313564377],
    target: [1.2883355308098488, 0.6357532973911585, 1.7401569867411069],
    time: 3000,
    complete: function () {
      resolve()
    }
  });
})
await flyToCar;

//开合门打开
updateMessage('车辆熄火,开合门打开')
facadeObject.playAnimation( {
  name: '轮子卡位',
  speed: 0.5,
});
facadeObject.blendAnimation( {
  name: '电动门开关',
  speed: 0.5,
});
```

完成这一步后，泊车检查流程就结束了，泊车检查效果如图7-6所示。

图7-6 泊车检查效果

7.4.4　电池拆卸

在 src 目录下创建一个 batteryUninstall.js 脚本文件,用来存放电池拆卸模块的代码。
首先,在 parkingCheck.js 文件中添加动态加载电池拆卸的脚本,代码如下:

```
//加载电池拆卸脚本
loadJS( './src/batteryUninstall.js');
```

接着通过以下几个步骤完成电池拆卸操作。

第 1 步,需要使对象内部结构可视。通过 ThingJS 的插值计算组件,对换电站和车辆模型进行半透明处理,方便观察车辆和换电站内部的结构,在 batteryUninstall.js 文件中编写代码,代码如下:

```
//教材源代码/project - examples/carPowerChange/src/batteryUninstall.js

//换电站和车辆外立面设置透明
facadeObject.lerp.to( {
  from: {
    'style/opacity': 1,
  },
  to: {
    'style/opacity': 0.3,
  },
});
carObject.lerp.to( {
  from: {
    'style/opacity': 1,
  },
  to: {
    'style/opacity': 0.6,
  },
});
```

💡 注意:因为插值计算过程的默认值为 1s,所以如果想在透明处理结束后加入其他逻辑,则需要等待 1s 异步处理的过程。

对换电站和车辆模型进行透明处理后的效果如图 7-7 所示。

图 7-7　车辆和换电站透明效果

第2步，准备解锁。首先，更新文字提示"开始电池拆卸环节，将加解锁平台提升至车辆底部"，然后对加解锁平台的升降机进行升降操作，播放其升降动画和添加等待时间，在batteryUninstall.js文件中编写代码，代码如下：

```
//教材源代码/project-examples/carPowerChange/src/batteryUninstall.js

//加解锁平台操作
updateMessage('开始电池拆卸环节,将加解锁平台提升至车辆底部');
elevatorObject.playAnimation({
  name: '升降机2',
  speed: 0.4,
});
await waitTime(5000);
```

第3步，弹出车辆详情面板。将升降机提升至车辆底部后，需要查看车辆图片、车辆型号、电池类型、换电次数、是否是新手、电池剩余量、健康检测等信息。

在index.html文件中添加与车辆信息相关的HTML元素，完整的实现主页面的代码如下：

```
//教材源代码/project-examples/carPowerChange/index.html

<!-- index.html -->

...
  <body>
    ...
    <div id="car-info">
      <div class="f-left car-title">车辆信息</div>
      <div class="f-left car-desc">
        <img src="./images/car.png">
        <div>
          <span>Tesla Model3</span>
          <span>高性能版</span>
        </div>
      </div>
      <ul class="f-left power-info">
        <li>
          <span>电池类型</span>
          <span>标准续航级(70/75kW·h)</span>
        </li>
        <li>
          <span>换电次数</span>
          <span>30次</span>
        </li>
        <li>
          <span>新手换电</span>
          <span>否</span>
```

```
      </li>
      < li >
        < span >电量剩余</span >
        < span > 30 %</span >
      </li>
    </ul>
    < div class = "f - left car - check">
      < div class = "f - left c - c - title">健康检测</div >
      < ul class = "f - left">
        < li >
          < span >冷却液过多</span >
          < span >无</span >
        </li>
        < li >
          < span >冷却液液位过低</span >
          < span >无</span >
        </li>
        < li >
          < span >雷达传感器故障</span >
          < span >无</span >
        </li>
      </ul>
    </div>
  </div>
</body>
...
```

然后在 main.css 文件中给面板添加样式,代码如下:

```
//教材源代码/project - examples/carPowerChange/css/main.css

/ * css/main.css * /

ul,li{
  list - style: none;
}
.f - left{
  width: 100 % ;
  float: left;
}
#car - info{
  position: absolute;
  right: 5 % ;
  top: 5 % ;
  width: 268px;
  padding: 10px 16px;
  font - size: 14px;
  background: rgba(225,232,233,0.55);
```

```
    }
    .car-title{
      height: 22px;
      font-size: 16px;
      color: #2B4141;
    }
    .car-desc{
      display: flex;
      align-items: center;
    }
    .car-desc > img{
      flex: 1;
      width: 140px;
      height: 80px;
      float: left;
    }
    .car-desc > div{
      flex: 1;
      font-size: 14px;
      color: #2E2E2E;
      display: grid;
      align-items: center;
    }
    .car-desc > div > span{
      width: 100%;
      float: left;
      height: 26px;
    }
    .car-desc > div > span:nth-child(2) {
      font-size: 12px;
      opacity: 0.6;
    }
    .power-info{
      border-top: 0.5px solid #2b414177;
      border-bottom: 0.5px solid #2b414177;
    }
    .power-info li{
      width: 100%;
      float: left;
      height: 36px;
      line-height: 36px;
      display: flex;
      color: #2B4141;
    }
    .power-info li > span:nth-child(1){
      flex: 1;
      opacity: 0.7;
    }
    .power-info li > span:nth-child(2){
```

```
    flex: 2;
    text - align: right;
}
.c - c - title{
    height: 36px;
    line - height: 36px;
    opacity: 0.7;
    color: #2B4141;
}
.car - check ul li{
    width: 100%;
    float: left;
    height: 36px;
    color: #2B4141;
    line - height: 36px;
    padding - left: 26px;
    background: url('/images/normal.png') left center no - repeat;
    background - size: 16px;
    box - sizing: border - box;
    display: flex;
    justify - content: space - between;
}
.car - check ul li span:nth - child(1) {
    opacity: 0.7;
}
```

添加完车辆信息面板和样式后,面板展示效果如图 7-8 所示。

图 7-8　车辆信息面板效果

添加完车辆信息面板后先将 id 为 car-info 的页面元素设置成隐藏状态,在下面的步骤里再设置成显示,回到 batteryUninstall.js 文件中,添加的代码如下:

```
//教材源代码/project-examples/carPowerChange/src/batteryUninstall.js

//显示车辆详情面板
const panelDom = document.getElementById('car-info');
panelDom.style.display = 'block';
```

如果只展示一个面板,则显得比较朴素,可以给它添加上一些更科技化的元素。先准备一张格式为 png 或者 gif 的动图,在车辆身上创建一个有动画效果的标记,然后将标记和面板通过折线连接,这样就可以实现科技风的拖尾面板效果了。

在 batteryUninstall.js 文件中创建车辆标记,代码如下:

```
//教材源代码/project-examples/carPowerChange/src/batteryUninstall.js

//创建车辆标记
const newDom = document.createElement('div');
newDom.innerHTML = `< img src = "./images/point.png" width = "10" height = "10" />`;
document.getElementById('div3d').appendChild(newDom);
let component = new THING.DOM.CSS3DComponent();
carObject.addComponent(component, 'css');
carObject.css.offset = [0.8, 1, 0];
carObject.css.domElement = newDom;
carObject.css.renderType = THING.RenderType.Sprite;
carObject.css.enablePropagation = true;
```

再创建车辆标记到面板的连线,连线的创建逻辑是线的起点为刚刚创建的车辆标记位置,中间点为车辆信息面板左侧往左偏移一部分,终点为面板的左上方,其中在屏幕坐标转三维坐标时用到了 app.camera.screenToWorld 的 API,代码如下:

```
//教材源代码/project-examples/carPowerChange/src/batteryUninstall.js

//开始创建线
const carPos = carObject.position;
//车标记作为线的起点
const startPos = [carPos[0] + 0.8, carPos[1] + 1, carPos[2]];
//车横向位移一点作为线的中心点
const midPos = app.camera.screenToWorld( [panelDom.offsetLeft - 100, panelDom.offsetTop + 30]);
//面板的左侧作为线的终点
const endPos = app.camera.screenToWorld( [panelDom.offsetLeft, panelDom.offsetTop + 30]);
//开始创建线
const line = new THING.PixelLine( {
  name: 'line',
  points: [startPos, midPos, endPos],
  style: {
```

```
        width: 5,
        sideType: THING.SideType.Double,
        color: '#ffffff',
    }
});
```

添加完代码后再次刷新页面,可以看到的效果如图 7-9 所示。

图 7-9　车辆信息面板效果

这时如果拖动场景视角,则线和面板会分离,这是因为创建的线没有跟随场景的变化而更新位置,如果要解决该问题,则需要添加动态更新线位置的脚本,代码如下:

```
//教材源代码/project-examples/carPowerChange/src/batteryUninstall.js

//保证拖动场景时线跟着更新
line.on('update', function () {
  //只需更新中心点和终点位置
  line.setPoint(1, app.camera.screenToWorld([panelDom.offsetLeft - 100, panelDom.offsetTop
+ 30]));
  line.setPoint(2, app.camera.screenToWorld([panelDom.offsetLeft, panelDom.offsetTop +
30]));
}, 'update_line');
```

第 4 步,开始解锁。首先更新文字提示“进站电池解锁”,然后添加解锁的贴图动效,创建汽车进站电池,最后关闭车辆详情面板,代码如下:

```
//教材源代码/project-examples/carPowerChange/src/batteryUninstall.js

updateMessage('进站电池解锁');
```

```
elevatorObject.style.image = '/images/sweep.png';
elevatorObject.style.uv.rotation = 90;
elevatorObject.style.uv.repeat = [1,2];
elevatorObject.on('update', function (ev) {
  ev.object.style.uv.offset[1] = ev.object.style.uv.offset[1] + ev.deltaTime / 2;
}, 'uv')
await waitTime( 4000);
//创建进站电池模型
window.inBatteryObject = new THING.Entity( {
  url: '/assets/gltf/battery/battery.gltf',
  name: 'battery',
  position: [0, 0.163, 0]
});
await waitTime( 4000);
//关闭车辆详情面板
panelDom.style.display = 'none';
carObject.removeComponent('css');
line.off('update', 'update_line');
line.destroy();
//关闭解锁效果
elevatorObject.style.image = null;
elevatorObject.off('update','uv');
```

第 5 步，电池拆卸完成。首先，更新文字提示"电池拆卸完成，将加解锁平台下降至初始位置"，摄影机切换到加解锁平台升降机的近点视角，升降机携带进站电池一起复位，代码如下：

```
//教材源代码/project - examples/carPowerChange/src/batteryUninstall.js

//电池拆卸完成并复位
updateMessage('电池拆卸完成,将加解锁平台下降至初始位置');
app.camera.flyToAsync( {
  position: [2.1029490701939677, - 0.07411806275596206, 0.05797221499039915],
  target: [1.0798412655428453, - 0.04881897384862972, - 0.0011605122751087368],
  time: 4000
});
elevatorObject.playAnimation( {
  name: '升降机 2',
  speed: - 0.4,
});
inBatteryObject.lerp.to( {
  time: 4000,
  from: {
    'localPosition': inBatteryObject.localPosition,
  },
  to: {
    'localPosition': [0, - 0.19, 0],
  },
});
await waitTime(5000);
```

第6步,电池暂存。首先,更新文字提示"将换下来的进站电池移动到侧边的缓存位暂存",接着为摄影机添加跟随组件,并开启跟随进站电池移动,代码如下:

```
//教材源代码/project-examples/carPowerChange/src/batteryUninstall.js

updateMessage( '将换下来的进站电池移动到侧边的缓存位暂存');
inBatteryObject.lerp.to( {
  time: 4000,
  from: {
    'localPosition': [0, -0.19, 0],
  },
  to: {
    'localPosition': [1.83, -0.19, 0],
  }
});
//添加摄影机跟随组件
app.camera.addComponent(THING.EXTEND.FollowerComponent, 'follower');
app.camera.follower.start(inBatteryObject, {
  horzAngle: 0,
  vertAngle: 0,
  speed: 0.05,
  factor: 1.6
})
await waitTime(6000);
app.camera.follower.stop();
```

进站电池拆卸完成,最终的效果如图 7-10 所示。

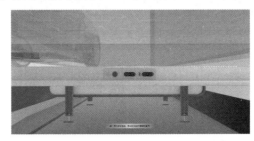

图 7-10   进站电池拆卸完成

7.4.5   电池调度

在 src 目录下创建一个 batteryScheduling.js 脚本文件,用来存放电池调度模块的代码。

在 batteryUninstall.js 文件中,加上动态加载电池调度的脚本,代码如下:

```
//加载电池调度脚本
loadJS( './src/batteryScheduling.js');
```

接着通过以下几个步骤实现电池调度过程：

第 1 步，开始电池调度。首先，更新文字提示"将出站电池从电池仓移动到电池提升机"，然后将摄影机切换到电池仓视角，并取出出站电池，在 batteryScheduling.js 文件中编辑代码，代码如下：

```
//教材源代码/project - examples/carPowerChange/src/batteryScheduling.js

//电池调度开始
updateMessage('将出站电池从电池仓移动到电池提升机');
app.camera.flyToAsync( {
  position: [ - 4.23314992829306, 2.5711102689412866, 3.7637791481932448],
  target: [ - 4.28993687136531, 2.492688977651502, 2.994530183841749],
  time: 3000
});
await waitTime(3000);
//取出出站电池
window.outBatteryObject = app.query('batteryObject1')[0];
outBatteryObject.lerp.to( {
  time: 4000,
  from: {
    'localPosition': [ - 3.15, 2.3, 0],
  },
  to: {
    'localPosition': [ - 5.1, 2.3, 0],
  },
});
await waitTime(5000);
```

出站电池出仓，效果如图 7-11 所示。

图 7-11　电池出仓

第 2 步，转运出站电池。首先，更新文字提示"将出站电池从电池提升机转运到停车平台"，然后根据预设的路径让电池随着路径移动，提升机也响应播放运转动画，代码如下：

```
//教材源代码/project - examples/carPowerChange/src/batteryScheduling.js

//运转出站电池
updateMessage('将出站电池从电池提升机转运到停车平台');
```

```
const path = [outBatteryObject.position, [ - 5.1, - 0.19, 0], [0, - 0.19, 0]];
const time = getTotalTime(path, 0.34);
outBatteryObject.movePath(path, {
  time: time,
  orientToPath: false,
  start: function (ev) {
    app.camera.follower.start(outBatteryObject, {
      horzAngle: 0,
      vertAngle: 0,
      speed: 0.1,
      factor: 2
    })
    shelfObject.playAnimation( {
      name: '升降机 1',
      speed: 0.4,
    });
  },
  complete: function (ev) {
    app.camera.follower.stop( )
  }
});

await waitTime(time + 2000);
```

通过电池提升机将电池运转到传送带,效果如图 7-12 所示。

图 7-12　提升机运转出站电池过程

当出站电池到达停车平台时便完成了电池调度过程,效果如图 7-13 所示。

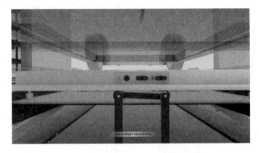

图 7-13　出站电池到达停车平台

7.4.6 电池安装

在 src 目录下创建一个 batteryInstall.js 脚本文件，用来存放电池安装模块的代码。

在 batteryScheduling.js 文件中加上动态加载电池安装的脚本，代码如下：

```
//加载电池安装脚本
loadJS('./src/batteryInstall.js');
```

接着通过以下几个步骤实现电池安装过程：

第 1 步，提升出站电池。首先，更新文字提示"开始电池安装环节，将加解锁平台提升至车辆底部"，然后将摄影机切换到车辆左前方视角，加解锁平台的升降机将出站电池提升至车辆底部，在 batteryInstall.js 文件中编写代码，代码如下：

```
//教材源代码/project-examples/carPowerChange/src/batteryInstall.js

//开启电池安装环节
updateMessage('开始电池安装环节,将加解锁平台提升至车辆底部');
app.camera.flyToAsync( {
  position: [2.4529192829811413, 0.6628302539047974, 3.6374313564377],
  target: [1.2883355308098488, 0.6357532973911585, 1.7401569867411069],
  time: 3000,
  complete: function () {
  }
});
await waitTime(3000);
outBatteryObject.lerp.to( {
  time: 5000,
  from: {
    'localPosition': outBatteryObject.localPosition,
  },
  to: {
    'localPosition': [0, 0.163, 0],
  },
});
elevatorObject.playAnimation( {
  name: '升降机 2',
  speed: 0.4,
});
await waitTime(5000);
```

第 2 步，开启电池安装环节。先更新文字提示"出站电池安装"，并给加解锁平台添加贴图的动态效果，代码如下：

```
//教材源代码/project-examples/carPowerChange/src/batteryInstall.js

//开启电池安装环节
```

```
updateMessage('出站电池安装');
elevatorObject.style.image = '/images/sweep.png';
elevatorObject.style.uv.rotation = 90;
elevatorObject.style.uv.repeat = [1,2];
elevatorObject.on( 'update', function (ev) {
  ev.object.style.uv.offset[1] = ev.object.style.uv.offset[1] + ev.deltaTime / 2;
}, 'uv')
await waitTime(3000);
elevatorObject.style.image = null;
elevatorObject.off('update', 'uv');
```

出站电池安装的效果如图 7-14 所示。

图 7-14　出站电池安装的效果

第 3 步,电池安装成功。先更新文字提示"电池安装完成,加解锁平台复位",代码如下:

```
//教材源代码/project - examples/carPowerChange/src/batteryInstall.js

//安装成功
updateMessage('电池安装完成,加解锁平台复位');
elevatorObject.playAnimation( {
  name: '升降机 2',
  speed: 0.4,
  reverse: true,
});
await waitTime(5000);
```

第 4 步,进站电池入仓。首先,更新文字提示"进站电池从缓存区移动到电池仓",通过传送带和升降机将进站电池移动到电池仓并启动充电,再将出站电池隐藏,代码如下:

```
//教材源代码/project - examples/carPowerChange/src/batteryInstall.js

//进站电池入仓
updateMessage('进站电池从缓存区移动到电池仓');
const path = [inBatteryObject.position, [ - 5.1, - 0.19, 0], [ - 5.1, 2.3, 0], [ - 3.15, 2.3,
0]];
const time = getTotalTime(path, 0.34);
inBatteryObject.movePath(path, {
```

```
    time: time,
    orientToPath: false,
    start: function (ev) {
      app.camera.follower.start(inBatteryObject, {
        horzAngle: 0,
        vertAngle: 0,
        speed: 0.1,
        factor: 2
      })
    },
    update: function () {
      if (inBatteryObject.position[0] <= - 5.1 && !shelfObject.isAnimationPlaying( '升降机 1'
)) {
        shelfObject.playAnimation( {
          name: '升降机 1',
          reverse: true,
          speed: 0.4,
        });
      }
    },
    complete: function (ev) {
      app.camera.follower.stop( )
    }
});

await waitTime(time);
updateMessage( '进站电池启动充电');
await waitTime(2000);
outBatteryObject.destroy();
```

进站电池返回充电仓后，效果如图 7-15 所示。

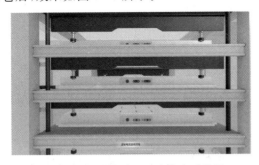

图 7-15　进站电池返回充电仓后效果

7.4.7　车辆驶离

在 src 目录下创建一个 carLeave.js 脚本文件，用来存放车辆驶离的代码。

在 batteryInstall.js 文件的最后加上动态加载车辆驶离的脚本，代码如下：

```
//加载车辆驶离脚本
loadJS('./src/carLeave.js');
```

接着通过以下几个步骤实现车辆驶离过程:

第1步,开合门复位。首先,更新文字提示"开合门复位",然后将摄影机切换到车辆左前方,接着换电站的轮子卡位和电动门开关复位,最后将换电站和车辆恢复到不透明的状态,在 carLeave.js 文件中编写代码,代码如下:

```
//教材源代码/project - examples/carPowerChange/src/carLeave.js

//开合门复位
updateMessage('开合门复位');

app.camera.flyToAsync( {
    position: [2.4529192829811413, 0.6628302539047974, 3.6374313564377],
    target: [1.2883355308098488, 0.6357532973911585, 1.7401569867411069],
    time: 2000
});
facadeObject.playAnimation( {
    name: '轮子卡位',
    reverse: true,
    speed: 0.2,
});
facadeObject.blendAnimation( {
    name: '电动门开关',
    reverse: true,
    speed: 0.2,
});
//将换电站和车辆恢复到不透明的状态
facadeObject.lerp.to( {
    to: {
        'style/opacity': 1,
    },
});
carObject.lerp.to( {
    to: {
        'style/opacity': 1,
    },
});
await waitTime(5000);
```

将开合门复位,并且将换电站恢复到不透明状态的,效果如图 7-16 所示。

第2步,车辆驶离。首先,更新文字提示"车辆驶离,换电完成",然后车辆沿路径退出场景,离场后清空文字提示,代码如下:

```
//教材源代码/project - examples/carPowerChange/src/carLeave.js

//车辆驶离
```

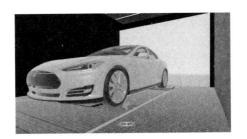

图 7-16 开合门复位和恢复不透明状态的效果

```
updateMessage('车辆驶离,换电完成');
carObject.movePath( [carObject.position, [0, − 0.321, 30]], {
  time: 5000,
  orientToPath: false,
  start: function (ev) {
    app.camera.flyToAsync( {
      position: [ − 1.1866551871128372, 1.7390452605940618, 14.366166159912627],
      target: [ − 1.4902347739606618, 0.49276276294609017, 2.4611427363975995],
      time: 1000
    });
    ev.object.playAnimation( {
      name: '轮子旋转',
      loopType: THING.LoopType.Repeat,
    });
  },
  stop: function (ev) {
    ev.object.stopAnimation('轮子旋转');
  },
  complete: function (ev) {
    ev.object.stopAnimation('轮子旋转');
    carObject.destroy();
  }
});
await waitTime(5000);
//车辆驶离
updateMessage('');
```

车辆驶离换电站,效果如图 7-17 所示。

图 7-17 车辆驶离效果

本章小结

本章主要介绍了无人值守汽车换电案例的需求分析、方案设计、开发环境准备和具体代码实现,本章涉及的 ThingJS 相关知识点有模型加载、组件加载、摄影机操作、插值动画、模型动画操作、二维界面、三维界面、创建线、对象更新、uv 动画等,同时也涉及页面编写的篇幅。

限于篇幅,场景案例的功能有限,其目的是完整地演示 ThingJS 可视化应用的开发过程。如果需要开发更加实用的无人值守汽车换电项目,则需要在这个实例的基础上添加更多的功能。

本章习题

编程题

(1) 完成本章的基本代码编写和细节优化。

(2) 在出站电池开始出仓前,新增电池详情信息面板,并将电池和面板做拖尾连接。

(3) 作为新能源汽车的补能手段,除了换电模式外,还有超级充电站模式,基于已掌握的 ThingJS 开发知识和本章案例的学习,大家可以尝试完成一个汽车超充场景的案例。

综合案例：智慧校园

第 8 章
CHAPTER 8

8.1 需求分析

随着物联网、信息技术的不断进步,越来越多的技术手段被应用于校园生活和校园日常管理中。将上述技术手段与数字孪生结合,可以帮助校园管理者构建更为直观的视图,并可以更好地服务于教师、学生的日常学习和生活。

本案例智慧校园的建设包含 3 个主题。

(1) 智慧安防:借助视频摄像头、门禁等设备,实现重点区域的监控覆盖及出入口控制,并通过视频与摄像头的联动控制,实现告警事件的快速响应。

(2) 智慧节能:在数字孪生系统中展示设备的位置信息、运行状态,可以近距离观察目标设备,并实现设备的远程开关。

(3) 智慧教室:在数字孪生系统中展示教学楼内各教室及会议室的使用情况,并可以选择使用中的教室查看教室的教学情况。

8.2 解决方案设计

根据智慧校园的功能需求,本案例设计的智慧校园的方案包含校园概览、智慧安防、智慧节能和智慧教室几个场景,如图 8-1 所示。

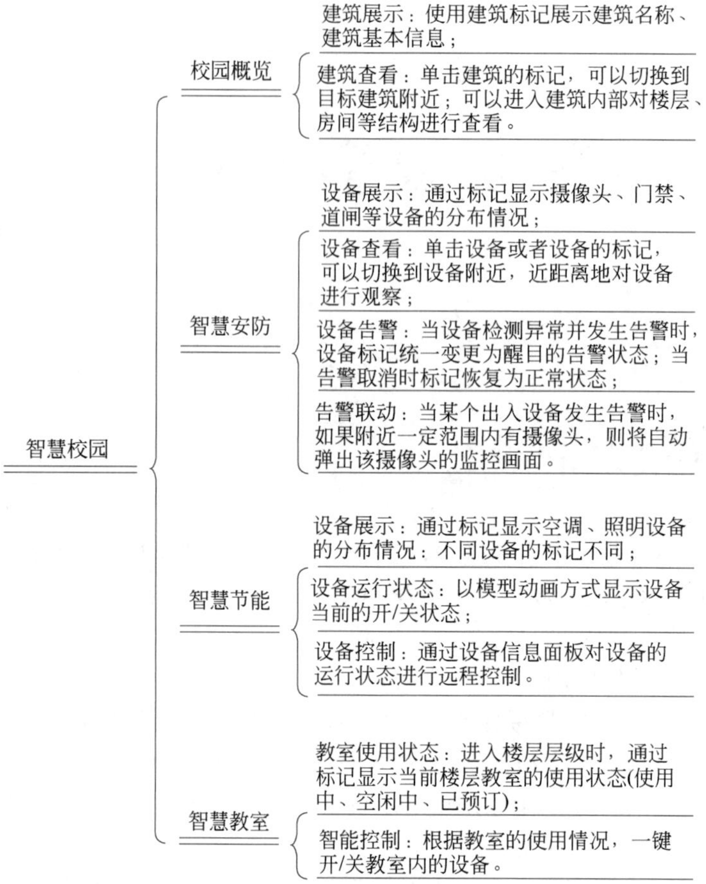
智慧校园
校园概览
建筑展示：使用建筑标记展示建筑名称、建筑基本信息；
建筑查看：单击建筑的标记，可以切换到目标建筑附近；可以进入建筑内部对楼层、房间等结构进行查看。
智慧安防
设备展示：通过标记显示摄像头、门禁、道闸等设备的分布情况；
设备查看：单击设备或者设备的标记，可以切换到设备附近，近距离地对设备进行观察；
设备告警：当设备检测异常并发生告警时，设备标记统一变更为醒目的告警状态；当告警取消时标记恢复为正常状态；
告警联动：当某个出入设备发生告警时，如果附近一定范围内有摄像头，则将自动弹出该摄像头的监控画面。
智慧节能
设备展示：通过标记显示空调、照明设备的分布情况：不同设备的标记不同；
设备运行状态：以模型动画方式显示设备当前的开/关状态；
设备控制：通过设备信息面板对设备的运行状态进行远程控制。
智慧教室
教室使用状态：进入楼层层级时，通过标记显示当前楼层教室的使用状态(使用中、空闲中、已预订)；
智能控制：根据教室的使用情况，一键开/关教室内的设备。

图 8-1　智慧校园方案设计

8.3　功能实现

8.3.1　开发准备

在进行项目开发之前，需要准备好开发所需的场景文件、图片等静态资源，然后新建一个项目文件夹，把它命名为 campus。

在 campus 下新建 assets 目录，用于存放场景、模型等资源文件。css、images 和 src 分别用于存放 css 样式文件、图片等静态资源和项目脚本文件，创建好的 campus 项目的目录结构如图 8-2 所示。

campus
assets
css
images
src
index.html

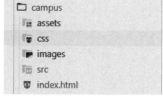

图 8-2　campus 项目的目录结构

💡注意：本章所使用的代码编辑器默认为 Visual Studio Code，也可以使用其他代码编辑器。另外，在开始开发之前，需要确保计算机已经安装了 Node 环境。

8.3.2　场景可视化

根据8.3.1节所述步骤搭建好一个简单的、具备 ThingJS 环境的项目框架，接下来对智慧校园进行数字孪生场景可视化的具体开发。

1. 园区加载

第1步，准备工作。在 index.html 文件中引入项目脚本文件 src/thing.js、项目入口文件 src/index.js、样式文件 css/index.css，代码如下：

```
//教材源代码/project-examples/campus/index.html

<!DOCTYPE html>
<html lang = "en">
<head>
    ...
    <link rel = "stylesheet" href = "./css/index.css" />
    <script src = "./src/thing.js"></script>
</head>
<body>
    <div id = "div3d"></div>
</body>
<script src = "./src/index.js"></script>
</html>
```

💡注意：index.html 文件里必须包含一个 ID 为 div3d 的 DOM 元素作为三维 App 容器的挂载元素。

第2步，创建 App 对象。在 index.js 文件中开始编写创建 App 对象的代码，代码如下：

```
//教材源代码/project-examples/campus/src/index.js

//全局变量记录 campus
let campus = null;
//记录园区最佳视角
const campusView = {
  target: [-10.74304744677866, -27.345996644148578, -11.879535617315948],
  position: [152.61525303425609, 81.42784417418167, 295.8674469011864],
};
//建筑最佳视角
const buildView = {
  target: [-15.528481939952101, 14.918177638322637, -88.88615711895133],
```

```
    position: [14.766962620210986, 40.16103319934905, -56.15521348861049],
};

//1. 创建 App 并加载场景
const app = new THING.App( {
  url: './assets/campus/campus.gltf',
  complete: ( e ) => {
    campus = e.object;
    app.camera.flyTo( campusView );
  },
});
//2. 设置天空盒
const background = new THING.ImageTexture( [
  './assets/school/theme/skyBoxes/cloudsky/posx.jpg',
  './assets/school/theme/skyBoxes/cloudsky/negx.jpg',
  './assets/school/theme/skyBoxes/cloudsky/posy.jpg',
  './assets/school/theme/skyBoxes/cloudsky/negy.jpg',
  './assets/school/theme/skyBoxes/cloudsky/posz.jpg',
  './assets/school/theme/skyBoxes/cloudsky/negz.jpg',
]);
app.background = background;
app.envMap = background;
```

刷新页面,可以看到加载出来的园区,园区加载后的效果如图 8-3 所示。

图 8-3　园区加载后的效果

2. 初始化事件处理

第 1 步,设置摄像机垂直角度范围。此时,如果通过鼠标左键旋转场景,则整个园区都可以被瞬间翻转 $180°$,翻转太灵活。为了使操作更加符合真实情况,更加平缓,在初始化时可以对摄像机的垂直角度进行限制,代码如下:

```
app.camera.vertAngleLimit = [10, 90]; //设置摄像机垂直角度范围
```

第 2 步,注册右键双击事件。在园区层级,当双击右键时,使视角回到园区的默认视角,代码如下:

```
//教材源代码/project - examples/campus/src/index.js

//场景绑定右键双击事件
function dblEvents() {
app. on(THING. EventType. DBLClick,(ev) = > {
if (ev. button === 2) {
        backToDefaultView();
}
  });
}
//回到当前层级的默认视角
function backToDefaultView() {
    const currentLevel = app. levelManager. current;
    if (currentLevel. type === 'Campus') app. camera. flyTo( campusView);
    if (currentLevel. type === 'Building')app. camera. flyTo( buildView);
}
```

第 3 步，初始化事件。最后在场景加载完毕后，对初始化事件进行调用，代码如下：

```
//教材源代码/project - examples/campus/src/index.js

const app = new THING. App({
    url: './assets/campus/campus.gltf',
    complete: (e) = > {
        ...
        initScene();
    },
});

function initScene() {
    app. camera. vertAngleLimit = [10, 90]; //设置摄像机垂直角度范围
    dblEvents(); //注册右键双击事件
}
```

3. 建筑标记

在 ThingJS 三维场景中，有多种方式可用于创建物体标记或者三维信息面板，例如使用 Marker 创建纯图片类型标记、使用 THING. DOM. CSS3DComponent 组件或者 THING. DOM. CSS2DComponent 组件注册图文类型 DOM 元素标记。

如果要在场景中更直观地对建筑信息进行了解，则可以给建筑创建标记。本节通过注册 THING. DOM. CSS3DComponent 组件的方法来给建筑创建图文类型标记。

给孪生体对象创建 CSS3D 类型，创建标记的步骤如下：

（1）创建图文 DOM 元素节点。

（2）将 DOM 元素节点添加到三维场景 App 容器。

（3）在孪生体对象上注册 CSS3D 组件。

（4）将 DOM 元素挂载到 CSS3D 组件上。

（5）绑定标记的单击事件。

给孪生体对象创建 CSS3D 类型，创建标记的实现代码如下：

```
//教材源代码/project-examples/campus/src/index.js

/**
 * @description 创建建筑图文 DOM 元素
 * @param {String} name 建筑名称
 */
function createBuildingDom(name) {
    //步骤1:创建图文 DOM 元素节点
    const ele = document.createElement('div');
    ele.className = 'build-bubble';
    ele.innerHTML = `
    <div style="display: flex; flex-direction: column; align-items: center; justify-content:center; cursor: pointer">
        <div
            style="background: rgba(7, 39, 74, 0.85);
            padding: 4px 15px;
            border-radius: 10px;
            color: #fff;
            font-size: 14px;
            border: 2px solid rgba(255,255,255,0.5);
            font-weight: 500">${name}</div>
            <img src="./images/icon.png" alt="" />
        </div>
    `;
    return ele;
}

/**
 * @description 创建建筑标记
 * @param {Object} build 建筑孪生体对象
 */
function createBuildingMarker(build) {
    //步骤2:将 DOM 元素节点添加到三维场景 App 容器
    const ele = createBuildingDom(build.name);
    const targetContainer = app.container;
    targetContainer.append(ele);
    //步骤3: 注册 CSS3D 组件
    removeBubble(build); //避免重复创建,创建之前先移除
    build.addComponent(THING.DOM.CSS3DComponent, 'build_marker');
    const css = build.build_marker;
    css.autoUpdateVisible = true;
    css.factor = 0.5;
    css.pivot = [0.5, -0.5];
    //步骤4:将 DOM 元素挂载到 CSS3D 组件上
    css.domElement = ele;
    //步骤5:绑定单击事件,调用摄像机飞行
    css.domElement.onclick = function () {
```

```
        app.camera.flyTo({ target: build });
    };
}

/**
 * @description 移除对象上的图文标记
 * @param {Object} obj 孪生体对象
 * @param {cssName} 对象上 CSS 标记的名称
 */
function removeBubble(obj,cssName) {
    if (obj?.[cssName]) {
      obj.removeComponent(cssName);
    }
}
```

获取建筑对象,依次调用创建建筑标记的方法,代码如下:

```
function createBuildingMarkers() {
    //1. 收集建筑对象
    const buildings = app.query('.Building');
    //2. 创建建筑标记
    buildings.forEach((build) => {
        createBuildingMarker(build);
    });
}
```

最后在初始化事件 initScene 里调用,代码如下:

```
function initScene() {
    ...
    createBuildingMarkers() //创建建筑标记
}
```

建筑标记实现的效果如图 8-4 所示。

图 8-4　建筑标记

本节主要先加载校园场景模型,之后对场景的摄像机操作角度限制、双击右键回到默认视角的功能进行了设置,并给建筑创建了图文类型的标记。

8.3.3 智慧安防

一个较完整的智慧安防系统包括出入门禁、告警和监控三大部分。本案例以校园中的出入设备道闸为例,实现对校园的监控和告警。当有道闸告警时,调用该道闸附近的摄像头画面,实现对告警事件的实时查看和快速响应。

在本案例中将被操作的设备对象都在初始化时通过 new THING.Entity( )创建到场景中。在创建的过程中,其 userData 内都配置了 type 属性,表示设备所属的类型。另外,对于门禁设备,userData 下还设置了 related 属性,其值为关联的门的 id。后续通过 app.query方法对孪生体对象的 userData 下的某个属性进行匹配获取,从而能够准确地得到目标设备对象。

1. 初始化设备

在实际的项目场景中,设备的业务数据可由接口动态接入。在本案例中对设备的业务数据进行了前端模拟,设备对象上除了 id、name、parent 等对象数据外,还在其 userData 下挂载了一些业务数据。

以道闸为例,创建一个 Entity 对象。场景中的其余设备都使用相同的方式生成,并在场景加载完毕后的初始化事件里进行调用,在 index.js 文件中编写代码,代码如下:

```
//教材源代码/project-examples/campus/src/index.js

function initScene() {
  ...
  createSceneDevices();
}

/**
 * @description 初始化时在园区创建可操作对象
 */
function createSceneDevices () {
    //道闸 01
    const barrier1 = new THING.Entity({
    url: './assets/models/barrier/barrier.gltf',
    name: '道闸 01',
    id: '道闸 01',
    position: [145.3529220429267, 0, -14.476022335635687],
    angles: [0, 270, 0],
    scale: [2.5, 2.5, 2.5],
    parent: app.query('.Campus')[0],
    userData: {
        type: '道闸',
        state: false,
        alarmDesc: '无',
```

```
            alarmState: '无',
            isLocated: false,
            defaultView: {
                target: [156.7470099896903, - 0.8819750003954862, - 8.015747421673629],
                position: [112.10736996402612, 23.38659852244409, - 29.038492477848983],
                },
            },
        });
    }
```

2. 设备展示

对于场景中的设备,为了更直观地展示设备的分布情况,可以给设备创建不同的标记。在 8.3.2 节里,通过添加 THING. DOM. CSS3DComponent 组件的方式,已经给建筑创建了图文类型标记。本节介绍使用 Marker 给孪生体对象创建纯图片类型标记的方法。

第 1 步,首先声明一个函数 markerUrl,将需要用到的标记图片 URL 通过方法返回,方便后续调用,代码如下:

```
//教材源代码/project - examples/campus/src/index.js

/**
 * @description 根据类型返回标记 URL
 * @param {String} type 设备 userData 下的 type 值
 * @returns {String} 图片 URL
 */
function _markerUrl(type) {
  const urls = {
    监控摄像头: './images/mar_camera.png',
    空调: './images/mar_condition.png',
    照明: './images/mar_electric.png',
    门禁: './images/mar_entrance.png',
    道闸: './images/mar_sensor.png',
    告警: './images/mar_alarm.png',
    定位: './images/mar_locate.png',
    建筑: './images/icon.png',
  };
  return urls[type];
}
```

第 2 步,给每个可操作的设备对象创建 Marker。创建 Marker 类型的标记包含以下几个步骤:

(1) 通过 app. query 方法收集要创建标记的设备对象。

(2) 判断物体同类型 Marker 是否已经存在,避免重复创建。

(3) 通过 THING. ImageTexture 根据图片 URL 获取图片资源。

(4) 使用 THING. Marker 创建标记。

使用 Marker 给孪生体对象创建纯图片类型标记的实现代码如下:

```
//教材源代码/project - examples/campus/src/index.js

/**
 * @description 收集场景中需要 Marker 的物体,对其创建 Marker
 */
function createDeviceMarkers() {
    //1. 收集设备对象,依次创建 Marker
    const devices = app.query( '[userData/type]');
    devices.forEach((v) => {
        createMarker(v);
    });
}

/**
 * @description 给每台设备创建图片类型 Marker
 * @param {Object} device 要创建标记的设备对象
 */
function createMarker(device) {
  //2. 判断标记是否已经存在,避免重复创建
  const {name} = device;
  const marker = device.query(`${name}_marker`);
  if (marker.length) return;
  //3. 获取图片资源
  const markerUrl = _markerUrl(device.userData.type);
  const image = new THING.ImageTexture(markerUrl);
  //4. 创建设备的 Marker
  return new THING.Marker({
    name: `${name}_marker`,
    scale: [30, 30, 30],
    parent: device,
    alwaysOnTop: true,
    keepSize: true,
   localPosition: [0, device.boundingBox.size[1] + 0.8, 0],
    //将标记的位置高度设置为其父元素包围盒的高度 + 0.8
    style: {
      image,
    },
    complete: (ev) => {},
  });
}
```

第 3 步,保存文件,通过 live-server 运行本地服务,打开浏览器窗口。可以直观地通过标记获知设备在场景中的分布情况,设备分布标记的效果如图 8-5 所示。

3. 设备查看

如果想要近距离观察设备情况,则可以给设备和设备标记绑定单击事件。当单击设备或设备标记时,让摄像机飞行到目标设备附近并显示设备的相关信息;当双击右键时取消对设备的观察,回到当前层级的默认视角。

图 8-5 设备分布标记的效果

第 1 步,摄像机切换。单击物体后,视角要定位到物体附近。先声明一个摄像机切换事件,代码如下:

```
//教材源代码/project-examples/campus/src/index.js
/**
 * @description 摄像机切换事件
 * @param {Object} object 目标孪生体对象
 */
function cameraFly(object) {
  //1. 设置目标对象的默认视角
  const objectDefaultView = object?.userData?.defaultView;
  const param = objectDefaultView || {target: object };
  //2. 摄像机切换
  app.camera.flyTo( {
    ...param,
    time: 1500,
    distance: 30,
    complete: () => {},
  });
}
```

第 2 步,单击事件。接下来,声明物体单击事件。当单击对象时,调用摄像机切换事件,并分别在 createDeviceMarkers、createMarker 里调用单击事件,代码如下:

```
//教材源代码/project-examples/campus/src/index.js

function createDeviceMarkers() {
    const getDevices = app.query('[userData/type]');
    getDevices.forEach((v) => {
        //1.物体绑定单击定位事件
```

```
            bindSingleClick( v, 'clickToLocateObject');
            //2. 物体创建顶牌
            createMarker(v);
        });
    }
    function createMarker(){
        ...
        return new THING.Marker({
            ...
            Complete: (ev) => {
                const {object} = ev;
                //标记绑定单击事件
                bindSingleClick(object,'markerBindSingleClick');
            }
        })
    }


    /**
     * @description 物体绑定左键单击事件
     * @param {Object} object 孪生体对象
     * @param {String} tag 注册事件的标签
     */
    function bindSingleClick(object,tag) {
        object.on(
          THING.EventType.Click,
          (ev) => {
            const {button} = ev;
            if (button === 0) {
                cameraFly(object)
            }
          },
          tag
        );
    }
```

运行 index.html 文件,打开浏览器页面,在园区里单击一个设备标记,视角将切换到目标设备附近,可以近距离对设备进行观察。

第3步,层级判断。双击依次进入主楼、楼层,单击一个标记,将视角切换到物体附近。此时场景在楼层的层级,与物体所在的层级不一致,因此在执行定位操作时,除了视角切换外,还需要考虑到定位前后的层级是否随着目标进行正确切换。进行层级判断的代码如下:

```
//教材源代码/project-examples/campus/src/index.js

/**
 * @description 层级判断
 * @param {Object} object 目标孪生体对象
 */
```

```
function changeLevel(object) {
    const currentLevel = app.levelManager.current; //当前层级
    const objectParent = object.parent; //物体所在层级
    //如果在同一层级,则直接定位
    if (currentLevel.uuid === objectParent.uuid) {
        cameraFly(object);
    } else {
        //如果单击时当前层级与物体所在层级不是同一层级,则先切换层级再定位
        app.levelManager.change(objectParent, {
            complete: () => {
                cameraFly(object);
            },
        });
    }
}
```

第 4 步,声明定位事件。调用 changeLevel 方法声明一个定位事件,在对物体进行单击时调用,代码如下:

```
//教材源代码/project-examples/campus/src/index.js

function bindSingleClick(obj,tag) {
    obj.on(
        THING.EventType.Click,
        (ev) => {
            const {button} = ev;
            if (button === 0) {
                locateThing(obj);
            }
        },
        tag
    );
}

/**
 * @description 物体定位事件
 * @param {Object} object 要定位的目标对象
 */
function locateThing(object) {
    changeLevel(obj);
}
```

此时,双击依次进入建筑、楼层,单击一个设备标记,摄像机将切换到设备附近。可以观察到层级随着摄像机切换也在发生变化。

第 5 步,切换图标。此时,即使定位到设备附近,也不太容易区分哪个设备被定位了。可以进一步优化体验,让被定位的设备切换成定位状态的图标。如果定位其他对象或者取消定位操作,就恢复成原始状态图标。

在 createMarker 方法中,创建 Marker 时赋给 Marker 的 name 包含了字符串_marker,因此可以通过 object. query()对设备的 Marker 进行获取。获取设备的 Marker 之后,通过THING. ImageTexture 加载目标图片资源,将获取的图片资源赋值给 Marker 的 style 属性下的 image 属性,以此来替换 Marker 内的图片。切换图标的代码如下:

```javascript
//教材源代码/project - examples/campus/src/index.js

/**
 * @description 切换顶牌图标
 * @param {Object} object 设备对象
 * @param {String} urlName 标记图片路径
 */
function changeMarker(object, urlName) {
    const marker = object.query(/_marker/)[0];
    if (!marker) return;
    const image = new THING.ImageTexture(_markerUrl( urlName));
    marker.style.image = image;
}
```

第 6 步,声明全局变量。在 index. js 文件顶部声明全局变量,用于记录上一次单击的设备对象。本次单击的设备对象,代码如下:

```javascript
let prevObj = null;
let curObj = null;
...
```

第 7 步,在 locateThing 方法里调用,调用的代码如下:

```javascript
//教材源代码/project - examples/campus/src/index.js

function locateThing(object) {
    //获取目标物体
    let obj = object.type === 'Marker'? object.parent : object;
    //标记定位状态
    if (curObj?.userData) {
        curObj.userData.isLocated = false;
    }
    obj.userData.isLocated = true;
    //记录上一次单击的设备及当前单击的设备
    prevObj = curObj;
    curObj = obj;

    //如果曾定位过设备,则被定位过的设备标记恢复原状
    if (prevObj) {
        const markerType = prevObj.userData.type
        changeMarker(prevObj, markerType);
    }
}
```

```
      //切换层级
      changeLevel(obj);
  }
```

刷新页面,对不同的设备进行定位操作,可以观察到场景中同时只会有一个设备处于定位状态。

第8步,创建设备信息面板。当定位切换到设备附近之后,如果要想知道设备的详细信息,则可以给设备创建三维图文信息面板。这里也可以使用另一种 CSS2DComponent 创建图文标记的方式。本节给设备对象创建信息面板的步骤如下:

(1)创建图文 DOM 元素节点,编写其 CSS 样式。如果是监控摄像头类型的设备,则需要显示监控视频画面。

(2)将 DOM 元素节点添加到三维场景 App 容器。

(3)声明全局变量 panelMap,用于记录被创建了面板的孪生体对象。

(4)在设备对象上注册 CSS2D 组件。

(5)将 DOM 元素挂载到 CSS2D 组件上。

保存在 index.js 文件中的具体实现代码如下:

```
//教材源代码/project-examples/campus/src/index.js

//1. 创建图文 DOM 元素节点
/**
 * @description 创建设备信息面板
 * @param {Object} obj 设备孪生体对象
 */
function _panelUI(obj) {
    const {name, id, userData} = obj;
    let paneldom = document.createElement('div');
    paneldom.className = 'panel-wrap';
    const isCamera = userData.type === '监控摄像头';
    let videoUrl = '';
    if (isCamera) {
        videoUrl =

'https://video-for-inside-online-env.thingjs.com/index.html?id=1';
    }

    const operateOpenDeviceClass = userData.state ? 'operate-open-device' : '';
    const circleOpenDeviceClass = userData.state ? 'circle-open-device' : '';

    paneldom.innerHTML = `
      <div class="top-icon">
        <img

            src="https://static.3dmomoda.com/textures/22040714innijpmrnzu8hujw3ozfbdlg.png"
            alt=""
```

```
        />
      </div>
    < div class = "content">
      < div class = "close" onclick = "closePanel( '$ {name}','$ {
      userData. type
}')"></div>
      < div class = "info">
        < h2 class = "title">基础信息</h2 >
        < div class = "detail">
          < div class = "item">
            < span>编号:</span >
            < span > $ {id}</span >
          </div >
          < div class = "item">
            < span>名称:</span >
            < span > $ {name}</span >
          </div >
        </div >
      </div >
      < div class = "info">
        < h2 class = "title">告警状态</h2 >
        < div class = "detail">
          < div class = "item">
            < span>状态:</span >
            < span > $ {userData. alarmState || '-- '}</span >
          </div >
          < div class = "item">
            < span>详情:</span >
            < span > $ {userData. alarmDesc || '-- '}</span >
          </div >
        </div >
      </div >
      < div class = "info video - info video - info - $ {id}" style = "height: $ {
      isCamera && userData. state ? '170px' : '0px'}">
        < h2 class = "title">监控视频</h2 >
        < div class = "detail">
          < iframe
            class = "video - iframe"
            src = " $ {videoUrl}"
            marginwidth = "0"
            frameborder = "0"
            >监控摄像头</iframe
          >
        </div >
      </div >
    </div >
`;
return paneldom;
```

```
}

/**
 * @description 信息面板关闭按钮单击事件
 * @param {String} name 孪生体对象 name
 * @param {String} type 孪生体对象类型
 */
function closePanel(name,type) {}

/**
 * @description 创建设备信息面板
 * @param {Object} obj 设备孪生体对象
 */
function createPanel(device) {
    //将 DOM 元素节点添加到三维 App 容器
    const paneldom = _panelUI(device);
    app.container.append(paneldom);

    //声明全局变量 panelMap,记录被创建了面板的孪生体对象
    panelMap.push(device);

    //在设备对象上注册 CSS2D 组件,命名为 css_panel
    removeBubble(device, 'css_panel');
    device.addComponent(THING.DOM.CSS2DComponent,'css_panel');
    const css = device.css_panel;
    css.factor = 0.03;
    css.pivot = [－0.5, 0.5];
    //将 DOM 元素挂载到 CSS2D 组件上
    css.domElement = paneldom;
}
```

在定位切换结束后,调用设备信息面板,代码如下:

```
//教材源代码/project－examples/campus/src/index.js

function cameraFly(object) {
    app.camera.flyTo( {
        ...
        complete: () => {
            changeMarker(object, '定位');
            createPanel(object);
        },
    });
}
```

第 9 步,更新设备信息面板数据,实现代码如下:

```
//教材源代码/project－examples/campus/src/index.js

/**
```

```
 * @description 更新设备信息面板
 * @param {Object} obj 设备孪生体对象
 * @param {Boolean} bol 开启或者关闭设备
 */
function updatePanel(device,bol) {
    const panelDom = device.css_panel?.domElement;
    if (!panelDom) return;
    //更新操作按钮状态
    const switchButton = panelDom.querySelector(`#switchDevice - ${device.id}`);
    changeSwitch( switchButton, bol);
    //如果是摄像头,则根据开启状态显隐监控画面
    const isCamera = device.userData.type === '监控摄像头';
    isCamera && showVideoPage(device);
}


/**
 * @description switch 按钮单击状态
 * @param {HTMLElement} dom 按钮 DOM 元素
 * @param {Boolean} bol 开关状态
 */
function changeSwitch(dom, bol) {
    const circleDom = dom.querySelector('.circle');
    if (bol) {
        dom.classList.add('operate - open - device');
        circleDom.classList.add('circle - open - device');
    } else {
        dom.classList.remove('operate - open - device');
        circleDom.classList.remove('circle - open - device');
    }
}

/**
 * @description 显隐面板摄像头画面
 * @param {Object} camera 摄像头对象
 */
function showVideoPage(camera) {
    const videoDom = `.video - info - ${camera.id}`;
    const cameraInfo = document.querySelector(videoDom);
    cameraInfo.style.height = camera.userData.state ? '170px' : '0px';
}
```

运行 index.html 文件,打开浏览器页面,以道闸为例单击标记,可以观察到视角被切换到了目标道闸附近,切换结束时会出现道闸的信息面板,道闸信息面板实现的效果如图 8-6 所示。

第 10 步,取消定位。在本案例当中,双击右键便可取消定位操作。当取消定位时,销毁物体设备信息面板,场景中被定位的物体恢复成正常状态,视角回到当前层级的默认视角,具体的实现代码如下:

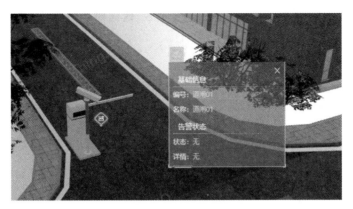

图 8-6 设备信息面板

```
//教材源代码/project-examples/campus/src/index.js

/**
 * @description 信息面板关闭按钮单击事件
 * @param {String} name 孪生体对象 name
 * @param {String} type 孪生体对象类型
 */
function closePanel(name,type) {
    const object = app.query(name)[0];
    object.userData.isLocated = false;
    changeMar(object,type);

    destroyPanel();
}

function dblEvents() {
    app.on(THING.EventType.DBLClick, (ev) => {
        if (ev.button === 2) {
            //自定义右键双击事件
            backToDefaultView()
            destroyPanel();
            //顶牌复原
            if (curObj) {
                const {alarmState, type} = curObj.userData;
                curObj.userData.isLocated = false;
                changeMar(curObj, type);
                curObj = null; //全局变量置空
                prevObj = null; //全局变量置空
            }
        }
    });
}
```

第 11 步,信息面板。为了确保切换定位时场景中只显示定位物体的信息,需要在单击

事件中调用 destroyPanel 对设备信息面板进行销毁,代码如下:

```
//教材源代码/project-examples/campus/src/index.js

function bindSingleClick(object, tag) {
    object.on(
        THING.EventType.Click,
        (ev) => {
            const {button} = ev;
            if (button === 0) {
                destroyPanel();
                locateThing(object);
            }
        },
        tag
    );
}
```

本节在初始化时对设备信息进行了模拟数据挂载,使用了孪生体对象获取、事件绑定、CSS2D 类型的图文标记注册和移除、摄像机切换事件等 ThingJS 相关知识,以及 ThingJS 项目中的单击执行定位、定位结束转换定位状态及显示设备信息面板、双击右键事件复原等常规逻辑操作。

4. 设备告警

设备告警是 ThingJS 项目中常用的功能模块。基于以上代码继续进行改造,实现有告警数据推送时,设备标记转换成告警状态、设备信息面板的"告警状态"一栏显示具体的告警信息;取消告警时,标记恢复。

第 1 步,模拟告警数据。首先模拟一组数据,数据格式和代码如下:

```
//教材源代码/project-examples/campus/src/mockData.js
//设备数据
Const deviceData = {
    "alarm": false,
    "data": [
        {
            id: "道闸 01",
            name: "道闸 01",
            alarmState: "无",
            alarmDesc: "无",
            state: false,
        },
        ...
    ]
}
//告警数据
const alarmData = {
    "alarm": true,
```

```
    "data": [
        {
            id: "道闸 01",
            name: "道闸 01",
            alarmState: "告警",
            alarmDesc: "异常!",
            state: false,
        },
        ...
    ]
}
```

第 2 步,告警标记及告警面板。本案例将标记显示的优先级设置为定位状态→告警状态→正常状态。当有告警推送时,如果当前设备处于定位状态,则标记不变,否则显示为告警标记图标,实现代码如下:

```
//教材源代码/project - examples/campus/src/index.js

/**
 * @description 推送告警/取消告警
 * @param {String} type 操作类型:alarm(告警)或者 cancel(取消告警)
 */
function alarmEvent(isAlarm) {
    const result = isAlarm ? alarmData.data : deviceData.data
    processAlarmData(result)
}


/**
 * @description 处理设备告警数据
 * @param {Array< Object >} data 设备数据
 */
function processAlarmData(data) {
    data.forEach( (item) = > {
        const {id, alarmState} = item;
        const object = app.query(`# ${id}`)[0];
        if (!object) console.error(`没有找到 id 为 ${id}的对象`);
        const isLocated = object.userData.isLocated;
        const markerType = isLocated
            ? '定位'
            : alarmState === '告警'
            ? '告警'
            : object.userData.type;
        //1. 数据变化,更改 marker
        changeMarker(object, markerType);
        //2. 数据变化,更改面板内容
        changeDeviceUserData(object, item);
    });
}
```

```
/**
 * @description 更新设备数据
 * @param {Object} obj 孪生体对象
 * @param {Object} newData 新数据
 */
function changeDeviceUserData(object,newData) {
    const {alarmDesc,alarmState,state} = newData;
    //更新 userData 下挂载的数据
    object.userData.alarmDesc = alarmDesc;
    object.userData.alarmState = alarmState;
    object.userData.state = state;
    //更新面板
    updatePanel( object, state);
}
```

第 3 步,推送告警/取消告警。在实际项目中,告警信息是根据真实数据由接口进行推送的。这里使用页面按钮模拟推送告警及取消告警操作。在 index. html 文件内编写两个 div 标签以实现以上操作,示例代码如下:

```
//教材源代码/project - examples/campus/index.html

...
< body >
    < div id = "div3d"></div>
    < div class = "alarm - button">
      < div class = "push - alarm - button" onclick = "alarmEvent( true)">
          推送告警
      </div>
      < div class = "cancel - alarm - button" onclick = "alarmEvent( false)">
          取消告警
      </div>
</div>
...
</body>
```

单击页面上的"推送告警"按钮,可以看到设备标记变成红色的告警图标状态;单击"取消告警"按钮,告警状态恢复。设备告警实现的效果如图 8-7 所示。

第 4 步,取消定位时的告警逻辑。定位到告警设备之后,当取消定位状态时,可以在设备面板关闭事件 closePanel 和双击右键事件 dblEvents 以使事件复原,实现代码如下:

```
//教材源代码/project - examples/campus/src/index. js

function closePanel(name, type) {
    ...
    const markerType = object.userData.alarmState === '告警'? '告警': type;
    changeMarker(object, marType);
```

图 8-7 设备告警

```
    ...
    }

function dblEvents() {
    app.on(THING.EventType.DBLClick, (ev) => {
        if (ev.button === 2) {
            //自定义双击右键事件
                backToDefaultView()
            destroyPanel();
            //标记还原
            if (curObj) {
                const {alarmState, type} = curObj.userData;
                curObj.userData.isLocated = false;
                const markerType = alarmState === '告警'? '告警': type;
                changeMarker(curObj, markerType);
                curObj = null; //全局变量置空
                prevObj = null; //全局变量置空
            }
        }
    });
}
```

在真实场景中,告警数据是由接口进行推送的。这里通过前端页面按钮模拟推送数据,在设备的 userData 里对告警数据进行读写。告警信息通过告警标记和设备信息面板里的"告警状态"进行展示。当对设备进行定位时,告警与定位的标记发生冲突,对此将标记显示的优先级设定为: 定位状态→告警状态→正常状态。当取消告警或者取消定位时,同步设备的 userData 数据,标记的优先级同样遵循以上规定。

5. 告警联动

当设备告警时,为了更加具体地展示告警画面,需要联动监控摄像头,并调用监控画面,并且在取消告警时同步取消该画面。本节以园区中的道闸为例介绍告警联动的代码如何编写。在 ThingJS 中,判断两个对象 targetObject 与 sourceObject 之间的距离,使用的语法如下:

```
targetObject.distanceTo( sourceObject)
```

第 1 步,获取范围内摄像头。获取指定设备对象其周围一定距离内的监控摄像头,示例代码如下:

```
//教材源代码/project - examples/campus/src/index.js

/**
 * @description 查询与指定对象 sourceObj 距离在 distance 米以内的物体
 * @param {Object} sourceObj 孪生体对象
 * @param {distance} 范围
 * @returns {Array<Object>} 孪生体对象 distance 范围内的监控摄像头对象
 */
function getNearDevice(sourceObj, distance = 18) {
    const objects = app.query('[userData/type]');
    return objects.filter((item) => {
        const itemType = item.userData?.type === '监控摄像头';
        return itemType && item.distanceTo(sourceObj) <= distance;
    });
}
```

第 2 步,告警联动。声明函数 showVideoNearEntrance,对于目标孪生体对象附近的监控,在告警时调用画面,并且在取消告警时取消画面。当园区内的道闸设备告警时,调用道闸附近的摄像头画面,代码如下:

```
//教材源代码/project - examples/campus/src/index.js

function processAlarmData(data) {
    data.forEach((item) => {
        const {id, alarmState} = item;
        ...
        //3. 如果道闸告警,则调用该道闸附近的摄像头画面
        if (object.userData.type === '道闸') {
            showVideoNearEntrance(object, alarmState);
        }
    });
}

/**
 * @description 目标孪生体对象附近的监控在告警时调用画面,并且在取消告警时取消画面
 * @param {Object} object 目标孪生体对象
 * @param {String} type alarm 表示告警,cancel 表示取消告警
 */
```

```
function showVideoNearEntrance(object, type) {
    const nearObject = getNearDevice(object);
    nearObject.forEach((o) => {
        type === '告警'? createPanel(o) : removeBubble(o, 'css_panel');
    });
}
```

运行 index. html 文件打开页面,单击页面上的"推送告警"按钮,可以观察到设备标记显示告警状态。由于模拟的告警信息里包含了对道闸的告警,因此该道闸附近的摄像头画面在告警触发时被同步调用,实现了设备与监控摄像头之间的告警联动,展示效果如图 8-8 所示。

图 8-8   道闸与摄像头告警联动

设备告警是智慧安防的重要模块,本节通过对象的 distanceTo 方法检测指定孪生体对象指定范围内的监控摄像头。当孪生体对象告警时,实时调用摄像头监控画面,实现告警联动功能。

8.3.4   智慧节能

本节对校园里的空调、照明等设备进行监测,以房间 id 为 room01 的教室内的设备为例,通过标记直观地展示设备的分布情况。当定位至设备附近时显示设备信息面板,并且在面板上增加设备的操作按钮。当切换按钮时,调用对应设备模型动画,更新设备信息面板。

1. 设备动画

在 8.3.3 节中,通过 createDeviceMarkers 方法给设备创建了标记,其中包括空调、照明设备。通过标记的图标,可以直观地察看设备的分布情况。对于具有模型动画的设备,还可以调用模型动画,进一步优化设备的展示情况,让场景更加丰富。

通过孪生体对象的 animationNames 属性可以获知对象上的模型动画,然后使用对象的 playAnimation()方法执行指定动画。本案例提供的照明和空调设备模型上存在"开""关"两类动画,现在以一个照明设备为例,演示如何开启照明设备,开启照明设备的示例代码如下:

```
const device = app.query( '[userData/type === 照明]')[0]
device.playAnimation('开')
```

2. 设备控制

在真实的项目场景中,操作数字孪生场景中的设备会根据真实接口对物理世界中的对应设备发送请求,以此来同步数字端、物理端的设备状态信息。

本案例通过在设备信息面板上增加状态切换按钮来对设备进行开启/关闭控制。当设备开启/关闭时,执行对应的模型动画,同步孪生体对象上挂载的 userData 数据,并更新设备信息面板数据。虽然不涉及接口请求,但同步数据的逻辑与真实场景是一致的。

在设备信息面板上增加设备开启/关闭的操作按钮,代码如下:

```
//教材源代码/project-examples/campus/src/index.js

/**
 * @description 创建设备信息面板
 * @param {Object} obj 设备孪生体对象
 */
function _panelUI(obj) {
const {name, id, userData} = obj;
...
    const operateOpenDevice = userData.state ? 'operate-open-device': ''
    const circleOpenDevice = userData.state ? 'circle-open-device' : ''
    paneldom.innerHTML = `
    ...
        < div class = "info">
          < h2 class = "title">基础信息</h2 >
          < div class = "detail">
            < div class = "item">
              < span>编号:</span >
              < span > $ {id}</span >
            </div >
            < div class = "item">
              < span>名称:</span >
              < span > $ {name}</span >
            </div >
            < div class = "item">
              < span>操作:</span >
                  < div id = " switchDevice - $ {id}" class = " operate info - panel
    $ {operateOpenDevice}"
                      onclick = "switchDeviceState( this, '$ {id}')">
                  < span class = "circle $ {circleOpenDevice}"></span >
```

```
                </div>
              </div>
            </div>
          </div>
        ...
      `;
    return paneldom;
}

/**
 * @description 设备信息面板开启/关闭按钮事件对样式及孪生体动画的处理
 * @param {HTMLElement} dom 单击的 DOM 元素对象
 * @param {String} objId 孪生体对象 id
 */
function switchDeviceState(dom, objId) {}
```

面板新增操作按钮的效果如图 8-9 所示。

图 8-9　面板新增操作按钮

当单击按钮时,需要实现以下逻辑:

(1) 更新设备上挂载的 userData 数据。

(2) 更新信息面板样式。

(3) 获取控制对象。

(4) 获取设备动画名称。

(5) 调用设备动画。

(6) 如果控制的设备是监控摄像头类型,则还需处理监控画面的显示和隐藏。

单击按钮,对设备进行控制,代码如下:

```
//教材源代码/project – examples/campus/src/index.js

/**
 * @description 设备信息面板开启/关闭按钮事件对样式及孪生体动画的处理
 * @param {HTMLElement} dom 单击的 DOM 元素对象
 * @param {String} objectId 孪生体对象 id
```

```
*/
function switchDeviceState(dom, objectId) {
  //1. 更新设备 userData 挂载的数据
  const targetObject = app.query(`# ${objectId}`)[0];
  const state = targetObject.userData.state;
  targetObject.userData.state = !state;

  //2. 更新设备信息面板样式
  changeSwitch(dom, targetObject.userData.state);

  //3. 获取控制对象:如果是门禁设备,则获取与门禁关联的门
  const entranceGetdDoorId = targetObject.userData.related;
  const object = entranceGetdDoorId
    ? app.query(entranceGetdDoorId)[0]
    : targetObject;

  //4. 获取动画名称,此场景中不同设备的开关动画名称不同.如果是门禁设备,则调用门的动画
  const animateName = targetObject.userData.state ? '开' : '关';

  //5. 调用设备开/关动画
  object?.playAnimation(animateName);

  //6. 摄像头优化:在开启的状态下显示监控画面,关闭时隐藏监控画面
  const isCamera = targetObject.userData.type === '监控摄像头';
  isCamera && showVideoPage(targetObject);
}
```

8.3.5 智慧教室

这一节,将以教室为单位,通过数字孪生技术实现对教室的使用情况进行监控,并且对教室内的设备进行统一管理。

1. 使用状态

教室的名称、当前使用状态通过图文标记来展示。采用与建筑标记一致的创建方式,通过注册 CSS3DComponent 组件来实现。

第 1 步,声明标记创建函数。声明函数 createRoomDom,用于创建标记 DOM 节点;声明函数 createRoomBubble,用于创建教室标记,具体的实现代码如下:

```
//教材源代码/project-examples/campus/src/index.js

/**
 * @description 创建房间图文标记 DOM 节点
 * @param {Object} room 房间孪生体对象
 */
function createRoomDom(room) {
  const ele = document.createElement('div');
  ele.innerHTML = `
```

```
  < div class = "room - bubble" style = "position: absolute; top: 0; left: 0">
      < div class = "room - marker - wrap">
        < div class = "room - marker">
          < div class = "room - info">
            < div class = "room - name">$ {room.name}</div >
            < div class = "room - state">$ {room.userData.state || '-- '}</div >
          </div >
        </div >
      </div >
    </div >`;
  return ele;
}


/**
 * @description 创建教室标记
 * @param {Object} room Room 类型的教室对象
 * @param {Function} fn 标记绑定的方法
 */
function createRoomBubble(room, fn) {
  //将 DOM 元素节点添加到三维场景 App 容器
  const ele = createRoomDom(room);
  const targetContainer = app.container;
  targetContainer.append(ele);

  //注册 CSS3D 组件
  removeBubble(room, 'room_marker');
  room.addComponent(THING.DOM.CSS3DComponent, 'room_marker');
  const css = room.room_marker;
  css.factor = 0.05;
  css.pivot = [0.5, -1];
  css.visible = false;

  //将 DOM 元素挂载到 CSS3D 组件上
  css.domElement = ele;

  //绑定单击事件
  css.domElement.onclick = function (e) {
    fn && fn(this);
  };
}
```

第 2 步,设置教室数据。通过模拟数据来展示教室的信息,其中 id 对应场景中目标教室的 id 值,state 为模拟的教室的当前使用状态。在 index.js 文件的顶部声明全局变量 roomInfo,用于模拟教室数据,声明全局变量 prevRoomCssDom、curRoomCssDom,用于记录教室在定位状态下标记的 DOM 节点,具体的实现代码如下:

```
//教材源代码/project-examples/campus/src/index.js

//声明全局变量,用于记录教室定位状态时的标记 DOM 节点
let prevRoomCssDom = null;
let curRoomCssDom = null;

//模拟教室数据
const roomInfo = {
  data: [
    {
      roomId: "room01",
      state: "使用中",
    },
    {
      roomId: "room02",
      state: "已预订",
    },
    {
      roomId: "room03",
      state: "空闲中",
    },
  ],
};
```

第 3 步,创建教室标记。创建教室标记,具体的实现代码如下:

```
//教材源代码/project-examples/campus/src/index.js

//初始化事件处理
function initScene() {
  ...
  createRoomMarkers()
}
/**
 * @description 创建教室标记
 */
function createRoomMarkers() {
    roomInfo.data.forEach((item) => {
        const room = app.query(`#${item.roomId}`)[0];
        room.userData.state = item.state;
        createRoomBubble(room, (cssObj) => {
            prevRoomCssDom = curRoomCssDom;
            curRoomCssDom = cssObj;
            //样式取消上一个教室的定位状态
            if (prevRoomCssDom) {
                prevRoomCssDom
                    .querySelector('.room-marker-wrap')
                    .classList.remove('room-marker-active');
```

```
          }
          //样式设置当前教室的定位状态
          cssObj
              .querySelector('.room-marker-wrap')
              .classList.add('room-marker-active');
          //定位
          app.camera.flyTo({target: room})
      });
    });
}
```

运行 index.html 文件,双击进入建筑,教室顶部显示标记的效果如图 8-10 所示。

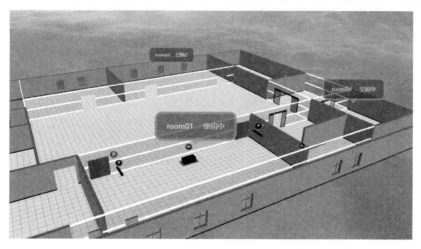

图 8-10 显示教室标记

此时,单击其中的一个标记,将层级切换到目标教室并定位。定位后的教室标记样式发生了变化,以区分定位状态,展示效果如图 8-11 所示。

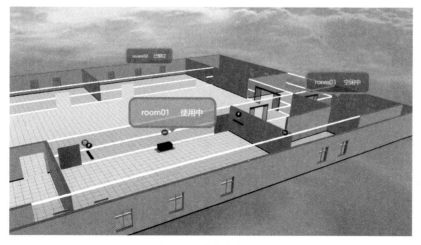

图 8-11 教室定位状态

第 4 步,取消定位。通过双击右键取消定位状态,具体的实现代码如下:

```
//教材源代码/project-examples/campus/src/index.js

function dblEvents() {
    app.on(THING.EventType.DBLClick, (ev) => {
        if (ev.button === 2) {
            ...
            if (curRoomCssDom) {
                curRoomCssDom
                    .querySelector('.room-marker-wrap')
                    .classList.remove('room-marker-active');
            }
        }
    });
}
```

本节通过编写 DOM 节点,以注册 THING.DOM.CSS3DComponent 组件的方式为教室孪生体对象创建了标记,并为标记绑定了定位事件。

2. 智能控制

当教室处于空闲状态时,如果教室内的空调、照明设备处于开启状态,则非常浪费电能,因此可以给教室增加一个一键开关教室内的用电设备的功能。设置教室里一键开关室内设备的功能的具体步骤如下:

(1)在模拟数据 roomInfo 里新增参数,记录是否执行了一键开关。

(2)为教室标记的 DOM 元素增加一键操作设备按钮。

(3)声明函数,切换按钮状态。

(4)声明函数,更新室内设备数据。

(5)在单击事件里调用按钮切换及更新室内设备数据的函数。

具体的实现代码如下:

```
//教材源代码/project-examples/campus/src/index.js

//步骤 1:模拟教室数据
const roomInfo = {
    data: [
        {
            roomId: 'room01',
            state: '使用中',
            allDeviceOpen: false, //是否一键打开该教室内的所有设备
        },
        ...
    ],
};

//步骤 2:增加一键操作设备按钮
```

```
/**
 * @description 创建房间图文标记 DOM 节点
 * @param {Object} room 房间孪生体对象
 */
function createRoomDom(room) {
  const ele = document.createElement('div');
  ele.className = 'room-bubble';
  ele.innerHTML = `
      <div class="room-marker-wrap">
        <div class="room-marker">
          <div class="room-info">
            <div class="room-name">${room.name}</div>
            <div class="room-state">${room.userData.state || '--'}</div>
          </div>
          <div class="room-operate">
            <span>一键操作设备: </span>
            <div class="operate">
              <span class="circle"></span>
            </div>
          </div>
        </div>
      </div>`;
  return ele;
}


//步骤3:声明按钮状态切换函数
/**
 * @description switch 按钮单击状态
 * @param {HTMLElement} dom 按钮 DOM 元素
 * @param {Boolean} bol 开关状态
 */
function changeSwitch(dom, bol) {
    const circleDom = dom.querySelector('.circle');
    if (bol) {
        dom.classList.add('operate-open-device');
        circleDom.classList.add('circle-open-device');
    } else {
        dom.classList.remove('operate-open-device');
        circleDom.classList.remove('circle-open-device');
    }
}


//步骤4:声明函数,更新设备数据
/**
 * @description 一键开关指定教室内的设备
 * @param {Object} roomObj 教室孪生体对象
 */
function toggleDevicesState(roomObj) {
    const state = roomObj.userData.allDeviceOpen;
```

```
        const roomDevices = roomObj.query('[userData/type]');
        roomDevices.forEach((device) => {
            //1. 更新设备 userData 挂载的数据
            device.userData.state = state;
            //2. 调用开/关动画
            const animateName = state ? '开' : '关';
            device.playAnimation(animateName);
            //3. 更新设备信息面板数据
            updatePanel(device, state);
        });
    }

    //步骤5:在按钮单击事件里调用
    /**
    * @description switch 按钮单击事件
    * @param {HTMLElement} dom 按钮 DOM 元素
    * @param {String} roomId 教室孪生体对象的 id 值
    */
    function toggleDevices(curDom,room) {
        const allDeviceOpen = room.userData.allDeviceOpen;
        room.userData.allDeviceOpen = !allDeviceOpen;
        changeSwitch(curDom, room.userData.allDeviceOpen);
        toggleDevicesState(room); //改变设备开启状态
    }

    //步骤6:创建标记时绑定该单击事件
    function createRoomBubble(room,fn){
        ...
        //绑定 switch 切换事件
        ele.querySelector('.operate')?.
        addEventListener('click',function (e) {
            e.stopPropagation();
            toggleDevices(this,room);
        });
    }
```

本节通过前端模拟数据,将教室的名称、使用状态、控制按钮等通过标记显示,可以一键控制教室内所有能耗设备的开关,以达到节能的效果。

8.3.6 数据对接

在实际的项目开发中,物理世界与数字孪生世界的数据互联通过接口实现。在前面的几个章节里,使用的是前端变量定义模拟数据的方式。为了更加真实地还原场景里数据对接的过程,本节使用 WebSocket 的方式进行模拟数据的推送。

WebSocket 是 HTML5 的一种新的网络协议,它是基于 HTTP 协议上的扩展,实现了浏览器与服务器之间的双向通信,其最大的优点在于服务器端既可以主动向客户端推送消息,客户端也可以主动向服务器端发送信息,真正实现了数据的实时双向通信,并且

WebSocket 通信不受同源策略的限制，即不存在跨域问题。

使用 Node 创建 WebSocket 服务进行孪生体告警数据的模拟推送，告警数据随机生成，客户端对接数据并将数据挂载到孪生体对象上。实现这一过程的步骤如下：

首先，在项目文件的根目录下打开一个终端，通过 npm init -y 命令初始化项目信息。初始化完毕后，将生成一个 package.json 文件，命令如下：

```
npm init - y
```

接下来，通过 npm 安装 ws 模块，命令如下：

```
npm install ws
```

最后，在 src 项目目录下新建一个后缀为 js 的文件，命名为 server.js，用于编写 WebSocket 的服务器端代码。

1. 服务器端

在 server.js 文件中编写创建 WebSocket 的相关代码，步骤如下：

第 1 步，生成接口模拟数据。首先根据场景中的孪生体对象的 id 随机生成接口模拟数据，代码如下：

```
//教材源代码/project - examples/campus/src/server.js

/**
* @description 根据孪生体对象 id,使用随机方式生成接口模拟数据
* @param {Boolean} isAlarm 是否生成告警数据
*/
function generateRandomData(isAlarm) {
    const ids = ['门禁', '监控摄像头 01', '空调', '灯 01', '灯 02', '道闸 01', '道闸 02', '园区
监控 01', '园区监控 02', '园区监控 03']
    return ids.map( (id) => {
        //判断是否出入设备.出入设备状态为关闭,其余设备随机生成状态
        const isEntrance = ['道闸', '门禁'].filter( (v) =>
            id.includes(v)
        ).length;
        const alarmState = ['告警', '无'][Math.floor( Math.random() * 2)];
        const alarmDesc = alarmState === '告警'? '异常!' : '无';
        return {
            id,
            state: !isEntrance,
            alarmState: isAlarm ? alarmState : '无',
            alarmDesc: isAlarm ? alarmDesc : '无',
        };
    });
}
```

💡注意：ids 数组的来源：运行 index.html 文件之后，按 F12 键打开控制台，输入以下代码。

```
let ids = []
app.query( "[userData/type]").forEach( v => ids.push(v.id))
```

第 2 步，创建 WebSocket 服务。引入 ws 模块，创建 WebSocket 服务并监听与客户端的连接，连接成功后发送初始化的设备数据，并且监听客户端发送的信息，具体的实现代码如下：

```
//教材源代码/project - examples/campus/src/server.js

//1. 引入 ws 模块,创建 WebSocket 服务并监听 3010 端口
const WebSocket = require('ws');
const WebSocketServer = WebSocket.Server;
const ws = new WebSocketServer( {
    port: 3010,
});

//2. 监听 WebSocket 连接,连接成功后发送设备初始化数据
ws.on('connection', e) => {
    const initData = JSON.stringify(generateRandomData( false));
    e.send(initData);
    //监听客户端发来的信息
    e.on('message', (data) => {});
});
```

第 3 步，数据发送和接收。前端通过"推送告警"和"取消告警"按钮来模拟设备的告警事件。只需在页面单击按钮时，向服务器端发送告警/取消告警的请求，当服务器端接收到前端发来的请求时，根据请求的类型将数据发送给前端。前端接收数据，对孪生体对象进行数据挂载和更新，具体的实现代码如下：

```
//教材源代码/project - examples/campus/src/server.js

//2. 监听 WebSocket 连接,连接成功后监听客户端发来的信息
ws.on('connection', (e) => {
    ...
    e.on('message', (data) => {
        //1. 转换数据格式
        const msg = JSON.parse(data.toString( ));
        //2. 判断客户端模拟告警还是取消告警
        const isAlarm = msg.type;
        //3. 将数据发送给客户端
        const sendData = JSON.stringify(generateRandomData(isAlarm));
        e.send(sendData);
    });
});
```

第 4 步,运行。到目前为止,已经创建了一个简单的 WebSocket 服务。此时,在项目的根目录下开启一个终端,运行 node ./src/server.js 命令,即可运行该服务。

2. 客户端

搭建好 WebSocket 服务之后,客户端就可以发送请求了。在 index.js 文件的顶部建立 WebSocket 本地连接,连接的端口号为在 server.js 文件里创建 WebSocket 服务时监听的端口号,具体的实现代码如下:

```
//教材源代码/project-examples/campus/src/index.js

//1. 创建 WebSocket 连接
const ws = new WebSocket('ws://localhost:3010');
//2. 指定连接成功后的回调函数
ws.onopen = (e) => {
    console.info('连接成功');
};
//3. 指定连接关闭后的回调函数
ws.onclose = (e) => {
    console.info('连接已关闭');
};
...
```

将设备模拟数据 deviceData 声明为全局变量,当连接成功后,使用 deviceData 接收从服务器端发送来的设备数据即可,代码如下:

```
//教材源代码/project-examples/campus/src/index.js

let deviceData = null;
//1. 创建 WebSocket 连接
const ws = new WebSocket('ws://localhost:3010');
//2. 指定连接成功后的回调函数
ws.onopen = (e) => {
    //3. 用于指定收到数据时的回调函数
    ws.onmessage = (data) => {
        deviceData = JSON.parse(data.data);
    };
};
ws.onclose = (e) => {
    console.info('连接已关闭');
};
```

当单击页面"推送告警"或者"取消告警"按钮时,在触发的单击事件 alarmEvent 里,向服务器端发送请求数据,并监听服务器端返回的信息,代码如下:

```
//教材源代码/project-examples/campus/src/index.js

/**
```

```
 * @description 推送告警/取消告警
 * @param {Boolean} isAlarm true 表示告警,false 表示取消告警
 */
function alarmEvent(isAlarm) {
    //注释掉在 8.3.3 节里模拟的告警代码
    //const result = isAlarm ? alarmData.data : deviceData.data;
    //processAlarmData(result);

    //接收 WebSocket 发送来的设备数据
    const info = JSON.stringify( {type: isAlarm });
    ws.send(info);
    ws.onmessage = (msg) => {
        const serverData = JSON.parse(msg.data);
        processAlarmData(serverData.data);
    };
}
```

3. 运行

在使用 node ./src/server.js 命令启动了本地服务的前提下,运行 index.html 文件打开浏览器页面。单击页面的"推送告警"按钮,告警设备将显示告警标记。如果告警设备里包含道闸,则还将同时调用该道闸附近的摄像头面板。单击"取消告警"按钮,所有告警信息被取消,设备标记恢复原状。

 本章小结

本章完成了一个智慧校园案例从需求分析、方案设计到具体实现的全流程,功能集中在对校园中的设备及教室进行统一管理。涉及的 ThingJS 相关知识包括园区加载、ThingJS 事件注册、摄像机事件、模型动画操作、不同类型标记的创建等。除此之外,还介绍了设备告警的业务流程、设备之间的联动控制、使用 Node 创建本地 WebSocket 服务模拟数据推送的过程等。

 本章习题

编程题

(1) 完成本章的代码编写,并对功能重复的代码进行提取和优化。

(2) 尝试使用 canvas 创建设备 Marker。

(3) 一个更丰富的智慧校园场景还包含对人员的管理。请结合第 5 章"人员定位场景案例",尝试将人员定位功能加入智慧校园场景中。

图书推荐

书　　名	作　　者
仓颉语言实战(微课视频版)	张磊
仓颉语言核心编程——入门、进阶与实战	徐礼文
仓颉语言程序设计	董昱
仓颉程序设计语言	刘安战
仓颉语言元编程	张磊
仓颉语言极速入门——UI 全场景实战	张云波
HarmonyOS 移动应用开发(ArkTS 版)	刘安战、余雨萍、陈争艳 等
公有云安全实践(AWS 版·微课视频版)	陈涛、陈庭暄
虚拟化 KVM 极速入门	陈涛
虚拟化 KVM 进阶实践	陈涛
移动 GIS 开发与应用——基于 ArcGIS Maps SDK for Kotlin	董昱
Vue＋Spring Boot 前后端分离开发实战(第 2 版·微课视频版)	贾志杰
前端工程化——体系架构与基础建设(微课视频版)	李恒谦
TypeScript 框架开发实践(微课视频版)	曾振中
精讲 MySQL 复杂查询	张方兴
Kubernetes API Server 源码分析与扩展开发(微课视频版)	张海龙
编译器之旅——打造自己的编程语言(微课视频版)	于东亮
全栈接口自动化测试实践	胡胜强、单镜石、李睿
Spring Boot＋Vue.js＋uni-app 全栈开发	夏运虎、姚晓峰
Selenium 3 自动化测试——从 Python 基础到框架封装实战(微课视频版)	栗任龙
Unity 编辑器开发与拓展	张寿昆
跟我一起学 uni-app——从零基础到项目上线(微课视频版)	陈斯佳
Python Streamlit 从入门到实战——快速构建机器学习和数据科学 Web 应用(微课视频版)	王鑫
Java 项目实战——深入理解大型互联网企业通用技术(基础篇)	廖志伟
Java 项目实战——深入理解大型互联网企业通用技术(进阶篇)	廖志伟
深度探索 Vue.js——原理剖析与实战应用	张云鹏
前端三剑客——HTML5＋CSS3＋JavaScript 从入门到实战	贾志杰
剑指大前端全栈工程师	贾志杰、史广、赵东彦
JavaScript 修炼之路	张云鹏、戚爱斌
Flink 原理深入与编程实战——Scala＋Java(微课视频版)	辛立伟
Spark 原理深入与编程实战(微课视频版)	辛立伟、张帆、张会娟
PySpark 原理深入与编程实战(微课视频版)	辛立伟、辛雨桐
HarmonyOS 原子化服务卡片原理与实战	李洋
鸿蒙应用程序开发	董昱
HarmonyOS App 开发从 0 到 1	张诏添、李凯杰
Android Runtime 源码解析	史宁宁
恶意代码逆向分析基础详解	刘晓阳
网络攻防中的匿名链路设计与实现	杨昌家
深度探索 Go 语言——对象模型与 runtime 的原理、特性及应用	封幼林
深入理解 Go 语言	刘丹冰
Spring Boot 3.0 开发实战	李西明、陈立为

书　名	作　者
全解深度学习——九大核心算法	于浩文
HuggingFace 自然语言处理详解——基于 BERT 中文模型的任务实战	李福林
动手学推荐系统——基于 PyTorch 的算法实现(微课视频版)	於方仁
深度学习——从零基础快速入门到项目实践	文青山
LangChain 与新时代生产力——AI 应用开发之路	陆梦阳、朱剑、孙罗庚、韩中俊
图像识别——深度学习模型理论与实战	于浩文
编程改变生活——用 PySide6/PyQt6 创建 GUI 程序(基础篇·微课视频版)	邢世通
编程改变生活——用 PySide6/PyQt6 创建 GUI 程序(进阶篇·微课视频版)	邢世通
编程改变生活——用 Python 提升你的能力(基础篇·微课视频版)	邢世通
编程改变生活——用 Python 提升你的能力(进阶篇·微课视频版)	邢世通
Python 量化交易实战——使用 vn.py 构建交易系统	欧阳鹏程
Python 从入门到全栈开发	钱超
Python 全栈开发——基础入门	夏正东
Python 全栈开发——高阶编程	夏正东
Python 全栈开发——数据分析	夏正东
Python 编程与科学计算(微课视频版)	李志远、黄化人、姚明菊 等
Python 数据分析实战——从 Excel 轻松入门 Pandas	曾贤志
Python 概率统计	李爽
Python 数据分析从 0 到 1	邓立文、俞心宇、牛瑶
Python 游戏编程项目开发实战	李志远
Java 多线程并发体系实战(微课视频版)	刘宁萌
从数据科学看懂数字化转型——数据如何改变世界	刘通
Dart 语言实战——基于 Flutter 框架的程序开发(第 2 版)	亢少军
Dart 语言实战——基于 Angular 框架的 Web 开发	刘仕文
FFmpeg 入门详解——音视频原理及应用	梅会东
FFmpeg 入门详解——SDK 二次开发与直播美颜原理及应用	梅会东
FFmpeg 入门详解——流媒体直播原理及应用	梅会东
FFmpeg 入门详解——命令行与音视频特效原理及应用	梅会东
FFmpeg 入门详解——音视频流媒体播放器原理及应用	梅会东
FFmpeg 入门详解——视频监控与 ONVIF＋GB28181 原理及应用	梅会东
Python 玩转数学问题——轻松学习 NumPy、SciPy 和 Matplotlib	张骞
Pandas 通关实战	黄福星
深入浅出 Power Query M 语言	黄福星
深入浅出 DAX——Excel Power Pivot 和 Power BI 高效数据分析	黄福星
从 Excel 到 Python 数据分析：Pandas、xlwings、openpyxl、Matplotlib 的交互与应用	黄福星
云原生开发实践	高尚衡
云计算管理配置与实战	杨昌家
HarmonyOS 从入门到精通 40 例	戈帅
OpenHarmony 轻量系统从入门到精通 50 例	戈帅
AR Foundation 增强现实开发实战(ARKit 版)	汪祥春
AR Foundation 增强现实开发实战(ARCore 版)	汪祥春